INTRODUCTION TO CYBERSPACE MIMIC DEFENSE

网络空间拟态防御导论

下 册

邬江兴 著

科学出版社

北京

内 容 简 介

本书围绕网络空间安全威胁之漏洞后门问题展开，系统地诠释了"网络空间拟态防御"思想与理论的形成过程、原意与愿景、原理与方法、实现基础与工程代价以及尚需完善的理论和方法问题等，并通过几个原理验证系统应用实例和权威测试评估报告等相关内容，理论与实践相结合，证明了拟态构造的独创性与有效性。最后，基于广义随机 Petri 网理论和方法，分别为信息系统典型的非冗余、非相似余度及拟态架构建立了相关数学模型，并尝试着给出了对应的抗攻击性和可靠性的定量分析结论。

本书可供计算机、信息安全、工业控制等领域的科研人员、工程技术人员以及普通高校的教师、研究生阅读参考。

图书在版编目 (CIP) 数据

网络空间拟态防御导论. 下册 / 邬江兴著. —北京：科学出版社，2017.12
ISBN 978-7-03-055668-4

Ⅰ．①网… Ⅱ．①邬… Ⅲ．①计算机网络－安全技术－研究 Ⅳ．①TP393.08

中国版本图书馆 CIP 数据核字 (2017) 第 289806 号

责任编辑：任 静 / 责任校对：郭瑞芝
责任印制：徐晓晨 / 封面设计：迷底书装

科 学 出 版 社 出版
北京东黄城根北街 16 号
邮政编码：100717
http://www.sciencep.com

北京虎彩文化传播有限公司 印刷
科学出版社发行 各地新华书店经销

*

2017 年 12 月第 一 版 开本：720×1 000 1/16
2018 年 9 月第四次印刷 印张：23 3/4
字数：287 000
定价：115.00 元
(如有印装质量问题，我社负责调换)

作者简介

邬江兴，1953 年生于浙江省嘉兴市。1982 年毕业于解放军工程技术学院计算机科学与工程专业。现任国家数字交换系统工程技术研究中心（NDSC）主任、教授，2003 年当选中国工程院院士。作为中国信息通信与网络交换领域著名专家，先后担任"八五""九五""十五""十一五"国家高技术研究发展计划（863 计划）通信技术主题专家、副组长、信息领域专家组副组长，国家重大专项任务"高速信息示范网""中国高性能宽带信息网——3Tnet""中国下一代广播电视网——NGB""新概念高效能计算机体系结构研究与系统开发"总体组组长，"新一代高可信网络""可重构柔性网络"专项任务编制组负责人，移动通信国家重大专项论证委员会主任，国家"三网融合"专家组第一副组长等职务。20 世纪 90 年代初主持研制成功中国首台大容量数字程控交换机——HJD04，本世纪初先后主持开发成功中国首台高速核心路由器、世界首台大规模汇聚接入路由器——ACR、国际上第一个柔性可重构网络等信息通信基础设施核心装备。2013 年首次在全球推出基于拟态计算原理的高效能计算机原型系统，2013 年基于拟态计算原理又提出网络空间拟态防御理论，并于 2016 年完成原理验证系统测试评估。先后获得国家科技进步一等奖 3 项，国家科技进步二等奖 3 项，国家教学成果一等奖 1 项。还曾获得 1995 年度何梁何利科学与技术进步奖、2015 年度何梁何利科学与技术成就奖。他所领导的研究团队曾获得 4 个国家科技进步一等奖、9 个国家科技进步二等奖，2015 年被授予国家科技进步奖网络与交换技术创新团队。

Forward 序　言

中国有句古话：它山之石可以攻玉。

记得 10 年前，我在主持国家高技术研究发展计划（863 计划）重大专项任务——"新概念高效能计算机体系结构研究与系统开发"时，最具挑战性的问题是，在排除物理、工艺和资源管理机制等改良或改进因素外，如何以系统结构技术的创新，显著提升计算或处理效能。

"结构决定功能，结构决定性能"是众所周知的公理。据此，探讨结构、功能与效能之间的关系应当是破解本任务难题的切入点。幸运的是，"给定功能条件下往往存在不同的实现结构"且"不同实现结构往往具有不同性能与效能"也是路人皆晓的常识。于是，"功能等价条件下，结构可以决定性能，结构也可以决定效能"就是一个自然而然的推论。基于这个推论构造的计算或处理系统具备 3 个基本特征，首先是系统需要预先配置多种不同能效比的功能等价处理模块（算法），其次是系统要能够实时感知计算任务关于时间的负载分布和能耗状况，再者系统要能自主调度合适的功能模块（算法）执行当前的计算任务以拟合期望的能效曲线。于是，同一任务在不同时段、不同负载、不同资源、不同运行场景等情况下，系统能够通过主动认知的方式选择不同能效比模块或算法来获得理想的任务处理效能。出于对拟态章鱼神奇表现的赞叹和生物拟态现象之灵感激发，我将这种功能等价条件下，基于主动认知的动态变结构计算命名为拟态计算（Mimic Structure Calculation，MSC）。

2013 年 7 月，国家科技部在上海组织了世界上首台拟态计算原理验证系统的测试评估。结果表明，基于计算密集、存储密集和输入输出密集三类十余项经典测试用例，在排除其他节能降耗因素后，参照当时主流计算系统的能效比，拟态计算系统具有数十到数百倍以上的比较优势，开创了运用功能等价动态变结构计算技术解决信息处理系统能效问题的新方法和新途径。需要特别强调的是，这种指向能效的变结构计算可以非常容易地转换为针对性能的变结构计算，因而拟态计算系统能够实现性能与效能目标的高度统一。

作为变结构计算机制的深度利用，拟态计算系统的运行场景具有内在的多样性、动态性和冗余性，其服务功能与视在结构的不确定性关系，恰好能避免传统信息系统或控制装置在应对基于漏洞后门攻击时的静态性、确定性和相似性之构造缺陷问题。一个直观的推论就是，针对网络空间目标对象"单向透明"场景下的"里应外合"式攻击行动，有意识地在信息系统或控制装置中运用功能等价动态变结构技术体制，其内生效应无疑可以扰乱或瓦解基于目标对象漏洞后门等攻击链的稳定性，创造出以视在的不确定目标场景应对网络空间安全威胁的新型防御机制。以变结构计算的"它山之石"来攻目标场景动态可变的"防御之玉"，这就是网络空间拟态防御原理最初的构想。读者将不难发现，拟态计算和拟态防御本质都是基于功能等价条件下的变结构处理技术，只不过是后者的经典应用模式需要有多数表决功能而已。从一定程度上说，将拟态防御视为拟态计算的某种特殊构造效应，也许更能揭示出两者之间的因果关系。

需要特别指出的是，随着"万物互联"、云计算、大数据时代的来临，半导体工艺和虚拟化等技术的不断进步，拟态理论不仅能对高效能、高可信的 ICT 系统架构技术带来"改变网络空间游戏规则"的变革，而且能对绿色、高鲁棒性的 IT 系统构造技术发展产生划时代意义的影响。

在国家科技部和上海市科学技术委员会近十年时间的不断支持下，在国家数字交换系统工程技术研究中心、复旦大学、上海交通大学、浙江大学、中兴通讯、烽火科技、成都迈普、中国电子科技集团第 32 所等研究机构和企业科研人员的不懈努力下，网络空间拟态防御理论体系得以创立，原理验证系统通过了国家组织的权威性测试评估。其独特的基于广义鲁棒控制架构技术的内生防御机制突出表现在五个方面：首先是能将针对目标对象执行体个体漏洞后门的、人为的、确定性的攻击行动，转变为系统层面攻击效果不确定的事件；其次是能将系统效果不确定的攻击事件变换为概率可控的可靠性问题；三是基于拟态裁决的策略调度和多维动态重构负反馈机制能呈现出攻击者视角下的"测不准"效应；四是借助"相对正确"公理的逻辑表达机制，可以在不依赖攻击者信息或行为特征情况下感知不确定威胁；五是能将非传统安全威胁变换或归一化为经典的可靠性和鲁棒性问题并处理之。为此，我将这种动态异构冗余架构及其鲁棒控制功能和机制所形成的内生性安全效应，称之为网络空间拟态防御（Cyberspace Mimic Defense，CMD）。

　　令人振奋的是，随着基于拟态防御原理的信息系统或控制装置不断进入各个应用领域，"改变游戏规则"的广义鲁棒控制构造及其内生性安全机制正不断彰显出生机与活力，有望在信息系统软硬构件供应链可信性不能确保的全球化生态环境下，运用创新的系统构造技术开辟出一条破解软硬构件"自主可控、安全可信"难题的新途径。

　　我们深信，随着拟态防御理论的不断完善和应用技术的持续创新，网络空间"易攻难守"的战略格局有望从根本上得到逆转，"安全性与开放性""先进性与可信性"的严重对立状况将能在经济全球化环境中得到极大的统一，基于目标对象软硬件代码缺陷的攻击理论及方法将面临前所未有的挑战，信息技术与产业也将迸发出裂变式的创新活力并迎来强劲的市场升级换代需求，具有广义鲁棒控制构造和内生性安全机理的新一代信息系统、工业控制装置、网络基础设施、信息服务平台甚至终端设备等必将重塑网络空间安全新秩序。

邬江兴

2017 年 11 月于郑州

Preface 前　言

今天，人类社会正在以前所未有的速度迈入信息时代，数字革命推动的信息技术全面渗透到人类社会的每一个角落，活生生地创造出一个"万物互联"、爆炸式扩张的网络空间，一个关联真实世界与虚拟世界的数据空间正深刻改变着人类认识自然与改造自然的能力。然而不幸的是，网络空间的安全问题正日益成为信息时代最为严峻的挑战之一。正是人类本性之贪婪和科技发展的阶段性特点，使得人类所创造的虚拟世界不可能成为超越现实社会的圣洁之地。不择手段地窥探个人隐私与窃取他人敏感信息，肆意践踏人类社会的共同行为准则和网络空间安全秩序，谋取不正当利益或非法控制权，已经成为网络时代的"阿喀琉斯之踵"。

网络空间安全问题的表现形式尽管多种多样、令人惊诧，但其本质原因却是十分简单明了。一是，人类现有的科技能力尚无法彻底避免信息系统软硬件设计缺陷导致的漏洞问题。二是，经济全球化生态环境衍生出的信息系统软硬件后门问题不可能从根本上杜绝。三是，现有的科技理论和方法尚不能有效地彻查信息系统中的漏洞后门等"暗功能"。四是，网络攻击的技术门槛低，似乎任何具备基础网络知识或对系统软硬件漏洞有所发现的人，都可以轻易地在网络空间成为"神秘黑客"。

如此之低的技术门槛和如此之大的利益诱惑，很难相信网络空间技术先行者们或市场垄断企业，不会处心积虑地运用"隐匿漏洞、植入后门"等控制手段，谋求直接产品利润之外掌控用户"数据资源"的不当利益。作为一种潜规则，漏洞后门等"暗功能"事实上已成为网络空间战略性资源，任何国家和政府都不会无视这种涉及

"制网权"与"制信息权"的非对称战力之建设与运用。

现有的主被动防御理论与方法均以威胁的精确感知为基本前提，遵循"威胁感知，认知决策，问题移除"的防御模式。对于"已知的未知"安全风险或者"未知的未知"安全威胁，除了条件许可情况下的加密认证措施外，几乎不设防。确切地说，迄今为止，既未找到任何不依赖于攻击特征或行为信息的防御新思路，也未找到技术上有效与经济上可承受且能普适化运用的防御新方法。即使是以美国人提出的"移动目标防御（MTD）"为代表的各种动态防御技术，在干扰或阻断基于目标对象漏洞之攻击链可靠性方面确已取得不错的功效，但在应对潜藏于系统内部的隐匿攻击方面，仍旧处于束手无策的境地。

生物免疫学知识告诉我们，生物的特异性抗体只有受到抗原的多次刺激后才能形成，当同种抗原再度入侵机体时方能实施特异性清除。这与网络空间现有防御模式极其相似，我们不妨将其类比为"点防御"。同时，我们也注意到，脊椎动物所处环境中，时时刻刻存在形态、功能、作用各异，数量繁多的其他生物，也包括科学上已知的有害生物抗原，但健康生物体内并未发生显性的特异性免疫活动，绝大部分的入侵抗原应当是被与生俱来的非特异性选择机制清除或杀灭，即机体具有"除了不伤及自体外，能够通杀任何抗原"的能力，生物学家将这种通过先天遗传机制获得的神奇能力，命名为非特异性免疫。我们不妨将其类比为"面防御"。生物学的发现还揭示，特异性免疫总是以非特异性免疫为基础的，后者触发或激活前者，而前者的抗体只有通过后天获得，且生物个体间存在质和量上的差异，迄今未发现关于特异性免疫的任何遗传学证据。至此，我们知道脊椎动物因为具有点面结合的双重免疫机制，才获得了抵御已知或未知抗原入侵的能力。令人沮丧的是，人类在网络空间并未创造出这种"具有通杀性质的非特异性免疫机制"，总是以"点防御"的办法去竭力应对"面防御"任务。理性的预料和严酷的事实表明，结局一定是"堵不胜堵、防不胜防、漏洞百出"，战略上始终无法摆脱处处掣肘、被动应付的地位。

　　造成这种尴尬局面的核心问题是，科技界至今未搞清楚非特异性免疫如何做到精准的"敌我识别"。按常理推论，连机体特异性免疫形成的有效信息都不能携带的生物遗传基因，不可能拥有未来所有可能入侵的细菌、病毒等抗原特征信息。就如同网络空间基于已发现的漏洞后门或病毒木马等行为特征形成的各种"攻击信息库"那样，今天的库信息中不可能包括明天可能发现的漏洞后门或病毒木马等特征信息，更无法囊括未来什么形式的攻击特征信息。我们这样提出问题的目的不是企图弄明白"造物主如何使脊椎生物具有对入侵抗原实施与生俱来的非特异性选择清除能力"，而是想知道在网络空间能否构建起一种可以不依赖任何先验知识，或"攻击特征与行为信息"的技术架构以及内生性的安全机制，既可以降低基于目标对象漏洞后门或病毒木马等未知攻击的确定性，又能将非协同或"差模"攻击效果转变为概率可控的可靠性事件，进而使目标系统具有抑制包括未知威胁在内的广义不确定扰动能力，即具有稳定鲁棒性和品质鲁棒性。

　　其实，哲学意义上本来就没有绝对的已知或毫无悬念的确定性，"未知"或"不确定性"总是相对的或有界的，与认知空间和感知手段强相关。诸如，"人人都有这样或那样的缺点，但独立完成同样任务时，在同一个地点、同时犯完全一样的错误属于小概率事件"的"相对正确"公理，就对"未知或不确定"的相对性认知关系给出了具有启迪意义的诠释。该公理的一种等价逻辑表达——异构冗余表决构造和多模表决机制，能够在功能等价条件下，将单一空间下的未知问题场景转换为功能等价多维异构冗余空间下的可认知问题场景，将不确定性问题变换为可用概率表达的可靠性问题，将基于个体的不确定行为认知转移到关于群体层面的相对性判识上来，进而将多数人的认知结果作为"相对正确"的置信准则。但是，即便如此，小概率情况下多数人的认知结果也存在"相对错误"的可能。只要是相对性结果就存在量子叠加态的"薛定谔猫"效应，正确与错误同时存在，只是概率不同而已。这一等价构造和机制在可靠性领域的成功应用就是非相似余度构造。基于该构造的目标系统在一定的前提条件下，即使其物理构件存在分布形式各异的随机性失效，或者存在未知设计缺陷导致的统计意义上的不确定失效，都可以在给定语义和语法约束条件下，被多模输出矢量表决机制变换为可用概率表达的可靠性事件，从而使我们可以通过构造技术来显著地增强系统的可靠性。同理，该构造对于网络空间不确定威胁也具有相同或相似的作用。尽管不确定性威胁的攻击效果对于异构冗余的个体而言往往不是概率问题，但是这些基于个体的攻击效果常常取决于攻击者能否在系统层面，实现多模输出矢量时空维度上的一致性表达，是典型的概率问题。由于相对性表决机制会迫使攻击方必须面对"非配合条件下协同一致攻击难度"的挑战，因而没有坚实的科技和经济基础支撑几乎不可能克服这一挑战，于是，成为"黑客"的技术门槛就被极大地提升了。不过，一定时间内，基于 DRS 构造的目标对象虽然能够抑制包括未知攻击在内的不确定扰动，且具有可设计标定、可度量验证的品质鲁棒性。但是，因为无法克服"试错式"协同攻击的影响，非相似余度构造缺乏稳定鲁棒性。

按照网络空间安全领域的传统理论，现今信息系统技术架构和防御机制下，网络空间基于漏洞后门等的攻击，一方面因为目标对象的静态性、确定性和相似性而出现防御环境"被透明"的状况，或者因为隐藏的病毒木马等导致防御环境"被渗透"的局面；另一方面由于防御方缺乏关于攻击者的先验知识、行为特征信息，或者无从知晓内部何处存在未知的"暗功能"，而始终无法摆脱不确定威胁之梦魇。

前　言

　　如果从鲁棒控制的观点分析，不难得出，目前网络空间大多数的安全事件是由针对目标对象内部漏洞后门、病毒木马等不确定扰动引起的。换言之，由于人类目前尚缺乏为其软硬件系统提供抑制包括漏洞后门等"暗功能"在内的广义不确定扰动能力，所以原本属于目标对象或网络元素设计和制造过程中的质量控制问题，就万般无奈地"溢出"成为网络空间最主要的安全挑战，"潘多拉魔盒"就是这样被打开的。生产厂家或企业"不承诺软硬件产品安全质量"，或者"不对产品安全质量引起的后果承担任何责任"的行为，都可以归结为"世界难题"所致。因此，公众只好被迫接受网络空间这一几乎与"耍赖行为"无异的商业现实。经济技术全球化时代，恢复产品质量神圣承诺和商业信誉，治理被严重毒化污染的网络空间环境，将魔鬼关回到潘多拉盒中，需要优先解决软硬件产品的广义鲁棒控制问题。

　　破解当前网络空间安全困境的第一要务是构建"双向防御迷雾"。不仅能使基于目标对象漏洞后门的"单向透明"攻击失去确定性效果，而且要能有效瓦解基于目标对象内部病毒木马的"里应外合"式攻击。一般而言，在不考虑目标对象性价比的条件下，增加运行环境的动态性或随机性可以在不同程度上达成前一个愿望，但无法实现后一个目的。因此需要借助"结构决定安全"公理的启迪，通过目标对象控制架构的创新来获得与生物拟态伪装机制相同或相近的构造效应，则有可能体系化地实现这一双重性质的要务。

　　其次，仅仅使攻击效果不确定或者只能在不同程度上瓦解攻击行动不是防御者的终极诉求。理想目标是，无论对已知风险还是未知威胁导致的确定或不确定性攻击效果，都能被某种构造或机制变换为概率可控的可靠性问题，以便借助成熟的可靠性理论和方法统一解决。

　　再者，必须开发出一种具有广义鲁棒性功效的控制构造，不仅能有效抑制目标对象内部传统的不确定扰动影响，也能在基于漏洞后门等人为攻击扰动下维持系统服务功能和性能的鲁棒性，从而能在很大程度上抵消网络元素广义鲁棒控制功能缺位对网络空间安全态势造成的负面影响。

显然，若能在非相似余度的可靠性技术架构中导入拟态伪装和"测不准"机制，并创造出一种能够通过构造效应抑制"差模故障和差模攻击、共模故障和协同攻击"的新型系统架构，则达成"服务提供、可信防御、鲁棒控制"一体化实现的目标是可能的。"网络空间拟态防御"就是沿着这一思路不断深化研究的成果。

2016 年 1 月，国家科技部委托上海市科学技术委员会组织了全国 10 余家权威测评机构和研究单位的上百名专家，对"拟态防御原理验证系统"进行了历时 4 个多月的众测验证与技术评估，结果表明："被测系统完全达到理论预期，原理具有普适性。"

为了便于读者理解拟态防御原理和体现导论题材表述的循序渐进特点，本书分为上、下册，共 14 章。第 1 章"基于漏洞后门的安全威胁"由魏强负责编撰，从漏洞后门的不可避免性分析入手，着重介绍了漏洞后门的防御难题，指出网络空间绝大部分的信息安全事件都是攻击者借助软硬件漏洞发起的，通过感悟与思考方式提出了转变防御理念，突破了思维惯性。第 2 章"网络攻击形式化描述"由李光松、曾俊杰、吴承荣负责编撰，概览或试图总结目前存在的典型网络攻击形式化描述方法，并针对动态异构冗余的复杂网络环境提出了一种网络攻击形式化分析方法。第 3 章"传统防御技术简析"由刘胜利、光焱负责编撰，从不同角度分析了目前网络空间三类防御方法，并指出传统网络安全框架模型存在的四个方面问题，尤其是，目标对象和防御系统对自身可能存在的漏洞后门等安全威胁没有任何防范措施。第 4 章"新型防御技术及思路"、第 5 章"多样性、随机性和动态性分析"由程国振、吴奇负责编撰，概略性地介绍了可信计算、定制可信空间以及移动目标防御等新型安全防御技术思路，并指出了存在的主要问题。比较详尽地分析了多样性、随机性和动态性方法对于破坏攻击链稳定性的作用与意义，同时指出了面临的主要技术挑战。第 6 章"异构冗余架构的启示"由斯雪明、王伟、杨本朝、李光松等共同参与撰写，概述了基于异构冗余技术抑制不确定性故障对目标系统可靠性影响的作用机理，指出异构冗余架构与"相对正确"公理逻辑表达等价，具有将不确定问题变换为可控概率事件的内在属性。概略地分析了非相似余度架构的容侵属性以及至少 5 个方面的挑战，并提出在此架构中导入动态性或随机性能够改善其容侵特性的设想。第 7 章"基于异构冗余的动态防御"由刘彩霞、斯雪明、王伟等共同参与撰写，提出了一种称之为"动态异构冗余"的系统架构，其内生的防御机制能够在不依赖攻击者任何特征信息的情况下，迫使基于目标对象漏洞后门的蓄意行为，必须面对"动态冗余空间，非配合条件下多元目标协同一致攻击"难度的挑战。第 8 章"拟态防御原意与愿景"由赵博等共同参与撰写，提出了在动态异构冗余架构基础上引入生物拟态伪装策略的设想，期望造成攻击者对目标对象防御环境（包括其中的漏洞后门等"暗功能"）的认知困境，以便显著地提升跨域多元动态目标协同一致攻击难度，获得"即使攻击成功，也可能只是一次"的不确定效应。第 9 章"网络空间拟态防御原理"、第 10 章"拟态防御工程实现"、第 11 章"拟态防御基础与代价"由贺磊、胡宇翔、李军飞、任权等共同参与撰写，系统地介绍了拟态防御基本原理、方法、构造和运行机制，对拟态防御的工程实现做了初步的探索研究，就拟态防御的技术基础和应用代价问题进行了讨论，并指出一些亟待解决的科学与技术问题。第 12 章"拟态原理应用举例"由马海龙、郭玉东、张铮撰写，分别介绍了拟态防御原理在路由交换系统、Web 服务器和网络存储系统中的验证性应用实例。第 13 章"拟态原理验证系统测试评估"由伊鹏、张建辉、张铮、庞建民等撰写，分别介绍了路由器场景和 Web 服务器场景的拟态原理验证测试情况。第 14 章"典型架构抗攻击性与可靠性分析"由贺磊、任权等负责撰写，提出了非冗余、非相似余度、拟态构造的广义随机 Petri 网模型，并给出了相应的抗攻击性与可靠性的量化分析结论。

读者不难看出全书的逻辑安排是：指出漏洞后门是网络空间安全威胁的核心问题；分析现有防御理论方法在应对不确定性威胁方面的体制机制缺陷；从可靠性领域基于"相对正确"公理等价逻辑表达出发，获得无先验知识条件下将随机性失效转换为概率可控的可靠性事件之启示；提出基于多模裁决的策略调度和多维动态重构负反馈机制的动态异构冗余构造，并指出该构造在机理上具有生物拟态伪装相同或相似的效应和内在的"测不准"机理；发现这种类似脊椎动物非特异性和特异性双重免疫机制的广义鲁棒控制架构，具有内生的安全特性和防御效应，可独立应对基于目标系统漏洞后门等"已知的未知"安全风险或"未知的未知"安全威胁，以及传统的不确定扰动因素影响；系统阐述了网络空间拟态防御原理、方法、基础与工程实现代价；给出了几个带有原理验证性的应用实例；介绍了原理验证系统的测试评估情况与验证结果；最后，为非冗余、非相似余度和动态异构冗余构造建立了基于 GSPN 的数学模型，并给出了相应的抗攻击性与可靠性的定量分析结论。

诚然，拟态防御理论在传统工程意义上看来，必然会增加设计成本、体积功耗、维护使用等方面的开销，在价格敏感应用领域也许会带来不小的挑战。但是，当今时代微电子技术、软件技术、可重构技术以及虚拟化技术等手段和工具的持续进步，开源社区模式的广泛应用，以及不可逆转的全球化趋势，使得目标产品市场价格只与应用规模强相关而与复杂度相对解耦，"牛刀杀鸡"和模块化集成已成为抢占市场先机的工程师们的"首选模式"。更由于"绿色高效、安全可信"使用观念的不断升华，在追求信息系统或控制装置更高性能、更灵活功能的同时，更注重应用的经济性和服务的可信性，促使人们传统的成本价值观念与投资理念转向更加关注系统全生命周期(包括网络空间安全防护等在内)的综合投资和使用效益方面。因而作者相信，随着拟态防御原理和技术方法的不断完善与持续进步，"网络空间游戏规则"即将发生深刻变革，新一代基于内生防御机理的广义鲁棒控制系统或软硬件装置呼之欲出，拟态防御理论引导下的技术创新之花必将在相关应用领域蓬勃绽放。

目前，拟态防御理论和相关方法仅仅达成了理论自洽与原理验证，难免存在研究不够深入细致、分析不够全面准确、试验验证不够完备、方法不够严密精湛等初创阶段无法回避的问题，书中在理论和实践层面也给出了一些亟待研究解决的科学与技术问题。不过，作者深信，任何理论或技术的成熟都不可能在书房或实验室里完成，尤其像拟态防御和广义鲁棒控制这类与应用场景、工程实现、等级保护、产业政策等强相关，跨领域、改变游戏规则的挑战性理论与技术，必须经历严格的实践检验和广泛的应用创新才能修成正果。本书的出版发行就是秉承这一理念，以期获得"抛砖引玉"之功效，达成"众人拾柴火焰高"之目的。衷心欢迎广大读者通过本书提供的微信公众号(拟态防御)和拟态防御网站(http://mimictech.cn)，开展多种形式的理论辨析与技术探讨，由衷期望拟态防御理论和基本方法能为当今网络空间"易攻难守"的战略格局带来革命性变化，普适性的广义鲁棒控制架构能够为 IT 产业以及相关领域带来强劲的创新活力与旺盛的产品换代需求。

需要特别声明的是，拟态防御从纯技术角度视之，只是广义鲁棒控制构造和相关机制产生的内生性安全效应，不可能也不奢望能解决网络空间所有的安全问题。反之，拟态构造的发现或发明倒是确实解决了传统鲁棒控制不能抑制包括未知威胁在内的广义不确定扰动难题。

本书适合作为网络空间安全学科研究生教材或相关学科参考书，对有兴趣实践拟态防御技术应用或有志向完善拟态防御理论的科研人员具有入门指南意义。为使读者全面了解本书各章节编排逻辑，便于专业人士选择性阅读之需要，特附"各章关系视图"以供参考。

各章关系视图

Thanks　致　谢

非常感谢对本书撰写和出版做出贡献的各位同仁。特别要对直接或间接参与写作工作的同事们致以最诚挚的谢意，除了本书前言部分提到的负责或共同参与本书相关章节编撰的同事外，还要由衷感谢第 1 章撰写组的柳晓龙，总结了漏洞利用缓解机制的相关材料，麻荣宽、宋晓斌、耿洋洋进行了收集漏洞类型及实例统计分析等工作；第 3 章撰写组的何康、潘雁、李玎等负责相关素材的搜集工作，尹小康负责整章格式的调整和修改；第 4～5 章撰写组的王涛、林键等收集并整理了大量动态防御方面的资料；第 8 章撰写组的刘勤让参与了相关内容的编写工作；第 12～13 章撰写组的张杰鑫参与了 Web 服务器拟态防御原理验证系统和测试评估等相关内容的撰写和修订工作。伊鹏、马海龙、张建辉等完成了路由器拟态防御原理验证系统和测试评估相关内容的撰写；此外，季新生全程参与了本书策划、写作思路设计和修订等工作；祝跃飞、陈福才、扈红超等对本书的写作思路和部分内容安排提供了宝贵建议；陈福才、扈红超、刘文彦、霍树民、梁浩、彭建华等参与了本书的审阅过程。

特别感谢国家科技部高新技术发展及产业化司冯记春司长、秦勇司长、杨贤武副司长、强小哲处长、问斌处长，上海市科学技术委员会寿子琪主任、陈克宏副主任、缪文靖处长、干频副主任、聂春妮处长、肖菁副处长，中共中央网络安全和信息化领导小组办公室王秀军副主任，原总参谋部通信与信息化部黄国勇副部长等长期以来对本研究方向始终不渝的支持。

由衷感谢国家高技术研究发展计划（863 计划）、国家自然科学基金创新研究群体项目、中国工程院重大咨询课题、上海市重大创新基础工程等对本项研究工作的长期资助。

最后，我要感谢国家数字交换系统工程技术研究中心（NDSC）全体同仁以及我的妻子陈红星女士，多年来全力以赴、始终如一地参与和支持这项研究工作。

Contents 目　录

第8章

拟态防御原意与愿景

8.1 拟态伪装与拟态防御

8.1.1 生物拟态现象

1998 年，澳洲墨尔本大学的马克·诺曼，在印度尼西亚苏拉威西岛水域发现了一种拟态章鱼，学名条纹章鱼，堪称自然界的模仿大师，如图 8.1(a)所示。遇到鲨鱼的时候，它会将触手并在一起，组成椭圆形，贴在海底缓慢游动，就像比目鱼一样。由于比目鱼有专门对付鲨鱼的毒液，鲨鱼不敢冒险进攻。在开阔水域中游动时，它会将触手均匀地散开，看上去就像一条多刺又有毒的蓑鲉，能有效地吓走敌人。拟态章鱼的另一个把戏是将六只触腕放入一个洞穴里，然后伸出剩余的两只触腕，就像一条灰蓝扁尾海蛇，当然，这种海蛇也是有毒的。除此之外，它还能模仿礁石和要猎食的鱼类等，结合它的变色能力，更让这些模仿天衣无缝。研究表明，它不仅能主动地改变自身体色和纹理，还能模仿其他生物的形状和行为方式，在砂砾海底和珊瑚礁环境中完全隐身,条纹章鱼至少可以模拟 15 种海洋生物。

它以本体构造相近或相似的参照物，用色彩、纹理、外观和行为的仿真或模拟来隐匿本征体的外在表象（包括形态和行为等），用视在的特征或功能造成掠食对象的认知困境或认知误区，以此获得生存优势和安全保障。

漫长的进化和变异过程，为众多生物赢得了天然"伪装大师"的美称，如图 8.1(b) 的竹节虫，图 8.1(c) 的隐形蛙，图 8.1(d) 的格纹鹰鱼等。生物利用其自身结构及生理特性"隐真示假"，与军事隐身的初衷如出一辙。形形色色的生物伪装伴随着物竞天择与适者生存的自然规律不断演进，有着与生命史一般久远的发展历程，生物学将这种现象称为"拟态现象"。拟态现象广泛存在于生物界，能够有效提高防御能力或攻击能力。生物的拟态分为缪氏拟态（Müllerian mimicry）、贝氏拟态（Batesian mimicry）、瓦氏拟态（Wasmannian mimicry）、波氏拟态（Poultonian mimicry）等。其中，缪氏拟态中

(a)条纹章鱼又称拟态章鱼　　　　　　　(b)竹节虫的伪装

(c)隐形蛙的伪装　　　　　　(d) 藏身于红珊瑚丛中的格纹鹰鱼

图 8.1　生物界的拟态现象

的模拟者和被模拟者都是有毒、不可食的，它们彼此之间的模拟可以互相降低在取食期间的死亡率，对双方物种都有利。贝氏拟态中的被模拟者是有毒的和不可食的，而模拟者则是无毒的和可食的[1]。广义的瓦氏拟态是指昆虫模拟生存环境的现象，如枯叶蝶模拟树叶、竹节虫模拟树枝等，而狭义的瓦氏拟态则特指寄生性昆虫模拟宿主的现象。波氏拟态是指有毒害的昆虫模拟无毒害生物的现象，是一种攻击性拟态，通过拟态隐藏伪装自己，迷惑猎物[2]。

生物拟态的两个核心是内生和模拟。内生，即生物拟态依赖的是自身具备的体态特征或功能行为，而不用借助其他外在的工具或设施。模拟，即参照其生存环境中的物体、天敌、宿主或其他生物特征，形成与之相似的形态、色彩、纹理或行为特征，达到迷惑其他生物、提高自体生存性的目的。

生物拟态通常可以分为两类：静态拟态和动态拟态。其中静态拟态仅在特定环境和场景下有效，例如，枯叶蝶在落叶林里能很好地隐藏自己，而在针叶林里便格外醒目。静态拟态通常没有感知、认知、决策和执行的过程。相对地，动态拟态的呈现形态不固定，会根据所处环境的特点动态决定拟态目标，当环境变化时，拟态目标和拟态行为也随之改变。动态拟态的生物环境适应性较强，可在多种复杂环境下拥有较好的生存性，如前面提到的拟态章鱼。动态拟态的生物需要感知环境的变化并提取特征信息，然后决定拟态行为，有完整的感知、认知、决策和执行的过程。动态拟态是拟态的高级形态。

8.1.2　拟态伪装与拟态防御

从防御角度看，我们将生物内生的拟态行为称为拟态伪装（Mimic Guise，MG）。拟态伪装可以根据所处环境隐匿本体外在形态和特征，包括尽可能地掩饰本体固有的功能、性能，本质上就是增加视在的不确定度，以降低攻击的有效性，达到提高自身安全性或生存优势的目的。

拟态伪装的性质可以归纳为以下 5 点。

(1)拟态伪装对于生物本体或元功能具有透明性,不会因为拟态呈现的多样性而改变自身的基本功能,即元功能不变性。

(2)拟态伪装是其元功能不可分割的一部分,伪装的效果不依赖于附加的物理装置和工具,属于内生性功能。

(3)拟态伪装具有明确的指向性,是对确定对象或环境的模仿。

(4)拟态伪装对于所模仿对象的色彩、纹理、外形和行为具有相同性或相似性。

(5)拟态伪装的有限性使之可模仿对象或种类受限,且与自身基本构造和所处环境强相关。

借鉴自然界生物拟态伪装的概念,我们将计算机系统、智能控制装置、网络、平台、模块等软硬件系统通过设计内生防护机制来提高自体生存性和抵御外界攻击的能力称为狭义拟态防御(Narrow Mimic Defense,NMD)。需要指出,NMD 虽然包括拟态伪装的含义,但是拟态伪装却不是拟态防御的全部内涵,原因有二。

(1)生物的拟态伪装会尽可能地掩饰本体固有的功能、性能及存在特征,以增加视在的不确定度。而计算机和网络空间大多数信息处理系统的对象实体与服务功能是不允许或不能够隐匿的,例如 Web 服务、路由交换、文件存储、数据中心等网络服务功能,不但不能伪装隐匿,还要尽可能地让用户清晰明了其功能、性能和使用方式,其任何防护措施都应尽可能地不触动或不改变用户原有的操作使用习惯等。

(2)计算机执行进程、资源占用情况和服务状态等运行环境是不断变化的,潜在的攻击威胁和安全风险对防御方而言常常是未知的。在这种情况下,基于目标或环境感知的拟态伪装就难以有效抵御攻击者的高级持续性入侵。

这就是说,NMD 一方面强调不能影响到目标对象给定服务功能和性能的正常提供或呈现,另一方面又要求具有视环境情况实施拟态伪装的能力，包括隐匿目标对象自身的系统架构、运行机制、实现方法、异常表现以及可能存在的已知或未知漏洞、后门或病毒、木马等。因此，NMD 可以视为隐匿目标对象服务功能除外的主动式拟态伪装。

8.1.3　两个安全问题和两个严峻挑战

当前，网络空间安全问题正日益受到社会各阶层的高度关注，各种创新的网络安全技术也不断涌现。然而，漏洞和后门的数量反而呈越来越多的趋势。根据国家互联网应急中心发布的《2016 年中国互联网网络安全报告》[3]和《中国互联网网络安全态势综述》[4]，2016 年，国家信息安全漏洞共享平台（CNVD）共收录通用软硬件漏洞 10822 个，较 2015 年增长 33.9%。其中，高危漏洞收录数量高达 4146 个（占 38.3%），较 2015 年增长 29.8%；"零日"漏洞 2203 个，较 2015 年增长 82.5%。2016 年，CNVD 收录的漏洞中主要涵盖 Google、Oracle、Adobe、Microsoft、IBM、Apple、Cisco、Wordpress、Linux、Mozilla、Huawei 等厂商的产品。根据影响对象的类型，漏洞可分为：应用程序漏洞、Web 应用漏洞、操作系统漏洞、网络设备漏洞（如路由器、交换机等）、安全产品漏洞（如防火墙、入侵检测系统等）、数据库漏洞。事实上，网络空间面临的安全形势比这些公布的数据更为严峻，就如同浩瀚的宇宙空间，我们已发现的漏洞后门或病毒木马充其量只能算作是一点点星际尘埃，绝大多数是我们未认知的或被人有意隐藏的或正在这个世界上有意、无意地创造生产着，不能也不可能给出任何统计意义上的数据和评估。

正如本书第 1 章所述，漏洞是可被攻击者恶意利用的设计或实现缺陷。理论上，用形式化的正确性证明技术（Formal Correctness Proof Techniques，FCPT），就一个给定的规范，可以找出并消除软硬件设计中所有的错误，也就是说能够彻底地杜绝所有漏洞。然而在工程实践中，试图构建不含缺陷（因此不含安全漏洞）的大型复杂软硬件系统，几乎是不可能实现的任务。首先，给定规范的正确性认知(尤其是明确严谨的假设)可以随技术发展阶段而改变，过去不是缺陷的代码可能包含将来的漏洞；其次，实际上很少能为复杂系统制定出科学的形式化检查规范，因为复杂系统的形式化检查规范更是复杂巨系统，很难保证检查规范自身工程设计的正确性和完整性；再者，实践中发现，缺陷或错误(包括特定的安全漏洞，如缓冲区溢出)的形式化验证工具，受待检对象代码规模、复杂度和状态爆炸等条件约束，通常多以经验方式在完整性、完备性、遍历性方面进行折中处理；第四，设计缺陷能否成为可利用的漏洞与攻击者拥有的资源和经验有关，而且还与其所处的运行环境和资源配置强相关；第五，人类科学技术发展具有阶段性，很难超越认知的时代局限性，我们不能也不可能识别出将来可被利用的漏洞。因此，漏洞问题本质上是目前人类科学技术尚不能完全避免的问题。而后门问题的实质则是全球化时代，相互依存、开放共享发展模式创造出的网络经济生态环境中难以消除的"恶性肿瘤"，尤其对技术后进国家和国际市场依赖者危害巨大。更为糟糕的是，无论漏洞还是后门，迄今为止除了"亡羊补牢"式的打补丁、贴膏药、封门堵漏或基于经验的查找方式，尚无彻底检出和排除这两类问题的技术手段与工程措施，更无法对给定软硬件系统作出不存在漏洞后门的科学诊断。

漏洞后门存在的客观性与必然性使得信息系统或控制装置构件、部件、器件等在理论上就不可能是"无毒无菌"的。因而，信息化建设面临两个严峻挑战：一方面，"自主可控"战略在相当长的时期内，尚不能及时地、全方位地、可持续地提供信息化建设所需的成熟与高性能的器件、部件、构件等基础性或支撑性的软硬件，况且"自主可控"也无法从根本上杜绝漏洞和彻底管控后门；另一方面，全球化时代要完全彻底地解决设计链、工具链、制造链、供应链、服务链等的"自主可控、安全可信"问题，除了科学技术方面要有重大突破外，还涉及一系列多边贸易、意识形态、国家利益和网络经济学方面的艰难挑战。事实上，网络空间安全问题很大程度上是由于信息技术和产业发展模式所造成的。如果说在相当长的历史时期内因为硬件处理能力一直是"高端紧俏资源"无力考虑安全性能实属无奈之举的话，那么在摩尔定律持续有效超过半个世纪的情况下，业界一直将软硬构件自身的安全性与可信性设计始终排除在信息技术和产品追求的主流指标之外就没有任何合理性可言了。作者以为，"自主可控"的本意是为了打破技术和市场垄断，寻求经济技术共同发展格局的建设性做法，初衷是要解决产品供应链的安全问题，不能也不可能彻底解决信息安全乃至国家安全的问题，更不应该成为贸易保护主义和去全球化思潮的借口。网络空间安全呼唤发展观念的转变和设计理念的创新，信息时代期盼"改变游戏规则"的技术变革和产业模式创新。

为此，有必要转变传统安全防护的设计理念，用创新的鲁棒控制架构和内生的安全机制，破解软硬组件、部件、构件等可信性不能确保条件下的"自主可控、安全可信"难题。换言之，就是要开拓以构造层技术消除或降低目标系统软硬构件"暗功能"影响的新途径，研究用鲁棒系统的内生效应抑制或阻断包括未知安全威胁在内的不确定扰动之新方法。

8.1.4 一个切入点：攻击链的脆弱性

时至今日，尽管网络空间安全防御技术取得了长足的进步，但由于上述两个安全问题和两个严峻挑战，网络空间安全态势尚无法得到根本性改观，急需发展颠覆性的、具有包容性、开放性、融合性的新型防御技术体系，用信息系统或控制装置架构技术的变革或创新，终结目前基于目标系统软硬件代码的攻击威胁，极大地削弱全球化时代、开放式产业链给网络空间安全带来的"负能量"，显著地增加任何基于"后门工程"和"隐匿漏洞"等网络威胁行动的门槛与实现代价，彻底改变某个"电脑神人"、几个网络黑客、一些网络犯罪组织等利用未知漏洞后门或恶意代码就能挑战网络世界基本秩序的"悲惨"现状。

从第 2 章内容可知，实施网络攻击往往需要多个步骤，包括系统扫描探测、特征识别、映射关联、协调控制、漏洞挖掘和攻击、攻击效果评估、信息获取和传播等环节，业界将其称为攻击链，如图 8.2 所示。

图 8.2　典型的攻击链

攻击链的每一个环节，通常都与目标对象的实现结构(算法)、资源配置、运行机制情况密切相关。对于两个完全异构的执行体，即使功能相同或等价，二者的攻击链很可能完全不同。因此，在攻击实施的每个步骤中，攻击者都要依赖目标对象运行环境的静态性、确定性和相似性才能达成攻击的有效性和稳定性。例如，使用网络扫描和数字指纹等探查工具获得 IP 地址、平台类型、版本信息、协议端口和资源占用等情况，甚至用于发现系统漏洞、防火墙规则缺陷等。一个自然的联想就是，倘若可以在保证目标对象当前网络服务功能和性能的前提下，导入基于内生安全机理的拟态伪装或隐匿欺骗(如隐形装置)功能，造成攻击者对目标对象的认知困境，或者误导攻击者不断地跟随目标对象的防御行动，应该可以干扰或瓦解攻击链的稳定性。动态异构冗余架构 DHR 就具有这样的功能以及内生机制，其视在的"测不准"效应能有效地控制或掩饰防御方脆弱性的暴露程度，提高攻击链的构造难度，降低攻击链的稳定性。

8.1.5 导入拟态防御

如果说自然界是"造物主"构建的一个现实世界的话，那么现有网络空间可以认为是计算机与通信领域专家合力打造的一个虚拟世界。与自然界中存在各种不确定威胁一样，网络世界也存在包括"已知的未知"风险和"未知的未知"威胁。如果我们重新审视自然界中的不确定威胁与网络空间现实或潜在威胁处置方法时，可以发现一些具有启迪意义的现象，深入思考能获取解决棘手问题的灵感。

漏洞挖掘、特征提取、入侵检测、入侵预防等主被动防御手段在过去很长一段时间始终无法摆脱的一个基本思维定式就是，必须精准地获得关于攻击者方法和行为特征等先验知识才能实施有效的防御，即需要获取特征信息甚至需要通过历史性数据分析，方能基于特征码匹配或模式识别等方法进行有针对性的设防，即使如此也只能在一定程度上防御已知的或确定的攻击，而对"已知的未知"安全风险或"未知的未知"安全威胁，除了加密认证手段外基本无能为力。随着网络攻防博弈的白热化，一方面，防御方获得的攻击特征库(例如漏洞后门、病毒木马、黑白名单等)急剧膨胀，防御资源开销和处理复杂度急剧增加，特征库的管理和及时更新成为新挑战。另一方面，攻击手段层出不穷，攻击模式不断推陈出新。但是，总体上说"道高一尺魔高一丈"，无论是经典的主被动防御还是基于"点防御"的各种动态防护措施，本质上并未改变到处设防、被动防御的局面，"亡羊补牢"仍是其主要技术策略。这种防御模式非常类似脊椎动物的特异性免疫机制，特异性免疫抗体只有受到某种抗原感染后方可获得，在该种抗原再次入侵时才能生效并能实施特异性清除。特异性免疫抗体仅能够清除特定的抗原，其多样性与感染过的抗原种类强相关，功能上也属于"点防御"。遗憾的是，业界因为没有合适的工具，只能用这种点防御模式去应对未知威胁造成的"面威胁"问题，结果是可想而知的。

实际上，自然界环境中时时刻刻存在形态、功能、作用各异，数量繁多的其他生物，包括科学界已知或未知的有害生物抗原，但健康生物体内并未出现频发的特异性免疫活动。究其原因是绝大部分的入侵抗原被脊椎动物体内一种与生俱来的非特异性选择清除机制拒之体外，即具有"除了不伤及自身外，通杀任何抗原"的能力，生物学家将这种与生俱来的遗传机制命名为非特异性免疫。该机制对入侵抗原具有非特异性选择清除能力，属于生物机体的"面防御"功能，并能为特异性免疫提供不断学习完善和自我改进或增强的基础。不幸的是，人类的网络空间除了基于感知认知的"点防御"手段外，几乎没有任何有效的"面防御"机制，对于"未知的未知"安全威胁除了应用局限性很大的加密认证措施和相关的动态防御外，几乎不设防。在面对未知风险或不确定性威胁时，因为缺乏攻击者先验知识或行为特征信息而只能采取"亡羊补牢"式的防御策略。近年来，以移动目标防御(MTD)、可信计算和定制可信网络空间理论为代表的新型防御技术逐渐兴起，核心思想都是导入动态、随机、多样化的手段和非公开性机制来改善现有目标系统静态、确定、相似等体制性缺陷(相关内容在本书上册的前述章节中已有介绍)。基本方法是给攻击者造成认知困境或呈现防御行为不可预测为出发点，试图在网络空间构建一种具有不确定属性的目标场景以便获得不依赖先验知识的"面防御"能力，通过缩小攻击表面的相关方法和措施，显著地增加攻击者难度和代价。

网络空间防御的艰难实践告诉我们，若要真正要摆脱当前以"点防御"技术去应对"面威胁"问题的窘境，目标对象必须具有类似生物体非特异性和特异性一体化免疫功能的内生防御机制,形成"点面结合"融合式防御体系,方能应对"已知的未知"安全风险或"未知的未知"网络威胁。

在思考和探索解决上述问题时,生物拟态伪装机理及其构造给我们提供了重要的灵感。首先,拟态伪装的内生机制是通过事先的环境感知和自身的形态伪装来造成攻击者的认知困境,属于主动防御的范畴,能有效解决被动防御在攻击发生前无所作为的问题。其次,基于拟态伪装的 NMD 能够集本征功能与安全防护功能提供为一体,改变了安全防御功能需要通过附加、外挂和寄生等传统配置或部署方式获得的形态,以一体化构造效应降低目标对象全生命周期包括网络安全防护和信息安全保障功能在内的使用成本与代价。有鉴于此,我们可以利用拟态伪装内在机制和构造效应来抵御网络空间确定或不确定威胁与风险。但是,首先要找到合适的物理或逻辑构造(算法)和机制才能产生期望的"内生安全"效应。狭义拟态防御(NMD)功能是本体内生功能的有机组成部分,相对于附加防御功能的外在防御模式,内生防御模式与功能本体是自然融合的,具有集约化的设计功效,其防御表现可以更加多样化。例如,静态防御与动态防御的结合,被动防御与主动防御的结合等。但是,NMD从生物学意义上说仍然依赖于先验知识,需要在威胁发生之前感知所处环境才能决定自身的拟态变化,这种变化的目的之一就是要尽可能地隐匿本征功能。而网络空间目标对象所提供的服务功能通常是不可以隐匿的,且攻击者利用目标对象内在的漏洞后门等发动"单向透明、里应外合"攻击,常常不以显式的破坏效果为目的,主要是有计划地获取、篡改和利用目标对象的敏感信息。这决定了网络攻击行动一般具有隐蔽性或隐匿性,攻击行动或效果往往是未知的或无感的,这将迫使狭义拟态防御要么仍然需要依赖威胁场景感知和攻击特征提取等先验知识,要么盲目增加目标对象资源开销做效率低下的动态或随机变化(例如移动目标防御(MTD)中,采用的指令、地址、数据和端口等随机化、动态化措施)。

从前述章节内容可知，利用功能等价条件下的动态异构冗余架构 DHR 和基于多模裁决的策略调度和多维动态重构负反馈机制，可以感知或发现目标系统内部未知缺陷导致的随机性差模故障，或基于漏洞后门等"暗功能"的非协同攻击行为，即在不知道何时、何处、发生何种故障或攻击的情况下，利用 DHR 架构"点面结合"防御效应，能将架构内随机发生的故障或"单向透明，里应外合"的不确定性威胁，归一化为系统层面概率可控的可靠性事件。由于这种技术架构能够很好地弥补狭义拟态防御需要事先感知环境和必须隐匿服务功能的缺陷，从而有可能在网络空间构建起一个不依赖先验知识的、融合式的广义拟态防御体系，我们称之为网络空间拟态防御(Cyberspace Mimic Defense，CMD)。如果没有特指，本书以后章节出现的拟态防御术语都是指 CMD。

网络空间拟态防御体系建立在一个公理和两个基本原理之上。首先是应用"相对正确"公理的逻辑表达，使得功能等价异构冗余场景下，非协同的人为攻击可以变换为与差模失效影响等价的问题，已知或未知的网络安全威胁能够归一化为随机性故障的可靠性处理问题。其次是借鉴生物界拟态伪装的防御机理，借助内生的拟态伪装效应，使攻击者难以对目标对象做出清晰认知，陷入"瞎子摸象"的防御迷雾。再者是利用动态异构冗余架构(DHR)原理，使防御者即使在不掌握关于攻击的特征信息(包括攻击点、具体目标等)情况下，也能基于多模裁决的策略调度和多维动态重构负反馈机制，使攻击者陷入"动态冗余空间，非配合条件下多元目标协同一致攻击的困境"。三者的结合形态就构成了基于动态异构冗余架构的拟态防御体制和机制，其抗攻击性能可设计、可度量，能够支撑高可靠、高可用、高可信三位一体的鲁棒性运用场景。形象化的表述就是，DHR 的机理与拟态伪装的机理相同或相近，如果将动态异构冗余架构比作 6 自由度的"魔方"的话，那么拟态防御就是玩魔方的"玩家",而攻击者只能成为这场眼花缭乱魔方表演的"看家"了。换言之,DHR 可以认为是拟态伪装机制在信息系统中的一种应用。

显然,在 DHR 架构基础上引入拟态防御机制是构建目标对象一体化功能(包括防御功能在内)体系的核心所在。CMD 的提出使网络空间防御除了"探测感知→判断决策→问题移除"传统模式之外,拓展出了"动态异构冗余→多模策略裁决→重组重构重建"的新模式。与"威胁感知"作为传统防御有效性的前提条件不同,CMD 的有效性不以能否获得"事前信息"为基础;与移动目标防御对指令、地址、端口和数据等的"动态加密"机制不同,基于DHR 架构的 CMD 运作机制只作"基于感知的策略性应变和扰动"以增强多样化防御场景下"协同一致"的攻击难度;与开环式的使用动态、多样和随机等基础性防御手段不同,CMD 的闭环负反馈机制不仅能有针对性地改变"异样"执行体的防御环境,而且可评估决策"环境改变行动"是否需要继续,并能在构造层面上使目标系统攻击逃逸概率可设计、可度量;DHR 控制环路与执行体功能复杂度无关,因而在执行体中附加检错纠错、入侵检测与预防等传统防御技术,能从机理上扩大执行体间的相异度,增强目标系统对未知威胁或故障的感知能力;不同于高可靠性服务提供与高可信性服务保障分离实现的传统部署方式,CMD 能使目标系统一体化地提供高可靠、高可用、高可信的鲁棒性服务功能。我们有理由相信,网络空间导入 CMD 技术就犹如隐身技术导入军事领域一样,将有力挑战现有的攻击理论与方法,彻底改变传统的防御理念并逆转当前"易攻难守"的战略"碾压"态势,消除攻防博弈技术的"代差",实现网络空间安全格局的再平衡。

8.1.6 拟态防御原意

宇宙运行法则告诉我们,"变是绝对的,不变是相对的","正确与错误、已知与未知皆是相对的"。只有用"攻击者看到的不确定防御才能有效应对防御者感到的不确定威胁",用"相对正确公理将不确定因素转换为概率可控的可靠性事件"。因此必须从根本上转变网络空间防御理念,不再追求建立一种无漏洞、无后门、无缺陷、无毒无菌、完美无瑕的运行和防御环境来对抗网络空间的各种安全威胁,而是采取一种可收敛的广义动态化控制策略,构建一种基于多模裁决的策略调度和多维动态重构负反馈机制,以架构效应整合包括动态性、多样性和随机性等在内的相关防御要素以及传统的安全技术,将不确定威胁的防御问题归一化为可靠性理论与技术能够有效处理的对象,形成在攻击者看来不确定、在防御者看来可控的体制和机制,造成"探测难、渗透难、攻击激励难、攻击利用难、攻击维持难"的防御迷雾,并能借助类似可靠性检验和验证的评价体系,通过类似注入测试的"白盒插桩"方法,对目标系统的安全防御等级进行可量化的评估。

期望在 DHR 架构基础上,导入拟态伪装机制增强攻防博弈的主动性。应用基于多模裁决的负反馈控制策略,驱动广义动态化机制获得目标对象防御场景的"测不准"效应;利用"非配合条件下,多元动态目标协同一致攻击难度",对确定或不确定性威胁、随机性失效或故障等提供"点面融合"式鲁棒控制功能;用多模裁决的相异性结果触发策略调度和多维动态重构机制,将复杂且难以达成的"问题归零"处理转化为相对简单的"问题规避"处理,经济且有效地利用防御场景资源;基于拟态防御的体系化效应,使得多模输出矢量裁决状态中包含的"叠加态"错误概率低于给定的阈值目标。

正如非相似余度架构(DRS),给目标系统带来高可靠、高可用性的同时也增加了设备造价和能耗损失,内生拟态防御构造和机制的建立也需要付出必要的代价。尽管与系统服务功能分离的反馈控制功能的实现开销往往并不引人注目,但是异构执行体的冗余配置或部署代价却是显而易见的。通常情况下,异构执行体的

"替换和迁移"或者执行体本身的重构重组功能在给攻击者制造"测不准"困境的同时，不可避免地会增加系统设计、工程实现、应用部署和升级维护的复杂度。特别是开放式供应链情况下，将面临诸多的技术挑战，包括异构执行体功能、性能等价性的测试评估、执行体的快速清洗恢复、环境迁移与同步、重构重组操作涉及的相关问题，以及多模输出矢量的归一化处理与拟态裁决复杂性和时效性问题等。总之，如何兼顾好设计易用性、维护便捷性以及体积功耗、综合成本等多方面的因素，还需要更深入的理论研究和广泛的实践探索。

8.2　变结构拟态计算

8.2.1　HPC 功耗之殇

高性能计算(High Performance Computing，HPC)是计算机科学与工程的一个重要分支，主要是指从体系结构、并行算法和软件开发等多个方面研究开发高性能计算机的技术[5]。高性能计算应用涉及核武器研究、核材料储存仿真、石油勘探、生物信息技术、医疗和新药研究、计算化学、气象、天气和灾害预报、工业过程改进和环境保护等诸多领域，已经成为推动科技创新、社会进步的重要工具。

北京时间 2017 年 6 月 19 日于德国法兰克福举行的国际超算大会(ISC2017)公布了新一期的全球高性能计算机(HPC)TOP500 榜单。由中国国家并行计算机工程技术中心研制、部署于国家超级计算无锡中心的"神威·太湖之光"超级计算机再次加冕世界超算冠军，实现"三连冠"的荣耀[6]。"神威·太湖之光"由 40 个机柜，总共 160 个超级节点组成，每个超级节点含 256 个计算节点，每个计算节点配备一颗 1.45GHz、260 核的申威 26010 处理器。全系统总峰值性能 125.4359PFLOPS，Linpack 实测性能值为 93.0146PFLOPS，是当前世界排名第二的"天河二号"系统 Linpack 测试值的 2.75 倍[7]。高性能计算机的计算能力达到 100P 级别。

与此同时，一个无法忽视的重要事实是，高性能计算机的功耗巨大，不但运行成本高，而且带来散热、可靠性、可维性、可用性等一系列问题。随着 HPC 的速度向着 E 级甚至 Z 级目标迈进，功耗问题正成为最大的拦路虎之一。尽管采用了多层次全方位的降功耗工艺和技术，P 级高性能计算机的运行功耗仍高达 17MW 左右。

目前，在世界排名前三的高性能计算机系统中，功耗最大的是中国广州超算中心的"天河二号"，整机功耗(不包括空调等辅助设施)17.81MW，功耗最小的是瑞士的"Piz Daint"，整机功耗 2.272MW[8]。美国劳伦斯·伯克利国家实验室的豪斯·费姆尼教授认为，最近几年超算技术的进展，都不足以突破 E 级超算的障碍。原先认为 2018 年就能实现 1000P 级别的超算，现在看来要推迟到 2020 年，甚至 2022 年前都无法实现。目前面临的挑战首先是功耗控制难，现有的 IC 工艺水平和此前相比，并没有根本性的改善。据推测，基于现有的计算机架构和实现技术与工艺，未来的 E 级超级计算机功耗很可能接近百兆瓦，建造费用也将超过数亿美元。功耗成为工程实现挑战性问题的同时，应用的经济性问题也随之凸显。例如，"天河二号"一年仅电费就要 1 亿元人民币，如果全速运行，电费更高达 1.5 亿元。降低单位计算性能的能量消耗，提高计算效能已成为高性能计算机发展的新方向。

8.2.2 拟态计算初衷

计算机应用实践表明，在硬件架构固定不变的情况下，通过软件算法的改进在一定程度上可获得等效处理速度和计算效能的提高。因为一个问题往往存在多个不同的解决或实现方案，每个方案的不同阶段、不同时段常常存在多种可供选择的实现算法，每个方案的特点和属性不同，对计算环境和计算代价的要求差异很大，相应的计算性能和运行效能也大不相同。若能在恰当的场合、恰当的时机动态地选择恰当的实现方案或算法，就可能在约束条件下逼近计算效能的最优值。

在当今技术和工艺及可接受的成本条件下，硬件系统也可以由事先设计好的多种功能等价、效能不同的执行变体或计算环境方案中选择生成。实际运行中硬件系统可以根据应用需求，在恰当的场合、恰当的时机，选择恰当的方案自动生成恰当的计算或执行环境，通过基于主动认知的动态变结构计算获得比纯软件算法更高的能效比。目前正在发展之中的用户可定制计算、可重构计算、CPU+FPGA融合架构和软件定义硬件(Software Define Hardware，SDH)等技术都可以很好地支持这一想法。

我们把这种功能等价条件下，包含多种软件和硬件变体或基础模块的多维动态重构函数化体系结构，称之为拟态架构的计算(Mimic Structure Calculation，MSC)，简称拟态计算。它能根据当前运行状况的认知信息选择生成适宜的功能等价拟态计算环境。对于一个确定的可计算问题，在拟态架构计算中可以由多种功能等价、解算效能不同的硬件变体和软件变体来实现，在时空维度上根据环境认知选择合适的执行变体或模块，灵活地使用基于指令流的传统计算和基于数据流、控制流的流水线处理模式，甚至使用一些非冯氏或超冯氏计算模式，系统计算效能可以得到最大程度(相对于纯物理手段或纯软件手段)的提高，这就是拟态计算的原始想法。

需要强调的是，与当前 CPU+GPU 或 CPU+FPGA 或 CPU+GPU+FPGA 的用户可编程或可定制异构"加速"计算不同，MSC 是关于能效拟合最优的自适应变结构计算，功能等价条件下的软硬算法和计算模式的设计与部署都必须服从能效比最高的原则。

8.2.3　拟态计算愿景

MSC 并不企图独立地构建任何高效能的计算系统，也不排除器件工艺进步和材料技术或资源管理等引入的降耗增益，更不拒绝优化软件算法提高计算效能的益处，而是借助"应用决定结构、结构决定效能"的公理，通过基于认知决策的多维动态重构机制组成相应的运算结构、执行环境或计算模式，达成系统运行能效最优化的目标。

借助多维动态重构的函数化体系结构，使得应用问题可实时选择或生成相对理想的解算环境和计算模式，包括计算和控制、存储与缓存、交换与互连、输入与输出等软件可定义、可重构、可重组的功能部件；任务或作业也可以根据不同资源情况、不同服务质量要求、不同处理负荷、不同时段的运行效能等因素，在多种功能等价、效能不同的硬件执行体(或环境)以及相关的多样化程序变体间进行调度；能实现任务或作业的跨环境动态迁移，包括混合使用指令流和控制流计算模式等。

然而，硬件系统的结构变换或重组最终受到器件技术、实现复杂性、结构变换开销和价格因素的限制，不可能做到随意变化。借用生物学的拟态概念来表征有限程度、有限规模的结构动态变化是合适的：一方面"结构适配应用"要求系统具有"形状"相似的能力，另一方面"结构动态变化"要求系统具有"行为"相同的能力。因此，拟态的相似性、相同性和有限性，正好刻画出基于多维动态重构的函数化(也可称为"拟态变换")体系架构获得高效能计算的本质。此外，功能等价的多变体执行环境具有天然的冗余属性和内在的高可靠性、高安全性优势。

作为一种期望，一个计算任务在不同阶段、不同时段、不同资源条件、不同服务质量要求等因素的影响下，可以根据计算效能多维动态重构地生成或选择合适的计算结构与处理环境为之服务，即"结构适配应用"。功能等价条件下的多维动态变结构计算就是一种已被证明的实现途径，因为"结构不仅可以决定功能，也能决定效能"是基本公理的合理推论。多维动态变结构计算大致有三个演进阶段：可变结构又称异构计算(CPU+XPU+

FPGA)；变计算模式计算，即在多个设定的计算模式间进行动态选择性切换或迁移；拟态化环境计算，即根据一组确定的结构方案集合，由一个元结构池动态地生成或变换所需的计算环境。如图 8.3 所示，拟态架构计算一般包含有 N 个计算性能或效能不同但功能等价的计算构件组成的元结构，一个可以根据运行参数实时选取动态结构集合中合适计算构件的调度方案，以及一个在结构粒度、结构层次、时间维度上可动态重构的运算结构(按照环境模板动态生成实体计算环境)。不难看出，拟态架构计算通过功能等价条件下的动态变结构计算可以同时获得处理的高性能和高效能。

图 8.3　拟态计算原理示意

图 8.4 为典型的拟态化重构结构，包括处理器级拟态重构、存储级拟态重构和互连网络级拟态重构。针对不同应用的差异化处理需求，基本(可能为领域专用)处理算子通过拟态化重构，成为适配应用特定处理要求的粒度可变、数量可变、结构可变的处理构件；基本的存储单元通过拟态化重构，成为最适合于应用特定存储需求的种类和容量可变、结构可变、编址及访问模式可变的存储模组，甚至可以是带有处理(例如堆栈、数组、指针链表等)功能的结构化的存储构件；基本的网络互连单元通过拟态化重构，成为互连拓扑可变、互连协议可变、互连带宽可变、传输内容可处理的适合于应用特定互连传输需求的互连构件。拟态计算的实现要点如图 8.5 所示，以有限的处理资源、存储资源、互连资源，通过拟态化重构为

特定形态，满足多样化应用需求，在提高资源利用率的同时，减少了所需资源总量，增强处理系统的整体效能。

(a) 处理器级拟态重构

(b) 存储器级拟态重构

(c) 互连网络级拟态重构

图 8.4　典型的拟态化重构

图 8.5　基于多维动态重构的拟态计算

2008 年，国家高技术研究发展计划(863 计划)将"新概念高效能计算机体系结构及系统研究开发"列为重大科技专项，由国家数字交换系统工程技术研究中心(NDSC)、复旦大学、上海交通大学、同济大学、中国电子科技集团第 32 研究所等单位组成的联合团队承研，并于 2010 年启动原理验证样机的研制工作。

2013 年 5 月，受国家科技部委托，"天河二号"高性能计算机 Linpack 测试团队，选取输入/输出密集型的 Web 服务、计算密集型的 N-bod 问题和存储密集型的图像处理问题三种典型应用，500 余种场景，并以同年 IBM 公司最高性能的服务器为参照系，对拟态计算原理验证样机进行了测试，结果表明拟态计算能效比达到 13.6～315 倍。同时证明，对于给定的计算任务，根据处理资源、服务质量、运行时段、执行阶段等的不同，通过动态生成或变换相应的计算结构(模式、环境)和执行变体的技术思路与方法，获得很高的处理效能，有力地证明了"结构决定效能"公理的工程实践意义。作为一种集控制流驱动和数据流驱动、数据并行处理与流水线并行处理为一体的创新计算架构，开辟了计算机体系研究发展的新方向。

8.2.4　变结构计算与动态防御

基于主动认知的动态变结构的拟态计算，能根据不同任务、不同时段、不同负载情况、不同效能要求、不同资源占用状况等条件或参数，动态地构成与之相适应的解算环境。尽管其初衷是基于认知的主动变结构计算策略提升系统的处理效能，但结构变化的同时客观上也造成了运行环境的改变，等效地扰乱或瓦解了潜在攻击行为所依赖的目标对象运行环境的静态性、确定性和相似性，使得攻击链失去必要的稳定性条件或环境，客观上形成了"防御迷雾"，增加了攻击复杂度和代价。

从安全防御的角度观察，拟态计算系统是典型的"时变计算结构"装置，具有动态性和随机性的内涵与外延。在攻击者眼里，拟态计算系统似乎以不规律方式在多样化、动态化的环境间实施基于时间维度上的主动跳变或快速迁移，表现出很强的动态性、异构性、随机性等不确定防御特点，其计算环境难以观察，运行机制难以预测，问题软硬件代码难以发现与锁定，从而增大了基于目标对象"暗功能"的攻击链创建难度或保持难度。读者不难推论，凡是异构计算、变计算模式计算与拟态计算等主动变结构计算环境，应该都具有程度不同的视在不确定性以及动态防御的基本特性。

8.3 拟态防御愿景

网络空间拟态防御试图解决基于目标对象"暗功能"的不确定威胁问题。期望以一种具有普适意义的广义鲁棒性控制架构和相关机制，既可为软硬件系统或控制装置提供高可靠、高可用、高可信三位一体的鲁棒性服务与控制功能，也能以内生的架构效应提供不依赖于传统安全手段的"点面融合"的防御机制，或能融合使用成熟的防御技术获得"超非线性"的防御效果。希望以目标对象的构造效应获得具有"测不准"属性的防御环境，显著增加攻击链的创建难度，大幅度地降低攻击链的可靠性，极大地影响基于目标对象"暗功能"的确定或不确定攻击之有效性。能够用创新的架构技术在构造层面破解构件层供应链可信性不能确保之"自主可控、安全可信"困局,突破当前软硬件鲁棒性设计无法抑制包括未知"暗功能"威胁在内的不确定扰动难题,使得敏感应用之软硬件或控制装置等的可靠性与可信性既能设计标定也能测试度量。

网络空间拟态防御期望以"相对正确"公理的逻辑表达机制实现不依赖攻击特征的威胁感知能力;以动态异构冗余架构特性改变防御环境的静态性、相似性和确定性;用给定矢量空间多模裁决机制形成"非配合条件下,多元动态目标协同一致攻击难度"以实现"面防御"功能;用多模裁决的策略调度和多维动态重构负反馈机制提供"点防御"功能;用点面融合防御功能形成的"测不准"环境效应,防御或阻止针对目标系统执行体"暗功能"的内外部攻击;以一体化的鲁棒控制架构和机制使得目标对象服务功能的可靠性、可用性与可信性指标能够设计标定,可以测试度量。

8.3.1 颠覆"易攻难守"格局

网络空间拟态防御应能达成以下颠覆性技术优势。

(1)使目标对象防御场景获得"测不准"的属性:

① 在功能等价条件下,实现结构或算法的多样性和动态性,使目标系统的视在结构尽可能地与其服务功能关系解耦,使攻击者很难通过目标对象功能与结构之间的映射关系,发现或利用目标对象内部可能存在的漏洞后门等"暗功能",或使防御行为与环境变得难以探测或预测。

② 能在不依赖威胁感知或攻击者相关信息的情况下,使目标对象具备内生的"点面融合"防御能力,使基于漏洞后门等"暗功能"的未知攻击失去威胁或威慑意义。

③ 以服务提供和安全防御一体化的鲁棒控制架构,自然地融合或继承已有的各种安全技术,能从根本上动摇基于目标对象软硬件代码"暗功能"的攻击理论和方法。

④ 能使防御方在部件、设备、系统、平台乃至网络等层面拥有

实现攻防态势再平衡的新技术途径，非线性地提升基于软硬件代码缺陷的攻击门槛或代价。

（2）能够逆转网络空间"易攻难守"格局：

① 在全球化、开放开源创新模式和相互依存生态环境下，以体系架构和机制创新，解决基于可信性不能确保供应链构建安全可信系统的"网络经济技术"难题，用构造层的自主可控技术降低或弱化构件层的安全可信门槛。

② 针对攻击链的脆弱性和攻击步骤的复杂性，在攻击链和攻击行动的主要阶段非线性地提升攻击难度，极大地降低攻击链的可构建性或功能的可靠性。

③ 迫使攻击者无法回避"非配合条件下，动态多元目标协同一致攻击难度"的挑战，以内生安全机制的迭代效应使攻击可靠性与攻击成果的可利用性呈非线性衰减。

④ 以架构技术自然接纳成熟有效的防御技术或手段，增强动态性、多样性和随机性等防御元素的体系化效应，使攻击经验失去可继承性，使攻击场景复现成为不确定性事件，使构造层安全与构件层安全相对解耦。

⑤ 遏制或挤压关于漏洞、后门、病毒、木马等灰色或地下产业链的生存空间，大幅度降低网络经济时代黑客个体或组织的"负能量"作用。

⑥ 颠覆技术先行者或市场领先者在网络空间实施的基于"漏洞隐匿，后门植入"和"卖方市场优势"之不对称攻势战略，实现网络空间安全的再平衡。

8.3.2 普适架构与机制

期望信息系统或控制装置等的"私密性、完整性、有效性"不再完全依赖元件、器件、组件或个体形态的软硬件设计、制作、运行和管理环节的"自主可控"程度与"安全可信"水平。换言之,就是要求目标系统在一定约束条件下,能够适应软硬构件全产业链"可信性不能确保"的开放生态环境,在安全性无法彻底保证的"沙滩"上,或者无法实现"彻底封闭"的条件下,设计构建可管、可控、可信的信息系统或控制装置,从根本上改变目前网络空间"安全性与开放性、先进性与可信性、自主可控与全球化"扭曲对立、完全矛盾的格局。

创造出一种能将"服务提供、可靠性保障、安全可信"功能三位一体表达的广义鲁棒控制架构和机制,能够适用于大部分专用或通用场合,使得在系统设计阶段就能够以架构的"内生机制"同步或融合式地考虑可靠性与安全可信方面的功能,且不苛求软硬构件的"无毒无菌"之可信属性。在不依赖传统安全手段的前提下,仅以架构效应就能达成非线性的抑制基于目标系统"暗功能"的确定或不确定威胁影响的目的。该架构应能融合当前防御体系和技术手段的优势,打造集"先天免疫与后天免疫"为一体的、既能对明确特征的威胁实施精确防范,也能对未知形态的不确定性威胁提供面防御之融合式防御体系。

8.3.3 鲁棒控制与服务功能分离

期望目标对象应当具有鲁棒控制与服务功能分离的属性。一方面,使得控制架构内允许使用第三方提供的 COTS 级产品或者可委托定制的服务构件,充分利用开放开源创新环境下的全球技术能力和产业配套能力,降低系统设计、工程实现和使用维护成本;另一方面,可以有效管控可信性不能确保的第三方构件问题代码之影响,特别是要能阻断对鲁棒控制部件和宿主环境的污染或侵蚀。此外,鲁棒控制环节的升级改造应当与目标对象服务功能和性能无关或弱相关。反之,系统服务功能的升级修改也应当尽可能地不影响或少影响鲁棒控制架构的功能,但是防御界面的标准、规范或协议等变化除外(因为可能涉及多模裁决功能要做适应性的改变)。

8.3.4 未知威胁感知

当前，基于先验知识的威胁感知或行为预测已经发展出多样化的入侵检测和可信计算技术，包括智能蜜罐蜜网、可信行为与特征状态审计，甚至引入基于历史数据（大数据）的深度学习 DPL（Deep-Learning）等带有主动性质的"已知的未知"或"异常行为"威胁探测、特征提取等新型方法。但是，大多数基于未知漏洞后门等的攻击（如 0day、Nday 漏洞）往往混迹于正常的操作流程中，或者就是利用正常的操作和通联关系实施攻击（例如，DDOS 攻击），在高速链路或海量信息环境中要想实时分析或发现恶意行为，且要将虚警率、漏警率控制在较低的水平上是件颇具挑战性的任务（尽管基于云或大数据平台的分析手段已经十分强大）。核心问题仍然是"单一处理空间共享资源机制下"，目标对象被控后，攻击者已建立了"单向透明、里应外合"式的精确协同关系，且能通过上传攻击包的方式不断增强智慧攻击能力甚至具有自学习功能，而威胁感知装置要在不影响目标对象正常功能和性能的约束条件下，以非配合方式实施不间断监测，本身就处于不对称劣势中。

依据"相对正确"公理及其逻辑表达机制，一个功能等价条件下的异构冗余装置，通过恰当地设置或部署多模裁决点，可以在不依赖传统检测方法和攻击者先验知识情况下发现或感知未知威胁。换句话说，由于异构冗余机制本身并不区分已知或未知威胁，也不关心具体攻击特征或行为信息，只是依据给定输出矢量空间上的语义与语法定义实施多模判决："输出一致"就被认为无威胁；"多数相同"就认为存在可以避免的威胁；"没有相同"就认为出现严重威胁。事实上，前两种情况理论上也还存在"叠加状态"下的小概率误判可能，后一种情况则需要启用更为复杂的判决策略来细分。

不难设想，如果把基于"相对正确"公理的异构冗余表达机制赋予威胁感知装置，我们就有可能设计出不依赖行为合理性知识的威胁检测设备。实际上，行为的合理性往往难以精确定义，尤其是复杂系统由于状态爆炸的原因连形式化的正确性证明都不可能完全保证。故而，目前的基于合理性预期或状态分析的威胁感知或检出设备虚警率过高也就在所难免了。

8.3.5 多元化生态环境

拟态防御的推广使用很大程度上取决于构件多元化市场的发育程度，特别是标准化的 COTS 级产品。例如用户可定制计算 CPU、多样化的 OS、支持数据流处理的 FPGA、数据库、跨平台 APP 软件、各种标准化的虚拟软件、多元化的函数库、多样化的中间件或嵌入式系统等，也包括多样化的软硬件编译器、基因图谱分析工具、各种面向功能集成化设计的平台等。但是，产品技术需要规模应用才能完善，市场成熟度需要克服"赢者通吃，零和游戏"等商业法则影响，"众创共赢"如果没有市场的增量需求很难改变目前的商业环境。拟态防御需要多元或多样化的软硬构件，正好从技术和产业刚需角度能够创造功能等价多元化供应链产品市场新需求。尤其是允许使用"有毒带菌"执行体的特性，使得成熟度或性能方面存在差异但能支持相异性部署要求的产品应用成为可能。由于系统产品制造企业无论从技术或经济角度都难以具备多元化的自主供给能力，因此有意识地搭配或混合使用标准化的第三方产品，利用多模裁决环节可以相对容易地发现或定位执行体构件深层次的设计缺陷或漏洞，有利于加快产品成熟度。恰当地运用策略裁决算法还能避免或降低使用成熟度较差的执行体给目标系统服务功能和性能可能带来的影响。多元化的技术需求将孕育出多元化的产品生态环境，有利于功能等价产品技术的创新发展。

8.3.6 达成多维度目标

我们期望的网络空间拟态防御，技术上要能支持"叠加式发展"

模式，能自然地利用和继承现有的技术成果；装备制造上要能支持"转基因开发"模式，能有重点地、循序渐进地推进现有类型装备的升级改造建设；使用上要能支持"增量式获益"模式，能保证防御效果随部署地点、层次和规模叠加或非线性地迭代增长，点上应用点上获益，面上应用面上获益，链上应用链上获益，全网应用全网受益；市场上要能支持"蓝海扩张"模式，能在新兴市场上具有不可或缺性，对传统市场具有很强的渗透性；成本上要能限定在"可接受范围"内，在可靠性、可用性相当的使用条件下，系统全生命周期效费比要大大优于附加安全设备或防御装置的传统部署方式。

技术发展和产品开发要能在"你中有我，我中有你"的全球化开放环境中进行，最低程度地依赖技术开发和产品制造流程中的封闭环节或保密措施，目标系统的防护效果应主要依靠自身构造或内生机理给予保证。

不难看出，网络空间拟态防御的有效性、可推广性、应用范围等，很大程度上取决于功能等价异构冗余构件、模块或中间件的市场丰富程度，以及相异性设计理论、方法与手段和工具的进步。因此，网络空间拟态防御更欢迎标准化、规范化基础上的开放市场之多元化、多样化的发展模式，诸如非同源的操作系统、数据库等基础支撑软件，非同源的 CPU 和套件或模组，非同源的应用软件和工具软件，非同源的嵌入式、中间件或 IP 核等软硬件都可以在新兴的拟态防御市场中找到自己的商业定位。

正如图 8.6 所示，我们期望拟态计算和防御技术能够成为新一代信息技术和产业发展的主要抓手与推动力之一。

值得注意的是，近年来开源社区模式和开放架构产品的兴起，软硬件的同源程度有迅速扩大的趋势，特别需要加强研究动态异构冗余体制和多维动态重构、多模裁决机制下，同源代码缺陷可利用性相关的一系列问题，也包括同源成分自动化识别或代码基因图谱分析等工具技术的研究。从本书第 1 章的论述可知，就

图 8.6　拟态技术的多维度产业目标

机理性而言，代码缺陷要成为漏洞与特定环境下攻击者的能力是分不开的，而同源代码缺陷在不同环境中所形成的漏洞性质及可利用方法往往存在差异，我们期望基于 DHR 构造的 CMD 环境，能使这些差异成为"非配合条件下，动态多元目标协同一致攻击难度"需要克服的重大挑战之一。至于目标对象内部不依赖环境因素存在的漏洞后门等"暗功能"，在拟态防御架构内属于独立性事件，在执行体之间表现为相异度无穷大，故而不可能达成有效利用状态。只有一种情况例外，这就是各异构执行体内存在完全相同的逻辑缺陷或恶意代码且能够在时空维度上表现出可持续的、协同一致的攻击逃逸，这正是拟态防御需要深入研究和重点防范的问题。

参 考 文 献

[1]　尚玉昌. 蝶类的拟态现象. 生物学通报, 2007, 42(7):14-15.

[2]　张霄, 方诗玮, 任东, 等. 昆虫拟态的历史发展. 环境昆虫学报, 2009, 31(4):365-373.

[3]　国家互联网应急中心. 互联网安全威胁报告. http://www.cert.org.cn/publish/main/upload/File/2016_cncert_report.pdf.[2017-05-27].

[4]　国家互联网应急中心. 2016 年我国互联网网络安全态势综述. http://www.cert.org.cn/

publish/main/upload/File/2016%20situation.pdf.[2017-04-19].

[5] 李根国，桂亚东，刘欣. 浅谈高性能计算的地位及应用. 计算机应用与软件，2006，9:3-4.

[6] IT168 稳居全球超算 TOP500 榜单前四 中科曙光 "液冷 HPC" 成亮点. http://server.it168.com/a2017/0621/3134/000003134948.shtml.[2017-06-21].

[7] HPC Top100. 2016 年中国 HPC TOP100 榜单发布. http://www.hpc100.cn/news/21/. [2016-10-29].

[8] Top 500. https://www.top500.org/list/2017/06/. [2017-06-21].

第9章

网络空间拟态防御原理

9.1 概述

正如前述章节所指出的那样,网络空间拟态防御(CMD)在技术层面表现为信息系统的一种创新的鲁棒控制架构和运作机制,能够"三位一体"地实现应用服务提供、可靠性保障、安全可信防御的功能。其鲁棒控制架构及内生的安全机制对目标系统内部因为未知漏洞后门或病毒木马等引发的不确定扰动,能提供不依赖先验知识和传统主被动防护手段的"点面融合式"抑制或管控功效。基于这种控制架构设计的软硬件实体或镜像虚体,例如 IP 核、中间件、模块、部件、装置、系统、平台或网络以及各种虚拟化处理场景等,可以有效抵御目标对象内包括"已知的未知风险"或"未知的未知威胁"等在内的广义不确定扰动。但是,拟态防御不能也不可能彻底解决网络空间所有的安全问题,也不企图完全独立地构建任何安全防护体系,更不会妨碍相关技术成果和未来新兴技术的继承或接纳。只是期望能以创新的鲁棒控制结构与运行机制,在构造层面寻求破解经济技术全球化、开放开源生态环境下,构件供应链可信性不能确保的"网络空间技术经济学"难题之新途径;改变以目标对象软硬件代码设计缺陷以及相关蓄意行动为中心的"网络空间游戏规则";促使相关攻防理论和对抗模式发生根本性的变革,重塑网络时代安全新秩序,逆转当今"易攻难守"严重失衡的战略格局。

9.1.1　核心思想

以全球化、开放的产业生态环境和不依赖(但不排斥)入侵检测、入侵预防、入侵容忍等传统安全防护手段[1]为前提,以"相对正确"公理的逻辑表达为测量感知手段,在非相似余度架构(DRS)上导入基于拟态裁决的策略调度和多维动态重构负反馈机制创建新型鲁棒控制架构。其基本功能之一是在目标对象内部构造"非配合条件下动态多元目标协同一致的攻击难度",产生防御场景或防御行为的"测不准"效应,创建"点面结合"不依赖先验知识的融合式防御模式。基本功能之二是构建可靠服务提供与可信服务保障一体化的鲁棒性控制机制,能够归一化地处理传统安全和非传统安全问题,并使目标系统的可靠性与抗攻击性可设计标定、可测试度量。新型鲁棒控制架构在"高可靠、高可用、高可信"应用场景下应当具有普适性意义。

从前述章节可知,DRS 架构具有不依赖先验知识的非特异性威胁感知与抗"差模"失效能力,基于 DRS 架构导入多模裁决的策略调度和多维动态重构负反馈机制就产生了网络空间拟态防御核心架构 DHR,其闭环控制机制使得动态、多样、随机等防御要素能够体系化地呈现,并同时获得了不依赖先验知识的威胁感知、内生的"测不准"机制、可用注入测试法验证度量的安全功效、"高可靠、高可信、高可用"三位一体的鲁棒性控制等综合技术效应。相比经典异构冗余构架,DHR 在异构执行体管理环节引入策略分发与调度机制,增强了功能等价条件下目标对象视在结构表征的不确定性,使攻击者探测感知或预测防御行为的难度呈非线性增加;DHR 的可重构、可重组、可重建、可重定义和虚拟化等可收敛的多维动态重构机制[2]，使防御场景变化相对攻击者行为结果更有针对性，颠覆攻击经验的可继承与可复现性，使攻击行动无法产生可规划、可预期的任务效果；DHR 的闭环反馈控制机制，既能够提供不依赖威胁特征获取的非特异性面防御功能，也能实现基于特异性感知的点防御功能，同时还能有效阻断通过目标对象异构执行体的"试错"攻击达成时空维度协同一致逃逸的目的。DHR 构造将对传统攻击理论和方法产生颠覆性的影响，并使信息系统或控制装置通过广义鲁棒性机制获得内生的安全效应和更高的可靠性成为可能。

9.1.2　奇葩法则之根源

在商品经济高度发达的今天，产品质量问题以及由此造成的用户损失从来是由产品提供商或生产厂商或保险机构承担，这已成现代经济社会的基本准则与公知。但是，网络空间(Cyberspace)则属例外，"IT(包括信息安全)产品设计、制造和维护中存在的网络安全缺陷及可能造成的后果，产品提供者不用承担任何经济的、法律的或道义的责任"，居然能成为当今业界不成文的惯例或潜规则，协助用户发现或避免产品安全问题或降低损失只是义务而没有责任。例如，微软公司就从未对其 Windows 产品中的设计缺陷或安全漏洞造成的用户损失承担过什么商业的或法律的责任。造成这种有违现代商品经济基本法则的根本原因是，人类现有的科技能力尚不能彻底避免软硬件设计缺陷，也无法杜绝在软硬构件中植入蓄意代码的行为，更不具备彻查复杂目标系统漏洞后门的能力。于是，本属生产厂家的产品鲁棒控制问题被不恰当地外延为纯社会工程学方面的挑战性问题，故而"设备提供商既不能保证产品设计没有安全缺陷，也不能确保制造、采购或委托加工过程中的安全可信"似乎是件心安理得的事情了。尽管将网络空间的所有安全问题都归结为设备或软硬件的鲁棒控制问题有失偏颇，但是不可否认的是，抑制不确定威胁扰动的鲁棒控制技术发展滞后,是造成网络空间安全态势严重失衡的根本原因之一。因此,科技界和产业界必须时不我待地正视这一严峻挑战,尽快找到克服网元产品鲁棒控制新问题的理论和方法,否则无法指望整个网络空间安全形势会得到根本性的好转。换言之,欲克服网络空间安全问题必先解决网元鲁棒控制新问题,欲解决鲁棒控制新问题非创新网元控制架构和运行机制不可。从这一观点出发,与其说是本书在表述网络空间新的安全防御原理和机制,不如说是在向读者介绍具有内生防御效应的广义鲁棒控制构造和机制要更为确切些。

读者不难发现,前述章节介绍的动态异构冗余(DHR)就是一种典型的基于构造鲁棒性的控制架构。在基于软硬件代码漏洞的攻击过程和机制已知且攻击可能造成的影响范围有界情况下,其异构冗余多模裁决机制能够感知包括"未知的未知威胁"在内的不确定扰动,通过相对性判断机制可以发现或定位"输出矢量异常之执行体",借助策略调度和多维动态重构负反馈机制使得目标系统的服务功能或性能具有稳定鲁棒性和品质鲁棒性。因而,对于 DHR 架构内异构执行体中存在的随机性失效、"已知的未知"风险和"未知的未知"威胁等不确定性扰动因素不再敏感。换句话说,DHR 对其内部异构执行体漏洞后门或病毒木马或随机失效等不确定扰动作用和影响具有广义鲁棒控制能力。

9.1.3 生物免疫与内生安全效应

我们知道,生物进化的历史也是其免疫系统建立和完善的过程,脊椎动物的非特异性免疫和特异性免疫机理以及相互之间的铰链关系堪称生命奇迹,有太多需要探索的奥秘。其中,通过遗传特性获得的与生俱来的非特异性免疫对各种入侵病原微生物都能作出"无特异性清除"反应。科学研究表明,自然界的病原微生物总是在不断地变异(变异速度甚至以分钟或小时计),是什么因素保证非特异性免疫仅靠生物遗传信息，机体就能够对现实世界变化着的绝大多数各种入侵病原微生物具有非特异性选择的清除功能；什么情况、何种条件下才需要激活特异性免疫机制；遗传信息具有相对的稳定性但在机体全生命周期内是否需要更新，以及何时更新，怎样更新；特异性免疫的记忆效应为什么不对非特异性免疫的遗传信息产生作用等。由此激发的灵感使人们试图在网络空间目标对象中，也提供一种类似脊椎动物免疫机理的防御能力，以便对"绝大多数基于目标对象未知漏洞后门等的各种攻击活动产生没有特异性选择的清除功能"，并能适时触发类似特异性免疫机制那样的"点防御"功能。这种源于目标对象构造属性的防御功能，用"内生安全"的概念来描述可能是合适的。

1. 非特异性免疫

生物学意义上的非特异性免疫(Nonspecific Immunity，NI)，又称先天免疫或固有免疫。它是脊椎动物（或人类)在漫长进化过程中获得的一种与生俱来的遗传特性，而由其衍生的特异性免疫则需要经历抗原的反复刺激过程才能获得。自然界物种内固有的免疫力对各种入侵的病原微生物能够作出"面防御"反应，同时在特异性免疫的激活和抗体形成效应过程中也起着重要作用。其特点如下：

(1)作用范围广，机体对入侵抗原物质的清除没有特异的选择性；

(2)反应快，抗原物质一旦接触机体,立即遭到机体的排斥和清除；

(3)有相对的稳定性，既不受入侵抗原物质的影响，也不因入侵抗原物质的强弱或次数而有所增减；

(4)有遗传性，生物体出生后即具有非特异性免疫能力，并能遗传给后代；

(5)脊椎动物特异性免疫建立在非特异性免疫的基础上，因而，特异性免疫和非特异性免疫不能截然分开研究。从个体情况来看，当抗原物质入侵机体以后，首先发挥作用的是非特异性免疫，而后产生特异性免疫。因此，非特异性免疫是先于特异性免疫形成防护能力。

令人费解的是，非特异性免疫的"敌我识别"机制如何才能对种类繁多、变化无常的微生物体达成"入侵抗原物质的清除没有特异的选择性"，这一机制究竟是长期进化的结果，还是来自于类似宇宙大爆炸理论的生物界"奇点"，或是来自于"上帝之手的第一次推动"，目前的科学研究仍未有定论。

2. 特异性免疫

特异性免疫（Specific Immunity，SI）又称获得性免疫或适应性免疫，这种免疫通常只针对确定性病原。需要经后天感染（病愈或无症状感染）或人工预防接种（菌苗、疫苗、免疫球蛋白等），使机体获得抵抗感染的抗体。一般要经微生物等抗原物质反复刺激后才能形成（如免疫球蛋白、免疫淋巴细胞），并能对确定性抗原起到特异性反应。其特点如下：

（1）特异性，机体的二次应答只能针对再次进入机体的抗原，而不能针对其他初次进入机体的抗原；

（2）免疫记忆，免疫系统对初次抗原刺激的信息可留下记忆。例如，淋巴细胞一部分成为与入侵者作战的效应细胞，另一部分分化成为记忆细胞进入静止期，留待与再次进入机体的相同抗原相遇时产生抗体；

（3）个体特征，特异性免疫是在机体出生后，在非特异性免疫基础上经抗原的反复刺激而建立的个体保护功能，但与非特异性免疫不同，存在质和量的差别，即免疫力存在个体间的高低差别；

（4）正反应和负反应，一般情况下，产生特异性抗体并发挥免疫功能的称为正反应。某些情况下，对再次抗原刺激不再产生针对性抗体时，称为负反应，又称免疫耐受性；

（5）多种细胞参与，针对抗原刺激的应答主要是 T 细胞和 B 细胞，在完成免疫的过程中还有其他一些细胞，如巨噬细胞、粒细胞等的参与。

同样令人疑惑不解的是，特异性免疫获得的经验信息为什么不能表达到遗传基因层面，生物后代为什么需要重建或重构后天获得性免疫力。有一种观点认为，如果世世代代获得的特异性免疫信息都要能记录在 DNA 上，那么只有 4 种编码元素组合的 DNA 信息表达方式可能无法提供足够的信息存储容量。为此，遗传特异性免疫学习机制而不是所有免疫信息，可能是不得已而为之的做法。

3. 不依赖先验知识的防御

我们知道，非特异性免疫是与生俱来的，是一种基于遗传的特性，能够对各种入侵病原微生物具有非特异性选择清除功能。将此概念导入网络空间防御领域，凡是目标对象如果能从自身机理上对基于未知漏洞后门的未知攻击行动产生"没有特异性选择的清除功能"，我们称之为不依赖先验知识的防御(No Prior Knowledge of Defense，NKD)。显然，这与传统的依赖威胁特征感知认知的主被动防御不同，无需了解或精确掌握攻击行动的具体特征信息，其防御的有效性应当建立在"相对正确"公理的基础上，异构多模判决是其测量感知潜在威胁的主要途径，对目标对象绝大多数随机性差模故障或非配合攻击活动具有"非特异性选择清除"防御功效。此外，还应当有铰链特异性(被动)防御功能的机制。

4. 内生安全

按字面意思解释，内生就是靠自身因素而不是外部因素得到的某种效应。内生安全(Endogenous Security，ES)就是利用系统的架构、机制、场景、规律等内在因素获得的安全属性。例如，脊椎动物非特异性免疫和特异性免疫体制机制就属于内生安全的范畴。

通常，网络空间被动防御装置一般不与防御对象本身功能和性能甚至控制架构发生铰链，大都以外在的或附加的方式并接或串接在目标对象功能链上。而目标对象功能设计时也很少考虑网络空间安全防御问题，绝大多数情况也没有设置或部署类似非特异性免疫的面防御功能(例如加密认证)，甚至也未考虑如何触发(如非特异性免疫激发特异性免疫那样)附加防御装置的功能和机制问题。

但是，可靠性领域的非相似余度 DRS 构造则是一个例外。为了解决构件的物理性随机失效问题以及软硬件设计缺陷导致的不确定故障问题，DRS 构造采用功能等价条件下的异构冗余架构和多模表决机制，只要多数异构执行体不同时发生故障，系统就不会失去给定的功能和性能。这就是基于系统结构设计获得的可靠性或鲁棒性，不妨称之为"内生的可靠性"。

同理，网络空间拟态防御也期望在目标对象的系统架构和运作机制设计过程中，着重考虑全球化产业环境、开源社区技术开发趋势、漏洞后门不能完全杜绝的现状、软硬构件供应链可信性不能确保的态势，以及存在已知或未知安全威胁条件下的系统安全问题，且能在不依赖先验知识和附加防御设施的基础上获得独立、可靠、点面结合的防御效果。这种基于目标系统结构设计的安全属性，就是我们所期待的"内生安全"。美国奥巴马政府，在《可信网络空间：联邦网络空间安全研发战略规划》中提出的"DiS"（Designed-in Security）概念也应当包含在同一范畴内。

需要强调的是，如何利用内生因素经济有效地实现内生安全是一个很值得研究的方向。例如，开放空间电磁波传输路径的复杂性使得不同接收位置的信道参数往往存在差异，可以称之为"信道指纹"，如果通信双方能够恰当地利用这个参数实施信道加扰、导频再定义等，就能使窃听者在一定的距离之外无法接收到可解调的信号。再比如，数据服务中心、云化服务平台大多采用池化资源的虚拟机服务方式，资源池中的通用服务器、专用处理器、网络交换设备、文件存储装置、基础工具软件、环境支撑软件等资源往往来自多个厂家又常常是异构冗余配置的，加之虚拟机的调度策略与服务类型、业务流量、服务质量保证、资源经济利用指标等强相关，故而目标对象先天就存在异构性、冗余性和动态性。有意识地利用这些内在特性（例如采用动态异构冗余架构）可以显著增强应对目标对象漏洞后门、病毒木马等安全威胁的能力。

总之，无论是基于一体化设计的内生安全控制结构，还是利用内生架构机制增强防御能力的技术都可以称为"内生安全技术"。

9.1.4　非特异性面防御

从 9.1.2 节描述中我们知道脊椎动物的非特异性免疫，具有对入侵抗原物质的清除没有特异的选择性特点，同时还具有既不受入侵抗原物质的影响，也不因入侵抗原物质的强弱或次数而有所增减的稳定性特点。第一个特点强调凡是入侵抗原物质不论具有何种特异性一概"通杀"（也可以认为是面防御功能），第二个特点是指这种免疫功能既不受入侵抗原物质种类的影响，也不受入侵频度的影响。我们的问题是，这种与生俱来的遗传特性是如何产生的，又是如何进化的。遗憾的是，迄今为止科学界仍无法给出满意的答案，也许这正是非特异性免疫机制的神秘之处。然而，现今的网络空间因为缺乏这种内生的安全属性造成防御颓势越发不可收拾，基于威胁感知和特征提取的被动防御本质上与特异性免疫相类似，都属于"点防御"，因而不可能有效应对层出不穷、多样化、泛在化且又无法杜绝的漏洞后门实施的"面攻击"。基于同样的原因，威胁感知的局部性和滞后性造成攻击行为特征、病毒木马样本库的增长或更新速率实际上远远低于漏洞后门、病毒木马产生与利用的速率。非特异性防御的核心就是要发明一种鲁棒性控制结构以及内生的安全机制，使得防御功能的有效性与漏洞后门、病毒木马的种类和特征无关，也与它们的隐藏方式和攻击方式无关，能够为目标对象提供一种不依赖或较少利用先验知识的"面防御"功能。

9.1.5　融合式防御

在传统防御体系中，主动防御与被动防御的一个重要区别是，主动地"前出式"发现攻击行为还是被动地感知攻击特征。蜜罐、蜜网、沙箱等隔离监视技术就属于前者，防火墙、安全网闸、进程守护者、查毒灭马甚至基于大数据驱动的云安全等属于后者。但是，两者的共同点也非常显著，都需要能从目标对象实体或虚拟环境中准确感知安全威胁和精确提取攻击信息与特征，理论上仍属于"点防御"性质的特异性免疫范畴。正如前述内容提到的，脊椎动物除了具有特异性免疫功能外，还具有"面防御"特质的非特异性免疫功能，两者间是有机融合的，不能截然分离。当抗原物质入侵机体后，首先运用非特异性免疫功能实施面防御，一旦出现"漏网抗原"将刺激产生相应的特异性免疫抗体或利用已获得特异性免疫抗体实施点防御，生物机体的这种免疫过程完全遵循融合式防御机制，既体现了"点面结合"层次化防御布局，又体现了"主被动融合"精确防御的优点，效果令人称奇。

网络空间拟态防御就是旨在发展出这种具有融合式效应的防御体制和机制。

9.1.6　拟态构造的鲁棒控制

根据第 6 章的描述，鲁棒控制方法适用于稳定性和可靠性作为首要目标的应用，同时过程的动态特性已知且不确定因素的变化范围可以预估。尤其适合那些角色比较敏感且不确定因素变化范围大、稳定裕度较小的目标对象的过程控制应用。从工程实现角度看，一个反馈控制系统的设计就是根据给定的控制对象模型，寻找一个控制器以保证反馈控制系统的稳定性且能达成期望的性能，并使目标系统对模型不确定性和扰动不确定性具有鲁棒性[3]。

狭义鲁棒控制是使控制器对模型不确定性(包括外界扰动、参数扰动等)的灵敏度最小来保持系统原有的性能,而广义鲁棒控制则是指所有用确定的控制器来应对包含未知威胁在内的不确定性因素之系统控制算法。基于"相对正确"公理的非相似余度 DRS 能够将所有不确定扰动归一化为概率可控的可靠性事件。但是，非相似余度 DRS 属于非闭环控制构造且未改变系统确定性和静态性之脆弱性，因此，无法应对"协同作弊"或"试错"式攻击，对不确定威胁不具有稳定鲁棒性。

拟态防御将"相对正确"公理的逻辑表达和"拟态伪装"场景的多维动态重构结合，解决了广义鲁棒控制面临的两个问题。首先，可量测问题：与 DRS 类似，包括不确定威胁在内的不确定扰动因素被拟态构造变换为拟态界内同时出现多数一致性错误的概率问题且具有可控性。其次，稳定鲁棒性问题：基于反馈控制的策略调度和多维动态重构机制会选择适当运行场景以应对当前出现的威胁，追求问题场景的"快速规避"而不一味苛求问题的"快速归零"，任何"试错或试探"攻击行为一旦被裁决环节感知，拟态构造将变换当前运行环境或状态。

读者不难发现，前述章节介绍的动态异构冗余就是一种在某些特定的不确定性条件下，具有使稳定性、渐近调节和可收敛动态性保持不变的特性，属于典型的基于构造的鲁棒控制架构。在基于软硬件代码漏洞的攻击过程和机制已知且攻击可能造成的影响范围有界情况下，其异构冗余多模裁决机制能够感知包括"未知的未知威胁"在内的不确定扰动，通过相对性判断机制可以发现或定位"输出矢量异常之执行体"，借助策略调度和多维动态重构负反馈机制使得目标系统的服务功能或性能具有稳定鲁棒性和品质鲁棒性。因而，对于架构内异构执行体中存在的随机性失效、已知的未知风险和未知的未知威胁等不确定性扰动因素不再敏感。换句话说，DHR 对其内部异构执行体漏洞后门、病毒木马或随机失效等不确定扰动作用和影响具有广义鲁棒控制能力。

9.1.7 目标与期望

1. 发展目标

网络空间拟态防御试图创建一个"垂直非整合、闭环、开放"的体系架构，在此架构上既能实现信息网络或系统(部件、组件、软件或硬件)的服务功能,也能以内生安全机理有效抑制或管控拟态界(Mimic Interface,MI)内软硬构件设计、制造等相关环节导入的漏洞后门、病毒木马等带来的确定或不确定性威胁,并可显著提高目标系统服务功能的柔韧性、健壮性和鲁棒性,增强私密信息的安全性、完整性,如图 9.1 所示。

图 9.1　拟态界

在网络空间营造一个与全球化时代技术和产业发展趋势相适应,与合作共赢、开源众创商业与技术发展模式相融合,非封闭、自主可控、可持续发展的新兴生态环境,期望目标如下:

1)集约化目标

以"垂直非整合、闭环、开放"架构为拟态防御的应用核心,以能够自然融合现有或未来的安全防护技术为愿景,允许拟态界内的构件或构成要素(可以是网元级、平台级、系统级、部件级、组件级、模块级等软硬件设施或设备)开放或开源,期望能达成"四位一体"的集约化目标:

(1)服务功能与安全功能提供一体化;

(2)非特异性免疫与特异性免疫一体化;

(3)防外部攻击与防内鬼渗透攻击一体化;

(4)一体化的提供高可靠、高可用与高可信服务或控制的稳定鲁棒性与品质鲁棒性。

2) 闭环、开放与可叠加

闭环是指，CMD 本身就具有系统鲁棒性的控制架构和基于反馈控制的运行机制，不是多种技术、方法或设备的简单堆砌；开放是指，不对架构内构件或异构执行体元素的设计制作、采购或集成等提出过于严苛的安全性或可信性要求；可叠加是指，能够自然地承载或接纳现有的或未来的信息技术和安全技术元素，也能通过不同层次或粒度或操作步骤上的迭代应用使攻击难度呈指数级增长。

3) 架构级的自主可控

工程意义是指，通过信息系统架构技术的方法解决网络、平台、系统、构件、组件、器件层面不能解决或不适宜解决的技术或工程问题。架构级自主可控就是通过系统鲁棒控制架构技术的创新，使目标系统能从其内生安全机制上获得传统安全防御手段难以或无法达成的不确定扰动的抑制效果，且与架构内软硬构件"供应源或加工源的可信性"弱相关或者不相关。换言之，广义鲁棒性控制对基于异构执行体的不确定威胁扰动具有机制上的强抑制功效。此外，广义鲁棒控制架构及工作机制与执行体的算法构造和服务功能相对独立，与执行体规模是模块级或部件级还是系统级、平台级和网络级无关，也与执行体的物理或逻辑实现方式不相关。

4) 管控环节透明化

管控环节，这里特指为提升系统(或部件或软硬构件)的可靠性和抗攻击能力而设置的鲁棒控制软硬件实体。透明化是指，控制实体既要对目标对象服务功能不可见，也要对目标对象的异构冗余执行体不可见。对应到 DHR 环境中，就是指增设协调多通道或多部件工作的输入指配和策略调度控制、异构执行体多维动态重构及多模裁决等管控层级或环节应当不影响目标系统的原有功能和服务。换句话说，就是通过附加与防御对象服务功能无关或弱相关的、可形式化证明无恶意后门(允许存在漏洞)的简单控制装置，以"可管可控可信"的拟态括号(Mimic Brackets，MB)方式，等效地实现拟态括号涵盖目标内的"自主、可控、安全、可信"。如图 9.2 所示，这种控制装置在机理上应当是公开的；功能上属于透明中间人方式；在实现上既不存在人为设计的后门（漏洞除外）或病毒木马，也不会成为显式的攻击目标，即具有攻击表面不可达的属性；工程上主要靠鲁棒控制架构和机制产生的内生安全效应，以及信息单向传递、处理空间的独立性和动态随机运作机制（包括管控装置自身的拟态化等）来保证防御效果的最大化，较少地依赖保密措施或封闭式生产手段[4]，但社会工程学意义上的攻击行动不属于此范畴。

图 9.2　拟态括号

5）层级化的迭代效应

旨在以创新的鲁棒控制架构和运行机制尽可能地覆盖或影响攻击链的各个阶段。在漏洞扫描阶段能够影响攻击方探测目标对象防御场景信息的完整性和真实性，干扰探针等内置式扫描工具回传信息的可达性或可信性；在攻击植入或上传阶段干扰或阻断攻击者通过可利用漏洞将恶意代码或恶意数据植入目标对象，使其难以可靠地建立后门或部署攻击环境；在漏洞利用阶段扰乱攻击者通过在线交互方式触发或使用漏洞，或者使离线挖掘到的漏洞信息在拟态环境下严重失真；在攻击维持阶段破坏攻击者达到入侵目的后，试图埋下后门作为下一次的入口，或升级病毒木马程序，或隐蔽回传敏感信息等扩大战果的行动。上述效果应体现出基于架构的迭代效应，能够在功能等价条件下通过软硬件层级化的异构冗余部署，使得拟态空间鲁棒控制环境对未知攻击行动的内外交互和层级间交互信息及通信频度特别敏感，对任何增加系统不确定性的措施(无论是动态性、随机性和多样化，还是传统安全手段的加入)都具有基于内生安全机制的非线性增强效应。

2. 技术期望

网络空间拟态防御基于动态异构冗余(DHR)架构原理，既能隐匿或欺骗外部攻击者和内部渗透者，使其对目标环境产生认知困境或造成非线性的攻击难度，又能高可用、高可靠地提供所需的鲁棒性服务功能。因此，DHR架构原理与方法对信息系统或相关控制装置应具有普适应用意义。

(1)攻击者难度将从目前基于静态性、相似性和确定性非冗余目标环境的"单向透明、内外配合"式攻击阶段，提升到基于DRS架构静态性、异构性和冗余性目标环境的"非配合条件下多元目标协同一致"攻击阶段，进而再提升到基于DHR架构动态性、异构性和拟态伪装目标环境的"非配合条件下动态多元目标协同一致"攻击阶段。相应的攻击复杂性也将从一维目标空间迁移到多维目标空间，从单一静态确定场景迁移到动态异构冗余场景，从个体目标的突破迁移到非配合条件下的协同攻击，三个阶段的攻击难度增长应呈非线性提升趋势。后两个技术阶段由于采用了功能等价条件下的异构冗余控制模式，所以对非配合式攻击都具有可验证度量的防御性能。但是，DRS架构的静态性和确定性在机理上可能难以阻止通过"试错方式"达成协同攻击的目的。理论上，DHR架构的策略调度和多维动态重构机制只要发现相关执行体输出矢量"异样"(只是裁决意义上的有所不同)，就会改变架构内当前的运行环境，因而能从机理上阻止任何借助"试错方式"达成协同攻击的努力，"即使成功，也可能只是一次"。

（2）能以视在的"测不准"效应瓦解或颠覆技术和市场领先者，以"后门工程和隐匿漏洞"为支撑的"单向透明、内外配合"的不对称战略优势，有效管控拟态界内以不同方式、各种原因隐匿在执行体不同层面、不同构件上的独立漏洞后门等可能带来的未知威胁，以基于多模表决的反馈控制广义动态化机制提供拒止或阻断利用试错、排除等方法实施的试探性协同攻击，并能对基于目标对象未知病毒木马等攻击提供相同或相似的防御效果。

（3）以创新的广义鲁棒控制架构技术，放宽目标系统在构件、组件、部件设计阶段的完备性和制作过程安全性方面的苛刻要求，为软硬构件供应链在可信性不能确保的全球化环境下，寻求用架构技术破解"网络经济与技术时代"的安全可信难题。

（4）可在原理公开、市场开放、产业链共享环境下，自主创建"垂直整合或非整合"的可管、可控、可信鲁棒性的控制架构，创造"同质异构、多元化"市场新需求，为标准化、非排他性的产业生态环境提供持续发展动力。

（5）创建基于"相对正确"公理逻辑表达形式的确定或不确定威胁测量感知机制，能将不依赖先验知识的"面防御"和根据精确感知的"点防御"通过同一个鲁棒控制架构和运行机制融合式的实现，期望改变以目标对象软硬件代码缺陷为中心的"网络空间攻防游戏规则"，使得控制系统或网络设施对广义不确定扰动不再敏感。

（6）能够在克服网络空间非传统安全问题的同时兼顾高效能处理或鲁棒性服务，即能以一种普适性的原理架构三位一体的提供高可靠、高可用和高可信的服务与控制功能，并能给包括器件、组件、部件、系统、平台、网络以及相关供应链、工具链、服务链等在内的技术和产业带来广泛的创新活力以及强劲的产品升级换代需求。

（7）技术上要能支持以继承创新为主的"叠加式研发"，市场上支持以点到面的"增量式部署"，防护效果上支持以关键节点、敏感路径和层次化部署等"经济覆盖"模式，且能随应用规模的扩大和应用层次的深化获得"超非线性"的、体系化的防御效果。

9.1.8 潜在应用对象

理论上，实施网络空间拟态防御的前提条件是存在功能等价多样化或多元化的构件；具有可实施多模裁决的技术条件；目标对象内部的不确定扰动性质和过程已知且变化范围可预估。即在符合"输入-处理-输出"的 I【P】O 模型和鲁棒控制约束条件下：存在给定功能(性能)等价且可通过基于标准(或可归一化)界面的符合性测试和交互过程信息一致性测试的拟态界(MI)；存在符合 MI 要求的多元或多样化软硬件执行体或镜像的虚拟化运行环境；存在基于 MI 实施多模裁决和策略调度和多维动态重构的必要条件；MI 依赖的标准、规程、协议等本身不存在设计缺陷或恶意功能等。显然，对于频繁更新服务或升级软硬件版本且影响到 MI 界面信息的场合，或缺乏标准化或可归一化界面的应用领域，或通过下载"黑盒"软件获得服务的场景，或对设备体积、能耗和成本敏感的应用场合等，CMD 的使用存在限制。目前可以设想到的应用对象包括但不限于以下对象：

①网络信息通信基础设施。各种高鲁棒性用途的网络路由器、交换机、传输系统和有线无线接入系统等，网管(中心)设施、内容分发网(Content Delivery Network，CDN)、Web 接入服务、域名系统(Domain Name System，DNS)、软件定义网络(Software Defined Network，SDN)、数据中心、网络关防等；

② 各种标准化程度高且有鲁棒性要求的专业/专用网络服务平台，如办公网、防火墙/网闸、邮件服务器、文件服务器、专用网络路由/交换设备、物联网、车联网等；

③ 文件管理与数据存储或容灾备份系统；

④ 各种高鲁棒性、专业化的大众信息服务系统、云化平台或内容分发网络；

⑤ 工业控制领域各种高鲁棒性软硬件核心设备、智能节点、嵌入式或中间件部件、网络适配器、传感器、交换与互联部件、串并接的安全设备等；

⑥ 能应对传统和非传统安全威胁的新一代高可靠、高可用、高可信的鲁棒性服务与控制系统等；

⑦ 嵌入式系统、中间件软件等；

⑧ 云计算/云存储/云服务环境；

⑨ 高可靠高安全性的相关软硬件产品，如操作系统、数据库、工具软件、计算处理部件等；

⑩ 基于拟态原理的威胁感知和安全监测探测系统或装置。

9.2　网络空间拟态防御

9.2.1　公理与推论

CMD 的主要原理可以简单归纳为"五个一"和三个基础理论。即一个"相对正确"公理，"人人都存在这样或那样的缺点，但极少出现独立完成同样任务时，多数人在同一个地方、同一时间、犯完全一样错误的情形"。借助其逻辑表达形式可以获得测量感知包括基于目标对象漏洞后门、病毒木马等在内的不确定性扰动能力，运用这一能力可以将"未知的未知威胁"等不确定扰动事件转换为可用概率表达的风险问题；一个基于动态异构冗余形态的广义鲁棒控制架构，能够三位一体地提供"高可靠、高可用、高可信"的鲁棒性服务或控制功能；一种内生的安全机制，即在"去协同化"条件下，基于多模裁决的策略调度和多维动态重构负反馈机制以及相关的输入与输出代理等环节，能一体化地提供点面融合式防御功能并可自然地接纳传统的主被动防御技术；一种视在的"测不准"效应，使攻击者或渗透者无法实施非协同式的试探性扫描或攻击，能够阻止任何企图利用试错、排除法实现协同攻击的努力；一个"问题规避"处理准则，即任何防御场景只要能对某些攻击场景有效，用动态收敛方式就能将多样化防御场景中的合适选项赋予异常执行体以规避当前攻击造成的问题场景，显著提高防御场景资源的利用率；一种非线性安全增益，即目标对象的防御增益与系统架构运作机理强相关，任何扩大执行体间相异度的方法都可能产生非线性或"超非线性"的防御效果。三个基础理论分别是，异构冗余可靠性理论、闭环反馈鲁棒控制理论和可靠性验证测试理论。

1. 功能等价公知与相对正确公理

"条条大路通罗马"是公认的哲理。相应的公知就是，"给定功能和性能条件下往往存在多种实现算法或构造"。也就是说，一个给定服务功能性能的信息系统或软硬件模块通常可以用多种等价的异构执行体来实现。

按照"人人都存在这样或那样的缺点，但极少出现在独立完成同样任务时，多数人在同一个地方、同一时间、犯完全一样错误的情形"的"相对正确"公理逻辑表达形式，我们可以把有着这样或那样缺点的人群个体以上述功能等价的异构执行体代之，并在冗余配置条件下设立关于输入响应的输出矢量大数表决机制。那么，按照公理逻辑表达形式构建的目标系统就能够将其内部确定或不确定威胁，通过功能等价条件下的异构冗余机制转化为时空维度上出现多数或一致性错误的可控概率问题，即用相对多数结果作为错误与否的判据(尽管理论上其叠加态的输出结果存在很小概率的误判情形)，使得在拟态界内提供不依赖先验知识的防御功能成为可能。从"相对正确"公理定义和相关推论出发(见第 6 章相关内容)，改变执行体配置数量或者增加执行体间的相异度或变化输出矢量语义语法复杂度或调整裁决策略都可能影响判决结果的置信度。

需要着重指出的是，与可靠性技术的非相似余度多模表决机制不同，拟态界上出现没有多数相同结果的状态并不是最糟糕的情况，基于拟态策略的多模裁决机制会根据各执行体过往历史表现、置信度、优先级和相关权重参数再付诸策略表决或直接指定置信度较高的执行体继续当前的服务提供。最为严重的情况恰恰是在表决器状态正常，但所有执行体却同时产生或持续产生了攻击者期望的输出矢量，攻击逃逸现象将不可避免，尽管属于极小概率事件。

2. 基于非相似余度的 DHR 架构

正如前述章节介绍的那样，非相似余度 DRS 架构尽管具有"与持续时间强相关的面防御功能和容侵属性"，但理论上说，由于其防御场景的静态性和确定性导致的被动性，在反复的试探性攻击面前最终会被彻底瓦解。而动态异构冗余的 DHR 架构因为其固有的反馈控制机制使得任何试错方法和手段失去场景不变的前提条件，从而可以获得"与时间无关的面防御功能和容侵属性"。同时，DHR 从机理上还可获得比 DRS 高得多的可靠性指标（理论上应当存在数量级以上的比较优势，见第 14 章相关分析）。

CMD 利用动态异构冗余架构 DHR，期望在一个架构上既能提供给定的服务功能，保证服务功能的可靠性与可用性；又能在功能等效前提下，使得目标系统相关空间或相关层次内，基于未知漏洞后门等攻击成效的可复现性成为不确定事件。DHR 的拟态伪装机制给攻击者带来几乎无法克服的挑战——"动态异构冗余空间，非配合条件下多元目标协同一致攻击难度"，因为目标对象防御场景的任何变化都可能破坏攻击链的稳定性，造成本来就很难达成的多目标协同攻击几乎不可能持久稳定的维持。对于需要多次途经拟态界才能实现的攻击任务来说，除非每次都能在动态异构冗余环境下完成协同一致的逃逸，否则任何一次非协同操作都会被拟态界发现，并触发策略调度和多维动态重构负反馈机制改变当前防御环境，从而使攻击链更加脆弱并难以保持稳定。尤其重要的是，拟态防御的"测不准"效应对于攻击者试图通过"试错"法实现协同攻击是一个无法回避的障碍。因为在没有交互关系的异构冗余空间内，要想实现协同一致的精确攻击并获得完全相同的输出矢量，试错和排除是两种不可或缺的基础性方法或手段，而任何导致多模输出矢量不一致的情况，DHR 反馈控制环节都会动态地改变执行体的当前服务环境，直到多模裁决不再感知到多模输出矢量存在异常状态，或者关于时间的异常状态出现频度落在期望的阈值范围内。换言之，只要"试错"攻击一旦被多模裁决感知，试错攻击的对象场景将被策略调度和多维动态重构机制改变，试错的环境条件不复存在，通过试错达成协同攻击的企图将难以得逞。尽管，理论意义上 DHR 架构无法直接感知"攻击逃逸"事件，但却能从机理上控制和影响"攻击逃逸"概率。

3. 内生机制带来的安全效应

利用"去协同化"条件下基于多模裁决的策略调度和多维动态重构机制，可将缩小复杂系统攻击表面的高难度、高代价工程问题，转化为实现复杂度可控的拟态括号(MB)的软硬部件攻击表面的缩小问题，以及异构执行体间的"去关联性"问题；利用"问题规避"处理准则只需对"输出矢量异常"执行体进行替换、任务迁移、清洗或初始化或重构当前实现算法环境等相异性处理，直至裁决器输出状态恢复。此时，目标系统只是规避了当前攻击的影响并未从执行体内彻底消除了问题因素(实践上许多偶发性或不确定问题也难以做到"问题归零")；基于非线性安全增益 MDG，结合或融合现有的安全防护技术如加密认证、防火墙过滤、漏洞扫描、查毒杀毒、木马清除等入侵检测、预防、隔离和消除措施，以及导入动态、多样、随机等防御要素可以等效地增强执行体间的相异度，形成"超非线性"防御效果。DHR 架构的内生机制使得复杂系统(网络、平台、系统、部件或模块、构件等)自主可控的工程实现能从全产业链环境级降低到个别环节或要素级的可控，从复杂功能级降低到简单功能级，从强关联处理级降低到解耦后的"单线联系或单向联系"(这种机制严格规定组织内的任意一个成员只知道其上线和下线联络人。一旦变动上下线联系人且该成员未获悉变动情况，其一切行为都不会波及组织的安全性)式处理级。基于这种机制并通过少数关键构件在执行体之上形成安全可信的控制构造，用拟态括号方式等效地达成目标对象的自主可控、安全可信目的。

4．相关推论

（1）基于"结构决定功能"的公理，可以得到"给定功能条件下往往存在多种实现结构或算法"的推论。这意味着实现结构与给定功能之间的映射关系可以是多元化的，如果在多元化的映射关系中再导入基于动态性和随机性的组合呈现（如拟态伪装）策略，就能极大地影响攻击者对目标对象"防御态势和行为的可感知及可预测性"。

（2）基于"多数人在独立完成给定任务时很少同时在同一地点犯同样错误"的"相对正确"公理，可以得到"无协商机制下，独立设计的多样化或多元化个体所包含的设计缺陷很难完全相同"之推论。进而得到在功能等价条件下，任何基于异构执行体上未知漏洞后门等的非配合式攻击，只要能影响到拟态界上多模输出矢量的一致性表达，就能被拟态裁决环节发现并可适时阻断，且无需任何围绕攻击行动先验知识或精确特征信息的支撑。

5．拟态架构特性

① 能在缺乏先验知识的情况下将目标对象包括不确定威胁扰动在内的测量感知问题，通过拟态界（MI）转化为异构执行体对同源激励的多模输出矢量间出现多数或一致性错误情况的概率问题。

② 目标对象 CMD 场景下，除非对动态异构执行体服务集内的每个防御场景都能达成协同逃逸，否则任何基于未知漏洞后门等的网络攻击几乎不可能得到稳定的攻击效果。

③ 借助 CMD 架构和运行机制既可控制目标系统不确定攻击逃逸事件的概率，也能控制诸如 APT 那样持续性攻击逃逸事件的概率，攻击行动途经拟态界的频度越高失败的可能性就越大。

④　在给定资源和策略条件下，由拟态裁决、策略分发调度、多维动态重构环节组成的针对异构执行体的负反馈控制机制，使得拟态裁决发现"输出矢量异常"事件的频度、规模或比例趋向于最小化，这一自动化(也可以是智能化)的反馈控制过程能从机理上阻断"试错攻击"方法的运用，通过目标场景的可收敛动态变化直接造成漏洞后门、木马病毒等协同利用的难度，攻击经验将失去可继承或可复现意义，目标对象自然地获得了视在的"测不准"防御属性。

⑤　目标对象通过策略性机制改变多种平行移动的攻击表面，使得攻击者难以"协同跟踪"多种攻击面、"协同锁定"多个执行体漏洞、"协同利用"多种防御场景的设计缺陷，几乎不可能在这样的目标环境上稳定地构建攻击表面内外可达性有保证的攻击链路。

⑥　根据单线联系和单向联系机制推论,如果将复杂控制环节以"单线联系"方式构成且保证必要的空间和资源的独立性，就可以有效防范单点可信性不能确保时造成的安全影响。

9.2.2　拟态防御体系

由前述内容可知，拟态防御体系是以维护目标对象(可以是网络、平台、系统、部件、组件、软硬件模块等)元服务功能(包括控制功能)鲁棒性为目的，以目标系统服务功能与其多元、冗余配置的实现结构或算法间导入不确定性映射关系为核心，以给定资源条件下异构执行体的策略调度和多维动态重构负反馈机制提升防御场景可利用度为方法，以非配合条件下输出矢量多模裁决为中心的闭环控制机制阻断、屏蔽非协同攻击(或差模失效)为手段，以干扰或隐匿寄生在拟态括号内执行体上漏洞后门的可达性与协同利用性为重点，以架构内生的机理获得目标对象功能性能的稳定鲁棒性与品质鲁棒性。动态异构冗余构造及运行机制是拟态防御体系有效性的核心，也是广义鲁棒控制的基础。

本节所描述的网络空间拟态防御体系，包括概念、规则和模型[5]，如图 9.3 所示。

图 9.3　网络空间拟态防御体系

（1）概念指一个结构化概念集合。例如同 OSI 体系结构中的服务提供者、服务使用者和服务访问点。CMD 的概念包括功能等价异构执行体、拟态防御界、拟态括号和相关核心机制等。

（2）规则告诉我们如何使用概念。一个规则的例子是 OSI 体系结构中服务使用者必须通过服务访问点使用下层提供的服务。CMD 的规则包括目标对象外部服务请求必须依据策略分发给各执行体，多模执行体的输出矢量必须依据策略进行裁决输出，多维动态重构和策略调度要与策略裁决等组成闭环反馈控制等。

（3）模型描述如何使用上述概念和规则指导 CMD 系统的设计。一个模型的例子是 OSI 参考模型，该模型可以用来指导信息系统的设计。CMD 的模型就是拟态化的 I【P】O 模型[6]。

网络空间拟态防御适用于对系统或装置的可靠性与可用性有着传统安全和网络空间非传统安全双重要求的场合，并需要满足如下条件：具有函数化的输入/输出关系或满足 I【P】O 模型；满足不确定扰动的动态过程及机理已知且影响范围可预估的鲁棒控制约束条件；与服务功能和性能相关的重要信息资源必须显性、健壮提供；对初始投资或产品价格不敏感；存在标准或可归一化的功能接口与协议规范，且能通过符合性与一致性测试判定；具有可多元或多样化处理的技术条件。需要强调指出，在满足上述条件时，凡是目标算法确定且存在其他等价算法的应用场合都适合 CMD 体制。即使诸如科学计算类的课题或者工业控制领域的一些特定应用，由于功能等价、精度达标的不同算法间的计算结果可能存在差异（如精确到小数点后几位的情况），或者控制量的阈值是一个范围，也可以采用"精度掩码"或"值域判定"等方式进行策略裁决。图 9.4 是拟态防御体系的抽象模型。

图 9.4　拟态防御体系抽象模型

1．CMD 主要概念与规则

1）功能等价执行体

CMD 的功能等价执行体（Function Equal Object，FEO）可以是网络、平台、系统、部件或模块、构件等不同层面、不同粒度的设备或设施，可以是纯软件实现对象，也可以是纯硬件实现对象或是软硬件结合的实现对象，还可以是虚拟化的实现对象。

一般情况下，给定功能（复杂度不限）往往存在多种软硬件实现结构或算法，这是"结构决定功能"公理的自然推论，也是"条条大路通罗马"的逻辑表述。通常，给定功能(或性能)异构执行体的等价性可以通过标准化或可归一化的界面测试来判定，但满足功能等价性要求的异构执行体集合不一定等于最大功能交集，理想的相异性要求是给定功能交集等于最大功能交集，即除了给定的功能有交集外，异构执行体之间不存在任何其他功能交集。这意味着除了正常功能外，存在于这些异构执行体中的任何暗功能(例如多余的功能，也包括未知漏洞后门、病毒木马等)，都不会因为同源输入激励而产生完全相同的输出响应。换句话说，只要输出响应不一致，就意味着异构执行体中的暗功能(包括随机性物理失效等)被触发了，这也是 CMD 体系感知非特异性威胁的基本机理。

13 世纪逻辑学家、圣方济各会修士奥卡姆的威廉提出的"奥卡姆剃刀"原理，强调的哲学观点就是"如无必要，勿增实体"，其核心意思是"最简单的解释是最佳的"。苏联著名数学家柯尔莫哥洛夫提出的柯氏复杂度给出了奥卡姆剃刀原理的一种公式化表述，即一个字符串 s 的柯氏复杂性 $C(s)$ 或 $K(s)$ 是这个字符串的最短描述的长度。换言之，一个字符串 s 的柯氏复杂度是能够输出且仅能够输出这个字符串的最短计算机/图灵机程序的长度。理论上，我们可以借用柯氏复杂度来界定系统的冗余界，即系统复杂度等于柯氏复杂度时被视为没有冗余暗功能的纯净系统。一个完全没有冗余功能的理想系统，其 I【P】O 均在系统应用目标所限定的集合之内，因而也就不存在漏洞和后门等冗余功能，也不会出现相关的安全问题了。然而，现实中我们不可能设计出一个没有任何冗余功能的、理想的复杂信息系统，因而复杂系统的安全性始终是工程实践中无法回避的难题。从某种程度上说，网络空间的攻防博弈就是围绕这些冗余功能的利用和抑制展开的。例如，防火墙通过规则设置，将应用目标之外的操作内容因素进行滤除；入侵检测/防御系统通过监测系统应用目标之外的异常行为(冗余功能)来检测发现安全问题；可信计算系统需要在约定阶段或节点校核期望结果以便排除不希望的扰动；杀毒灭马则通过监测识别目标系统中的"多余"代码功能进而对其实施清除或限制等。但是，受限于人类的认知能力和科技进步的阶段性特点，试图全面约束或限制信息系统的冗余功能在技术和经济上都存在难以逾越的障碍。更为不幸的是，增加防御功能的同时很可能会无意识地引入不希望的冗余功能，从而成为攻击者新的潜在利用资源。特别是当今技术时代，软硬件市场价格似乎仅与应用规模强相关而与其功能复杂度弱相关，"杀鸡用牛刀"也不再是不合时宜的代名词，人们更愿意使用生态环境适宜、功能强大、系列配套、性能可靠、价格低廉的 COTS 级软硬构件来集成开发目标产品，这使得冗余功能和暗功能排除问题在相当时间内看不到任何的改善或解决希望。

CMD 功能等价执行体的存在方式可以是逻辑意义的，也可以是物理意义的，或以两种并存的方式来表达。即可以有静态或动态、可重构或硬布线、可配置或不可配置、实体化或虚拟化、软件或硬件、固件或中间件、系统或部件、平台或网络等多种存在或表达方式，并允许各种混合模式的使用。此外，CMD 并不在意功能执行体呈现方式是"白盒"还是"黑盒"，因为机理上既允许自主设计部件存在安全缺陷也允许集成或嵌入使用可信性不能确保的第三方软硬件产品。所以，发育充分的功能等价执行体的多元或多样化生态环境是保证 CMD 防御效果的关键性要素之一。此外，用户可定制计算、软件可定义硬件 SDH、拟态计算、CPU+FPGA、重构、可重组、环境可重建、功能虚拟化(如虚拟机、虚拟容器)之类的技术也都是具有吸引力的实现方法或途径。

2)拟态界与拟态括号

图 9.4 中输入代理与输出裁决器覆盖区域的边界称为拟态界(MI)，一般包含若干组定义规范、协议严谨的服务(操作)功能，通过标准化协议或规范的一致性或符合性测试，可以判定多个异构(复杂度不限的)执行体在给定服务(操作)功能甚至性能上的等价性。即通过基

于拟态界的输入/输出关系的符合性测试可以研判执行体间给定功能的等价性，通过一致性测试可以判定包括异常处理在内的相关操作。拟态界所定义功能的完整性、有效性和安全性是拟态防御有效性的前提条件，界面未明确定义的功能(操作)不属于拟态防御的范围(但是也可能存在衍生的防护效应)。换言之，攻击行动如果未能使 MI 上输出矢量不一致时，拟态防御机制是不会做出反应的。例如，未导致界面功能或多模输出矢量出现异常反应，目标系统只能将其视为可以"容忍的入侵"过程或未能感知的威胁，特别是对那些基于状态转移的攻击活动更是如此。因此，合理的设置、划分或选择拟态界面在工程实现上非常重要，就如同加密和认证一般要选择"一夫当关、万夫莫开"的环节一样，同时还要在需要与可能以及实现代价之间做出合理的折中。

拟态括号(MB)由输入代理、反馈控制器和输出裁决器组成(后者可能会涉及输出代理功能)，是当前可能存在包含未知漏洞后门或病毒木马等不确定扰动因素在内的执行体集合的防护边界。依据 I【P】O 定义，左括号代表的输入代理部件，严格遵循"单向联系"和策略调度机制，负责为当前服务集中的执行体分发输入信息。右括号代表输出裁决器，按照同样的单向机制收集当前服务集中各执行体的输出矢量并实施策略裁决，在发现异常输出时，触发相应的清洗与恢复、策略调度、多维动态重构等机制或导入后台安全技术进行分析查证和清理修复。为了保证防护界的有效性，拟态括号与执行体集合元素在物理(或逻辑)空间上应尽可能保持独立，括号功能如输入策略分配、输出策略裁决、插入的代理功能、执行体策略调度、执行体重构重组策略、异常清洗与恢复机制等原则上对任何执行体透明。同时，由于 MB 作为"无感透明中间人"并不解析执行体输出矢量的语义，从而使得攻击者无法保证其攻击表面的可达性。工程实现上，必须尽力保证括号功能实现上不存在恶意设置的后门(漏洞除外)或病毒木马等，一个简单易行的方法就是简化拟态括号功能复杂度，以满足可实施形式化正确性证明的需要。条件许可情况下，也可以采用可信计算作强化处理或对拟态括号实施再拟态化处理。

从鲁棒控制的角度看，具有闭环反馈控制结构和运行机制的拟态括号，是其所涵盖的功能以及服务的稳定鲁棒性和品质鲁棒性之控制界，当基于界内未知因素的不确定扰动满足鲁棒控制约束条件时，拟态括号具有广义鲁棒性。

需要特别强调的是，拟态界外的安全问题不属于拟态防御的范围。例如，网络钓鱼、在 APP 软件中捆绑恶意功能、在跨平台解释执行文件中推送木马病毒代码、通过用户下载途径推送有毒软件、网络互联协议存在固有缺陷、服务功能制定不完善、利用合法命令组成恶意攻击流程等不依赖拟态界内漏洞后门等因素而引发的安全威胁[7]。但是，拟态防御为网络元素引入的鲁棒控制特性在原理上或多或少对这些问题的解决和改善带来安全收益。譬如，网络空间最肆无忌惮并已形成灰色产业链市场的行为——分布式拒绝服务攻击(DDOS)，原理上还是要利用"海量攻击资源"内部的漏洞后门、病毒木马等才能使之成为"肉鸡"，而广义鲁棒控制则能给这一不良企图的实现带来挑战。

3) 相关核心机制

(1) 拟态裁决。

在可靠性领域，多模表决对象配置一般是确定的，表决内容通常比较简单，多采用大数或一致性表决规则，实现复杂度低且通常采用硬布线逻辑。而拟态裁决与可靠性中的择多表决机制不同，前者只能依据"相对正确"公理做出多数或少数、一样或不一样的判别，理论上总存在"叠加态"的错误概率，只是"相对正确"的概率要比"相对错误"的概率高得多。因此需要把简单的"0/1"判断和依据"0/1"个数多少的择多判断，转变为包括"时空维度和内容维度"一致性在内的策略判决，利用输出矢量语义或内容丰度来降低"相对错误"的概率。后者多数情况下仅对多模执行体的运行状况进行表决（因为执行体通常都具有自检甚至自诊断功能），很少需要对多模执行体的输出矢量进行表决（同构冗余例外）。因而在拟态防御环境中需给多模表决机制赋予更为丰富的内涵：

① 表决对象的配置一般是动态的，因而表决部件中需要有多路交换单元以便能灵活地选择相应（如从 M 集合中随机选择 k 个）输出矢量参与表决。

② 由于异构冗余执行体理论上要求是独立的，在具有对话机制的应用环境中存在过程差异（如 IP 协议的 TCP 序列号就可能不同），或者存在可选项、扩展项等差异化定义情况，而这些差异既不能反映到外部也不能反映给各异构执行体，于是增加屏蔽差异的归一化的桥接功能可能是需要的。

③ 拟态防御希望攻击方因为不可感知或预测防御方的行为而无法评估攻击效果以及制定进一步的攻击策略。此外，多模裁决在许多应用场景下会碰到不少挑战性问题及复杂的实现方案。这意味着，工程实践上往往需要增加输出代理功能以便尽可能屏蔽目标对象的"防御指纹"，降低多模裁决功能的实现难度。

④ 如果出现没有简单多数的情况，或者需要表决的结果不是确定值而是一个阈值（如算法等价但精度可能不同），表决环节需要引入权重、优先级、成熟度、掩码比较、正则表达等策略性的判决方法。尤其是出现多模输出矢量完全不同的极端情况时（此时完全可能存在功能正常的执行体），使用策略裁决提取置信度高的输出矢量可能是必不可少的功能。

⑤ 输出矢量信息丰度可能很大，例如一个 IP 包或一个 Web 响应包。为了简化判决复杂度需要对多模输出矢量作预处理（例如计算 IP 包的哈希值）。

⑥ 在结果可更正应用场合或者异构执行体输出存在时延的

情况下，判决环节可能需要引入"先到先放行，判决后再更正"或者"延迟等待"等判决策略，此时增加缓冲队列等辅助功能可能是必需的。

我们将上述基于多模输出矢量的策略性判决和归一化桥接或代理功能统称为"拟态裁决"（Mimic Ruling，MR）。拟态裁决可以分为两个层面：一是多模裁决，如果发现多模输出矢量出现不一致情况时，需要启动清洗恢复、替换迁移、重构重组或修改相应执行体置信度记录等相关操作；如果属于完全不一致（没有相同的输出矢量）情况则需触发策略裁决；二是策略裁决，就是根据策略库中的参数进行再裁决并完成相关后处理任务。例如，以各执行体的置信度历史记录作为参数时，裁决结果就是选择置信度高的执行体输出矢量作为本次裁决输出等。因此，拟态裁决不仅能用"相对正确"公理逻辑表达形式感知目标对象当前的安全态势（实际上是拟态防御架构的威胁感知装置），而且可以实施关于时间、空间迭代效应的策略裁决。

需要说明的是，输出矢量被判异常的执行体很可能出现了随机性故障或已遭到蓄意攻击。倘若执行体拥有日志记录、现场快照、软硬构件的重组重构历史情况等诊断维护功能，或配备了漏洞扫描、查杀病毒木马、沙箱隔离、云防护等主被动防护手段，则用拟态裁决环节触发相关辅助功能或后台设施，有助于提高执行体或相关部件等故障查找和安全排查的针对性与有效性。

（2）多维动态重构和策略调度。

多维动态重构（Multi-dimensionality Dynamic Reconfiguration，MDR）的对象包括拟态括号内的所有可重构或软件可定义的执行体实体或虚体资源。可以按照事先制定的重构重组方案从异构资源池中抽取元素生成功能等价的新执行体，也可以在现有的执行体中更换某些构件，或者通过增减当前执行体中的部件重新配置资源，或者加载新的算法到可编程、可定义部件改变执行体运行环境，或者给执行体增减后台任务，变化其工作场景等。其功能意义无外乎是两个，一是改变拟态括号内运行环境的相异性以破坏攻击的协同性和阶段性成果的可继承性；二是通过重构、重组、重定义等手段变换当前服务集内的软硬件漏洞后门或使之失去可利用性。事实上，正如打补丁(patching)也可能造成新的漏洞(后门)一样，重构重组从严格意义上并没有实现"问题归零"的目的，只是用变化执行体当前防御场景的方法规避了眼下的受攻击情况，本质上属于"问题规避"的处理范畴。因而，在拟态防御体系中执行体输出异常只要不是"不可恢复"的问题，并不需要像传统可靠性处理那样将其"挂起"待处理，而是本着用"合适的人去完成合适事情"的原则，可以将不适合 A 场景的执行体组合用于对付 B 场景或 X 场景下的攻击，反之亦然。这样的操作策略并不违背拟态防御体系允许执行体可以在"有毒带菌"条件下运行的假设前提。策略调度(Policy And Schedule，PAS)的作用域不是重构重组执行体元素本身，而是通过更换或迁移当前服务集执行体元素的方法实现拟态括号内防御场景的异构变化以便达成"问题规避"的目的。

需要指出的是，无论是多维动态重构还是策略调度的触发条件都是基于拟态裁决的异常感知，包括变化防御场景后是否还需追加场景变化的评估操作等。为了对付"潜伏"在当前服务集执行体内的待机攻击(其蛰伏阶段总是力图避免影响输出矢量)，还需要利用目标系统内部动态或随机性参数以及预处理策略形成的外部控制命令，强制触发反馈控制环路实施防御场景的转换，以提升运行环境抗潜伏、抗待机攻击的能力。例如，系统当前活跃进程数、内存占用情况、端口流量等具有不确定性质的元素都可以作为形成外部控制命令的参数使用。

(3)清洗恢复与状态同步。

清洗恢复机制(Cleaning and Recover，CR)被用来处理异常输出矢量的异构执行体。它分为三个层次：一是相当于重启"问题"执行体；二是相当于重装或重建执行体运行环境；三是解决重启或重装的执行体尽快进入待机状态的问题。一般说来，拟态界内的异构执行体应当定期或不定期地执行不同级别的预清洗或初始化，或者重构与重组操作，以防止攻击代码长期驻留或实施基于状态转移的复杂攻击行动。特别是，一旦发现执行体输出异常或运转不正常，要及时将其从可用队列剔除并做强制性的清洗[8]或重构操作。不同的执行体通常设计有多种异常恢复等级，可视情况灵活运用。

重构重组是移除或改变执行体当前环境中漏洞后门等的有效方法。其中，基于 FPGA、软件可定义硬件 SDH、拟态计算、用户可定义计算、虚拟化技术以及多样化编译等都具有较高的性价比，工程实现相对容易。

清洗恢复后的执行体需要与在线执行体进行状态或场景的再同步以维持与拟态裁决机制的同步，称之为状态同步或场景同步（State or Scene Synchronization，SSS）。通常可以借鉴可靠性领域非相似余度系统成熟的异常处理与恢复理论和机制，但不同应用环境中同步处理会有很大的不同，工程实现上经常会碰到许多棘手问题。需要强调的是，在可靠性领域执行体之间一般具有互信关系（除非处于异常状态），恢复操作可以通过互助的方式简化。而拟态防御因为允许异构执行体"有毒带菌"，所以必须隔离相互之间的传播途径或阻止任何形式的协同操作，原则上要求异构执行体之间必须独立运行且尽可能地消除"隐通道"或"侧信道"。当然，这在迫使攻击者必须面对"非配合条件下动态多元目标协同一致攻击"挑战的同时，也给执行体的快速恢复和再同步等带来不小的麻烦。

（4）反馈控制。

反馈控制器与相关部件的功能关系是，输出裁决器将裁决状态信息发送给反馈控制器，反馈控制器根据控制通道给定的算法和参数或通过自身学习机制生成的控制策略，形成输入代理器和可重构执行体的操作指令。其中，给输入代理器的输入分发指令用于将外部输入信息导向到指定的异构执行体，以便能动态选择异构执行体元素组成目标对象当前服务集。给可重构执行体的指令用于确定重构对象以及发布相关重构策略。不难看出，上述功能部件之间是闭环关系，但需要按照负反馈模式运行。即反馈控制器一旦发现裁决器有不一致状态输出，可以指令输入代理器将当前服务集内输出矢量不一致的执行体"替换"掉，或者将服务"迁移"到其他的执行体上。如果"替换或迁移"后，裁决器状态仍未恢复到先前状态，前述过程将继续。同理，反馈控制器也可以指令输出矢量不一致的执行体进行清洗、初始化或重构等操作，直至裁决器状态恢复到正常。我们将这一过程称之为"基于裁决器输出的策略调度和多维动态重构负反馈机制"。需要强调的是，理论上，负反馈环路一旦进入稳态过程，服务集内的防御场景与 DRS 的"不可持续容侵"情况相似，有可能被潜伏或隐匿在目标对象内部的攻击者所利用。因此，增加通过外部通道强制反馈控制器对当前服务集内防御场景作不规则改变的功能是必要的。

负反馈机制的优点是能对通过动态、多样、随机或传统安全手段组织的防御场景之有效性进行适时评估并决定是否要继续变换防御场景，避免了诸如 MTD 那样"将地址、端口、指令、数据不断随时间作持续性迁移或变换"之类的防御行为所付出的不必要系统开销。但是，如果攻击者的能力可以频繁地导致负反馈机制活化，即使不能实现攻击逃逸也可以使目标系统因为不断变换防御场景而造成服务性能颠簸的问题。倘若如此，需要在反馈控制环节中引入智能化的处理策略(包括机器学习推理机制)以应对这种针对 CMD 防御系统的类 DDOS 攻击。进一步推论，反馈控制环路必将成为新的攻击目标。幸运的是，CMD 系统中服务功能与鲁棒控制功能是分离的，攻击者即使能拿下反馈环路控制权，如果不能协同攻陷提供服务的执行体，也很难达成预期目的。按照攻击表面理论，因为反馈控制器具有攻击不可达性，除了社会工程学的途径或者设计者乃至维护方的蓄意行为外，基于设计脆弱性的攻击没有足够的想象力和创造性是不可能为之的。事实上，反馈控制环路还可以作功能拆分，将拟态裁决、策略调度、多维动态重构等功能部件标准化，通过市场化方式由多家供应商设计、生产和提供，最终用户可以选择性地采购并以用户定义方式配置个性化的策略或算法，以防止出现类似可信计算中"可信根提供商之可信性如何保证"的问题。

（5）去协同化（Dis-cooperation）。

基于目标对象漏洞后门等的攻击可以视为一种"协同化行动"。从分析确定目标对象的架构、环境、运行机制和软硬件构件等入手，尽可能地寻找相关缺陷，分析防御的脆弱性并研究如何利用的手段与方法，包括所需的同步或协同机制。同理，恶意代码设置也要研究目标对象具体环境中是否能够隐匿地植入，以及如何不被甄别及使用时不被发现等问题与方法。攻击链越为复杂精细，期间经历的环节或路径越多，需要借助的条件就越苛刻，攻击的可靠性就越难以保证。换言之，攻击链其实也很脆弱，严格依赖目标对象运行环境和攻击路径的静态性、确定性和相似性。实际上，防御方只要在处理空间、敏感路径或相应的环节中适当增加一些受随机性参数控制的同步机制或者建立必要的物理隔离区域，就能在不同程度上达成瓦解或降低基于漏洞后门等的攻击效果。例如，空间独立的异构冗余执行体内即使存在相同的"暗功能"要想达成非配合条件下的协同攻击也极具挑战性。因此，"去协同化"的核心目标就是防范渗透者利用可能的同步机制实施时空维度上协同一致的同态攻击。除了共同的输入激励条件外，应尽可能地去除异构执行体之间可能存在的通联途径，诸如隐形的通信链路或侧信道、统一定时或授时以及相互间的握手协议或同步机制等，使各异构执行体中"被孤立、被隔离"的"暗功能",难以在拟态界上形成协同一致的攻击逃逸。

需要强调的是,拟态裁决环节应尽可能避免与执行体间的双向会话机制,防止被恶意利用。

4)拟态界设置举例

(1)基于核心数据的防护界。若核心数据和目录管理的存储或读取是安全系统的保护重点,则将核心数据存取操作界面设为拟态界是合适的。引入功能等价的动态异构冗余架构,可保证在相同的输入激励下,执行体在存取目录和数据或形成路由表和转发流表时,功能等价的异构执行体能对相关操作进行一致性的实时研判、陪伴式研判或跟随式研判。典型应用如各种文件服务器、路由交换器、域名系统、数据存储系统、软件定义网络(SDN)等。

(2)基于关键性操作的防护界。在工业控制领域,控制系统常常要对执行部件发出各种操作指令和控制参数。指令和数据格式的合法性甚至参数域虽是可以检验的,但是指令流或数据流的组合形态往往因为状态爆炸而不能做到完备性检验,这给利用正常指令或数据进行非正常的组合应用从而实现蓄意攻击提供了可乘之机。引入动态异构冗余架构后,对同一激励信号,多个功能等价的异构执行体是否发出了正确的指令和数据问题,被转化为多模输出矢量间的一致性裁决问题。同理,给定一个输入序列,多个功能等价的异构执行体是否产生了同样的指令流和数据流问题,也能转化为多个执行体输出响应序列间的一致性问题。前提是应用组合方式的蓄意攻击,难以导致异构执行体产生多数一致的响应序列。

(3)基于核心功能的防护界。凡是要对给定功能实施鲁棒性或柔韧性保护,只要能满足对所要保护的功能可以做标准化或归一化描述的,且利用这一描述可以测试判断多元化软硬件执行体是否满足给定的等价条件,CMD 架构从机理上都可以达到这样的目的。例如,通过给定算术运算功能集合的一致性测试可以选择出多个功能等价的异构 CPU。利用这些异构 CPU 可以搭建起动态异构冗余架构的系统或装置，该系统在给定算术运算功能上对架构内异构 CPU 的设计缺陷或基于漏洞后门的攻击不敏感。

(4) 基于屏蔽界内未知漏洞的防护界。如果有一种规范化的敏感应用，要求建立在高可靠、高可用、高可信的复杂软硬件系统基础上，则在系统层面采用动态异构冗余架构是合适的。由于在无法保证界内"无毒无菌"的条件下，只能用系统架构技术来屏蔽基于已知或未知漏洞等攻击对上层应用可能带来的影响。例如，将敏感应用分置于可信性不能确保的异构冗余平台上，利用拟态括号在敏感应用给定的界面上实施拟态防御。

(5) 基于人为设计后门的防护界。与通过 IP 核、中间件、共享模块、开源软件、委托加工等途径，在目标对象不知晓情况下被动的引入漏洞或陷门不同，人为设计的后门是该软硬件代码设计者的蓄意行为所致。前者可以将这些可信性不能确保的元素按照功能等价异构冗余的方式纳入拟态括号的防护范围，而后者如果只是拟态括号内元素设计者的有意行为也可以通过拟态括号进行有效防护。但是，如果是拟态括号设计者的蓄意行为则防护作用很难期待。当然，拟态括号本身也可以做拟态化处理，且保证设计者不是同一人或同一组织；当拟态括号有标准化的 COTS 级的软硬构件产品时，使用者可通过自行采购装配来避免这一风险。

需要指出的是，对于拟态界内病毒木马等的防护应用，上述方法在原理上也是适用的。

2. CMD 模型

CMD 模型是一种等效的 I【P】O 模型。假定一个满足 I【P】O 模型的防护目标(规模或粒度不限)，P 可以是复杂的网络元素或软硬件处理系统或部件、模块、构件等，且存在应用拟态防御架构的技术与经济条件，则可表达为：I【$P_1, P_2, \cdots, P_n$】O。其中，连接输入 I 的左括号(输入代理)被赋予输入分发指配功能(方式上包括一对一、一对多、广播等,模式上可以是静态的,也可以是动态或随机的),连接输出 O 的右括号被赋予多模裁决(或策略裁决/权重选择)和其他代理输出功能,也包括异构对象输入/输出信息的归一化等功能,括号内 P_n 是与 P 功能等价的异构执行体。如图 9.5 所示。

图 9.5　拟态 I【P】O 模型

相对于 P_n 复杂处理功能而言,输入、输出代理主要是复用-解复用、归一化、多模表决、选择输出等简单功能,其设计缺陷通常可用形式化的正确性证明方法和工具发现。由于输入、输出代理一般不解析输入与输出信息的语义(可能会部分涉及消息格式等语法内容),也不存在可公开访问的内外部地址或端口,对攻击者和异构冗余执行体而言其功能是完全透明的,一般不具备攻击的可达性。此外,输入、输出代理通常要求在功能和物理上相对 P_n 具有独立性,以便尽可能避免包括社会工程学意义的协同攻击。与加密装置可能存在的工程实现风险相类似,如果输入、输出代理本身被植入特定的后门,则拟态防御效果将不确定。输入、输出代理还可以附加一些策略调度和控制功能以增强自身免疫能力，如功能部件可重构（重组）和多余度部署，运用策略选择、随机化参量获取动态运行方案等，也可以按照可信定制、可信计算的方法设计专门的私有组件或可信根。需要强调的是，一旦输入、输出代理功能受损，如停止动态调度或不再策略裁决，被保护对象将失去不确定属性等。因此，给输入、输出代理附加"看门狗"是非常必要的。特定情况下，拟态括号本身也可以通过可信计算或拟态架构增强其安全性。

工程实现上，通常将异构执行体调度、重构、重组、清洗与恢复等功能以及"看门狗"职能一并纳入拟态括号功能。

9.2.3　基本特征与核心流程

1. 基本特征

拟态防御具有四个基本特征。一是，基于"相对正确"公理的威胁感知机制；二是，基于动态异构冗余形态的广义鲁棒控制构造；三是，基于拟态裁决的策略调度和多维动态重构负反馈控制机制；四是，拟态防御内生构造效应可验证，抗攻击性和可靠性可设计、可度量。具体表现为：

（1）"相对正确"公理的威胁感知机制与传统主流方式不同，威胁感知空间从单一空间转化到多维空间，威胁感知认知域从个体对象到异构冗余目标，威胁识别模式从基于特征库信息的匹配到基于择多模式的相对性判决，威胁感知错误率可以通过参与表决的个体数量、个体间的相异度、输出矢量信息丰度和裁决策略的多寡进行调节。

（2）动态异构冗余形态的广义鲁棒控制架构，以成熟的异构冗余可靠性理论和实践为基础，以非相似余度构造场景作为动态化、多样化防御场景的暂稳态表现形式，由于拟态裁决比择多判决有着更为多样化的裁决策略和样本空间，所以具有更好的可靠性与抗攻击性能并可设计标定、验证度量。原理上，这些在时间轴上展开的暂稳态防御场景就是动态异构冗余架构的微分形态，此时的 DHR 具有与 DRS 相同或相似的优点和缺点。正是 DHR 可收敛的动态化、多样化的防御场景才转变了固定防御场景的 DRS 难以维持抗攻击性能的基因缺陷。作为一种创新的广义鲁棒控制构造，可以在机理上有效抑制拟态界内包括非协作性未知攻击等在内的不确定扰动因素的影响。

(3)拟态防御内生构造效应可验证，抗攻击性和可靠性可设计、可度量。这是因为拟态防御构造本质上属于带有闭环反馈机制的鲁棒控制构造，因而可靠性测试和验证的理论与方法都适宜于拟态防御系统的安全性与可靠性测试评估，包括在"白盒"条件下，采用经典的注入式测试原理与方法。

(4)动态异构冗余构造和基于拟态裁决的策略调度和多维动态重构负反馈控制机制能够产生多种内生效应：

①"测不准"效应。因为拟态裁决环节发现的任何异常情况都会触发反馈控制器产生服务集内防御场景策略调度或执行体重组重构的命令，使得从当前场景下获得的任何信息和经验都不具有可重复利用的价值。

②"模糊识别"效应。由于功能等价异构冗余场景下的相对性判决，只要多模执行体输出矢量在时空上表现出异常，系统并不关心是已知威胁还是未知威胁，也不关心是网络攻击事件还是随机性故障，更不区别是源于外部的攻击还是来自内部的渗透攻击。因此，所有这些问题可以被归一化的处理，即通过异常情况下可收敛的防御场景动态更换方法进行"问题规避"。

③"点面融合防御"效应。由于拟态防御采用相对性判决与具体攻击行为和特征弱相关甚至不相关，只与执行体输出矢量的时空一致性表现强相关，因而具有类似非特异性免疫那样的"面防御"能力。基于拟态裁决的策略调度和多维动态重构负反馈机制，可以

从机理上保证当前服务集内任何差模故障或针对某一执行体环境的显性攻击，只要能影响到输出矢量语义和内容的变化，就能被裁决环节实时发现，当前的问题场景也会被策略调度和多维动态重构负反馈机制替换或规避，从而具备了不依赖于先验知识的"点防御"功能。不难看出，上述点面融合防御功能都是源于同一技术架构相同的运作机理。

④ "非配合条件下的协同难度"效应。从基本定义出发，拟态防御除了拟态界上的功能和性能满足一致性要求外，其他任何因素都应该尽可能相异且不存在同步或协同关系。理想情况下，异构执行体之间除了给定的功能交集外不存在其他的功能交集。尽管这在工程上是不现实的要求，但是拟态环境的"去协同化"要求使得企图利用暗功能交集实现逃逸的攻击都必须逾越"非配合条件下的协同化壁垒"，任何配合上的失误或差池但凡被基于拟态裁决的反馈控制环节感知，或者被随机性的外部控制命令触发，前功尽弃都将是无法避免的。因此，拟态防御的有效性本质上取决于"非配合条件下动态多元目标协同一致的攻击难度"，而拟态防御的技术架构、运行机制和所有可能采取的措施都聚焦于强化协同攻击难度这一点上。换言之，与其认为拟态防御是以破坏攻击的协同性为目标，还不如说是以显著增加协同一致的攻击难度为目的要更恰当些。

⑤ "鲁棒性服务"效应。拟态防御架构将抗攻击性问题归一化为可靠性问题处理，使目标系统能够一体化地提供"高可靠、高可用、高可信"服务或控制功能，其闭环控制与服务提供分离机制可以无障碍地接纳或融合传统和非传统安全技术以获得"超非线性"的防御能力。

2. 核心流程

拟态防御的核心流程如图9.6所示。

图 9.6　拟态防御核心流程

注 1：符号说明

操作	含义
A	根据输入指配与分发策略代理发送输入序列
B_1	异常替换或迁移执行体
B_2	异常执行体重构或清洗
C_1	更换执行体
C_2	清洗或初始化执行体
D_1	指定相应的执行体处理输入序列
D_2	执行相关清洗、初始化、重构、重组等指令
E	根据给定策略实施拟态裁决
F	需要消除一致状态

注 2：系统将根据某些不确定参数(例如当前活跃进程数、CPU/内存占用情况等)以及给定算法生成带有随机性质的操作指令，通过外部控制通道强行激发处于稳定状态的环路。

不难看出，基于拟态裁决的策略调度和多维动态重构反馈控制架构与目标系统的服务功能是分离的。换言之，尽管执行体的广义动态性或架构的可重构性与拟态防御能力强相关，但是其服务功能的提供却与动态异构冗余架构无关。因此，理论上说，DHR 架构具有普适应用意义。

9.2.4　内涵与外延技术

1．内涵技术

拟态防御的逻辑内涵是指，基于动态异构冗余架构的防御机理既具有与生物拟态伪装相似的外在表象，也具有"相对正确"公理将异构冗余多维空间独立事件效果转化为全局影响程度的概率问题之功能表达。其内在的构造效应既可以在缺乏攻击者先验知识条件下有效应对拟态界内非协作性的已知或未知安全威胁，也可以实时管控随机性的物理失效或设计缺陷导致的不确定性故障问题。本质上，拟态防御属于可靠性技术范畴，只不过是建立在非相似余度基础上的动态异构冗余架构，实现了传统安全和非传统安全的归一化处理罢了。因此，与其说 DHR 是新型防御技术还不如说是具有普适应用意义的广义鲁棒控制架构技术更为恰当些。

2．外延技术

尽管拟态防御架构的鲁棒控制功能与目标系统服务功能是分离的，但其防御效应很大程度上则取决于当前服务集内执行体之间的广义相异度和非配合条件下的可协同性。因此，任何增加相异度和协同难度的外延方法都能显著地提升目标系统的抗攻击性能和可靠性指标，至少有四类外延方式可以考虑：

1）执行体增量外延方式

就是在执行体上导入动态性、多样性或随机性等增加多维空间协同攻击难度的防御元素，例如移动目标防御(MTD)中提到的相关方法，或者附加入侵检测、入侵预防、入侵隔离等经典安全措施。

2）执行体重构外延方式

执行体自身就选用软硬件功能可重定义、资源可重配置、处理环境/运行机制可重组等可变架构技术体系,例如,软件可定义功能、用户定义计算、拟态计算、CPU+FPGA、软件定义硬件 SDH 等。

3）执行体虚拟化/网络化外延方式

借用当今时髦说法就是 DHR 架构具有"控制与服务分离"的优异特性。因而，架构内的异构执行体只要满足服务功能等价条件，任何形态、粒度、组成方式的执行体都是可接受的。也即异构执行体可以是数据中心的虚拟服务器、数据存储器或者是云服务、云计算平台的虚拟容器等池化资源的虚体部件或环境，也可以是一个独立的网元设备或功能性平台，例如互联网内同一自治域中的域名服务器或者分布式文件存储系统的若干镜像节点等。这意味着拟态防御架构的实现不仅具有更为经济的技术方式，而且可以在网络化或云化服务环境下通过增量部署廉价的拟态控制软硬部件即可获得超价值的鲁棒性与安全性功能。

4）执行体检测技术外延方式

拟态防御虽然在机理上并不依赖执行体个体对未知故障和不确定威胁的精确感知能力，但是并不排斥执行体拥有相应的检测功能。相反，在可能的情况下希望执行体具有丰富的故障检测功能或威胁发现能力，包括各种纠错或容错或异常情况规避等功能。联合运用这些功能可以使得策略调度和多维动态重构操作的指向性或针对性更强，闭环控制的动态收敛时间更短，协同攻击的复杂度更高，可以大大缓解目标系统应对包括 DDOS 攻击等在内的服务性能颠簸问题。

总之，凡是能够阻止或扰乱攻击者对目标对象实施协同性的攻击，包括内部窥探、渗透、内外勾连或导致信息安全问题的技术和方法都可以作为拟态防御的外延技术。诸如在某种静态（固定）关系中导入防御方可控的不确定性（如动态化程序、数据、地址、端口、协议、网络等）；使关联方之间的交互信息最小化；或为数据文件存储安全而有意碎片化和分散化存放及多路径传输等；或各种增加外部攻击或内部渗透者认知和攻击难度的做法；或使攻击成果复现困难降低其可持续利用性方面的措施等。自然也包括防火墙、蜜罐蜜网等现有网络安全防御所涉及的技术与方法。这些以附加方式纳入拟态防御架构的安全性措施，在等效意义上都是增加了拟态防御场景内在的相异度和多维空间非配合条件下的协同性难度，从而能通过其构造效应非线性地提升目标对象干扰和破坏协同攻击的能力。换言之，就是可以非线性地降低攻击逃逸概率。

9.2.5　总结与归纳

（1）拟态防御核心目标：针对"设计缺陷不可避免""后门无法杜绝""漏洞后门尚不能彻查"三个挑战性问题，基于全球化条件下可信性不能确保的软硬件供应链以及开放开源创新的技术与产业生态环境，创建集"服务提供、可靠性保障、安全可信"功能为一体的广义鲁棒控制架构与运行机制，突破"沙滩建楼不安全"的理论与方法，改变网络空间游戏规则。

（2）拟态防御技术路线：将针对执行体个体的已知或未知安全威胁问题转化多维异构冗余空间差模或共模失效概率问题，再转化为能用成熟理论和方法统一处理的稳定鲁棒性与品质鲁棒性问题。

（3）拟态防御基本公理："相对正确"公理给出了个体行为的不确定因素与群体行为的确定性关系，使得不依赖攻击者先验知识或特征信息的"点面融合式防御"成为可能。

（4）拟态防御基础理论：异构冗余可靠性理论及闭环反馈鲁棒控制理论。

（5）拟态防御核心架构：建立在非相似余度基础上的动态异构冗余架构。

（6）拟态防御运行机制：基于拟态裁决的策略调度和多维动态重构负反馈机制既能提供与攻击行为和特征无关的"点面融合"防御，也能有效瓦解通过试错或排除法达成协同攻击的努力。

（7）拟态防御基本方法：功能等价条件下，动态、异构、冗余、多模裁决、鲁棒控制、问题规避等。

(8)拟态构造内生效应：可一体化地提供"高可靠、高可用、高可信"的服务与控制功能；防御环境具有"测不准、锁不住、控不了、难协同"的固有属性；可借助经典可靠性理论及鲁棒控制理论，设计标定和验证度量目标对象的可靠性与抗攻击性能。

(9)普适性状：广义鲁棒控制构造和运行机制。

9.2.6　相关问题讨论

1. 基于攻击效果的拟态防御等级

相对于信息安全[9]的机密性、完整性、有效性，拟态防御根据攻击效果定义了不依赖于传统安全手段的三个防护等级（Mimic Defense Level，MDL）。

1）完全屏蔽级

指给定的拟态防御界内如果受到来自外部的入侵或"内鬼"的攻击，所保护的功能、服务或信息未受到任何显式的影响，且攻击者无法对攻击的有效性做出任何有价值的评估，犹如进入"信息黑洞"，称为完全屏蔽级（All Shielding，ASD），属于拟态防御的最高等级。

2）不可维持级

指给定的拟态防御界内如果受到来自内外部的攻击，所保护的功能或信息可能会出现概率不确定、持续时间不确定的"先错后更正"或自愈情形。相对攻击者来说，即使达成攻击逃逸也难以维持或保持攻击效果，或者不能为后续攻击操作给出任何有意义的铺垫，称为不可维持级（Unsustainable，USB）。此时，防御方的响应行动可被攻击者感知。

3）难以重现级

指给定的拟态防御界内如果受到来自内外部的攻击，所保护的功能或信息可能会出现不超过 t 时刻的"失控情形"，但若重复同样的攻击却很难再现完全相同的场景。换言之，相对攻击者而言，达成突破的攻击成功场景或经验不具备可继承性，缺乏时间维度上可规划意义、可纳入想定作业的利用价值，称为难以重现级（Hard to Reproduce，HTR）。这种情形下，拟态界内的"私密性、完整性、有效性"保护功能可能存在频度不确定的"短暂泄漏"现象，且防御者的响应动作可被攻击方感知。

上述三个防御等级强调给攻击过程造成的不确定性影响程度，完全屏蔽级使得攻击者在攻击链的各个阶段都无法获得防御方的有效信息；不可维持级使得攻击链失去不可或缺的稳定性；难以重现级使得基于探测或攻击积淀的历史经验不能作为先验知识在规划攻击任务时加以利用。但是，现有的安全理论和测试方法难以量化认定拟态防御等级对攻击过程造成的不确定性影响程度。

2. 基于可靠性理论和检验方法的度量

正如可靠性设计理论所指出的那样，"产品的可靠性首先是设计出来的"，在系统设计过程中采用一些专门技术，将可靠性"设计"到系统中，以满足系统可靠性的要求。同理，拟态防御的抗攻击性也是"设计"出来的，通过应用包括动态异构冗余架构和基于拟态裁决的策略调度和多维动态重构负反馈机制在内的鲁棒控制技术获得系统内生的防御性能。可靠性应当是可标定的，以便在设计、生产、试验验证和使用过程中用量化的方法评估或验证产品的可靠性水平。同样，拟态防御也要给出可定量的抗攻击性指标且可测试验证，主要有以下几项测试：

（1）单一事件防护（Single Events Defend，IED）。拟态界内的执行体除永久性失效外无论出现何种形式的独立安全事件（包括传统和非传统安全事件），拟态防御系统都应该达到完全屏蔽级（ASD）。这意味着在不丧失执行体服务功能（性能）的前提下，通过与可靠性验证类似的注入方式在执行体中注入独立测试例可以判定目标系统的 ASD。其中，同一测试例可以植入任何执行体但不能同时植入两个以上（含两个）的执行体。理论上，测试例一旦激活应该能为拟态裁决环节感知或发现并可被负反馈机制从当前防御环境内移除或规避，这一过程在拟态界外应当无感。因此，开环状态下，从拟态界外对测试例实施 N 次激活操作，拟态裁决环节应当能够发现不超过 $m(\leqslant N)$ 次的异常情况且不被界外感知。当反馈环路闭合后，同样测试场景下拟态裁决环节发现的异常情况次数 $\leqslant i(i\ll N)$ 且能被拟态界完全屏蔽。

(2) 多个独立事件防护(Multiple Independents-events Defend，MID)。在开环情况下，将小于或等于服务集执行体个数的 N 个功能独立的测试例，在不影响宿主执行体正常功能(性能)条件下，分别注入对应的执行体，每个测试例都应当能被正常激活且输出矢量的异常情况能被裁决环节感知，但对拟态界外不透明。闭合控制环路后，无论从拟态界外如何激活这些测试例，拟态裁决环节发现异常的次数都应该小于等于 N 且不能被界外感知。

(3) 共模事件注入防护(Common Mode Events Defend，CMED)。将一个同源测试例注入超过半数的执行体，在闭合环路的情况下，测试攻击逃逸的概率。

3. 目标系统安全态势监测

基于拟态架构的目标对象的安全态势可以用多模裁决环节发现输出矢量异常的情况来监测。根据拟态防御原理，只要多模输出矢量的裁决中出现不一致的情况，就表明当前服务集内执行体发生了"可容忍"的安全问题，可能是物理性故障或设计缺陷导致的失效，也可能是已知或未知攻击导致的异常。随后的清洗恢复与重构重组和策略调度等反馈性操作，都试图使多模裁决不再处于异常状态或在给定时间内使输出矢量异常频次低于某个阈值。因此，以每小时、每天、每周、每月或每年为单位统计和分析这些异常的性质、频度及分布规律等，可以测量或度量目标对象的安全态势。尽管多模裁决只能感知非协同性攻击或随机性故障在输出矢量上的表现，但是DHR的负反馈机制却能间接地降低"攻击逃逸"的成功概率。换言之，按照"相对正确"公理，只要多模裁决未发现输出矢量不一致情况，则表明目标对象处于相对安全状态，只在极小概率下才可能否定这一结论。除非攻击者能在给定观察时间内，不留痕迹地实现持续性"攻击逃逸"，否则在安全态势评估中可以排除这一因素，因而统计监测输出矢量不一致情况能够表明目标对象的安全态势。作者以为，拟态防御有效性的衡量指标应当是"非配合条件下的多元动态目标的协同攻击难度"。但是，在给定的时间内用什么样的方法、如何才能直接度量这一指标仍有待进一步研究。

4．对比性检验

拟态防御对象的安全性还可以用对比性测试来实际检验。即通过加载已知问题的"烂柿子"测试软件，观察目标对象拟态模式和非拟态模式两种场景下的漏洞扫描或基于漏洞的测试（攻击）例反应，或观察拟态括号内各执行体的反应与拟态括号上的反应情况的差别，并以可感知的差别作为安全分级的标准。当然，还可以根据测试软件的类型（如应用软件、基础支撑软件、工具软件或者库函数软件等）来细分相关拟态层级的安全等级。不过，如何构造多样化测试软件以及如何科学地设置测试例等仍有许多待研究的问题。

此外，也可以用其他原则来划分拟态防御等级，如非配合协同难度、异构冗余的余度数、可重构的备选方案多寡、服务集执行体防御场景的可组合数、拟态界和拟态括号个数或层级数、策略裁决规则库容量和裁决窗口时间、动态调度策略丰度、反馈控制过程收敛时间等。

5．信息安全效应

由于拟态裁决对象是当前服务集各执行体的输出矢量，如果攻击者试图获取或篡改目标对象中的敏感信息，必须具有控制全部或多数执行体协同一致地读取或修改敏感信息的能力，否则各自独立实施的隐蔽行动都会被拟态界发现并清除。例如，在拟态构造的路由器中，路由表的表项创建、更新和删除操作必须由多数或所有异构路由控制器一致的输出结果决定；在拟态构造的 SDN 控制器中，流表的存储管理也必须由多数或所有异构控制器一致的输出结果决定；在拟态构造的文件存储系统中，文件目录或内容的读取和修改同样需要多数或所有异构控制器一致的操作结果决定等。拟态防御的这一效应与信息加密技术无关，只是对基于目标对象漏洞后门或病毒木马等导致的信息安全问题有效。作为一种有机理保证的应用，拟态构造的加密设备或信息安全产品中即使存在软硬件代码设计缺陷或某种蓄意编码行为，也不应当影响加密算法或管控机制的安全性，这使得相关设备生产厂家能够从技术架构而不仅仅是构件或生产管理层面，有自信心地回答用户对产品内在安全性的质疑。

6. 非典型拟态防御

这是一种退化的拟态防御。拟态防御的本质是通过功能等价异构执行体的动态或随机调用，使执行体上存在的未知漏洞或寄生其上的后门失去视在的静态性，从而给基于漏洞后门等的协同攻击造成某种程度的不确定性或显著地降低协同攻击可靠性。当防护等级要求不高时，如允许短暂或非持续性失效情况下，拟态括号只需完成输入与输出动态指配功能，按照功能等价原则调用独立的异构执行体提供对外服务，而不需要复杂的拟态裁决功能。

值得回味的是，退化的拟态防御实质上就是拟态计算。虽然两者都有功能等价动态异构冗余的共性要求，但目的或用途有所不同。前者使服务功能与实现结构解耦造成目标对象的协同攻击难度，后者使处理功效与计算结构强关联追求任务解算全过程的高能效指标。两者的不同之处也非常明显，前者需要裁决功能以获得不依赖先验知识的威胁感知能力以及增强的协同一致的攻击难度，后者虽然不需要裁决功能但要有基于能效参数的主动认知和执行体自适应调度功能。

拟态计算的退化形态就是异构计算。两者都要求具有异构冗余计算资源，但拟态计算希望利用功能等价条件下性能不同的异构计算资源达成理想的计算能效，而异构计算只关注如何利用异构处理资源获得期待的加速性能。

7. 未知威胁感知设备

我们知道，拟态括号内的异构执行体或者其上的防御场景在功能上都是等价的。假定括号内的执行体由监视执行体和目标执行体两部分组成，运行时目标执行体担负全部服务功能提供，监视执行体按照伴随模式工作，拟态括号只对两者的输出矢量进行比较。结果一致认为"正常"，结果不一致则认为"出现异常"，拟态括号本身并不介入目标执行体的当前服务。假如监视执行体的运行结果具有更高的置信度或者具有多个监视执行体，那么就可以实时或准实时地在线感知目标执行体运行期间的整个安全态势，甚至能感知非常隐秘的攻击行为和澄清威胁特征。这种基于功能等价性和不依赖特征库的威胁感知能力是拟态模式特有的，按照这个原理设计的安全检测设备，可以用来对一些具有标准协议和规程的专用"黑盒"设备，例如对路由器等敏感网络设备进行安全核查。

8. "停机-重启"颠簸问题

假定攻击者具有足够的资源，了解和掌握拟态防御界面内所有（或多数）功能等价执行体或全部防御场景的相关漏洞，且利用这些漏洞可以造成目标执行体进入"死循环"或出现等效的"停机问题"。在给定的时间间隔内，攻击者可以发送所有的"停机序列"使各执行体先后"停机"，且拟态防御界内的重启或清洗速度小于攻击序列的发送速度，系统的各执行体将进入"停机-重启"的颠簸状态，服务的有效性急剧降低，甚至完全不能提供任何有价值的服务，这相当于在目标对象清洗与恢复时间窗口内成功实现了对动态异构冗余目标的协同攻击。然而，这种假设情况在实践中将是罕见的，因为拥有足够丰富的、有针对性的可利用资源，意味着攻击本身的成本将被极大地推高，需要动用包括社会工程学意义上的各种资源和手段。不用说一般黑客难有作为，即使非常强悍的黑客组织或者有政府背景的专业机构，甚至一个国家的有计划行动也很难实现。

9. 待机式协同攻击

假定攻击者掌握目标对象多数执行体中的"超级漏洞"情况，并具有利用这些漏洞获得最高控制权、达成相同攻击目的或取得同一敏感信息内容的能力。为了实现拟态逃逸，各执行体中的相关病毒木马可以事先将所需的敏感信息取出待机，然后攻击者利用共享输入通道和正常的协议消息发送统一请求指令，各执行体中的病毒木马"统一行动"向拟态界发出处于待机状态的敏感信息。尽管这个假设看起来成立，但实现协同逃逸的难度还是非常巨大的。一是，只有掌握并能有效利用目标对象所有执行体中的漏洞，才能保证无论怎样策略调度或重构重组当前服务集中的执行体都能处于完全的掌控之中；二是，具有利用不同执行体、不同漏洞达成同一目标的能力；三是，需要完全掌握裁决器缓冲调度策略与判决窗口时间，这是"统一行动"逃逸能够成立的前提条件。显然，若要同时满足上述条件将极富挑战性。

10. 可叠加与可迭代性

通常情况下，拟态防御既可在多个级别、多个层次、多种粒度上独立实施，也可以在一个确定的目标系统中关联式地迭代使用。如果按照垂直非整合或深度迭代的方式整体布局拟态防御，则协同攻击的复杂度将呈指数级跃升，能为防御方带来非线性的防护效果。

11. 目标对象粒度

拟态括号内部的异构冗余元素复杂度理论上无硬性规定。例如，配置的异构冗余元素可以是互联网上多个作用等价的域名递归服务器或权威域名服务器，也可以是不同云平台中的功能等价实体 Web 服务器或同一云平台内功能等价的不同虚拟 Web 服务器，也可以是文件存储系统中不同的磁盘阵列，还可以是 SDN 控制器中功能等价的异构协议处理器，或是功能等价的异构软硬件模块、中间件、智能器件等。

12. 动态异构冗余自然场景

信息系统中不乏具有"动态异构冗余自然场景"。例如，云平台或数据中心(IDC)就可能存在多种功能等价异构冗余的实体或虚体处理资源且随服务载荷变化总处于动态调度中；分布式云存储系统中也常常存在不同厂家但功能等价的存储设备，且由于资源共享或随机故障等原因不可能完全采用静态分配的方式；用户可定制计算或可重构处理或拟态计算环境通常会存在功能等价、性能效能各异的软硬件模块或算法方案并能被解算对象动态地调用等。上述场景中都存在不同程度的动态性、多样性和随机性，且调度机制既有外部因素也有内部因素，这都会严重影响或阻碍攻击的协同性。倘若再有意识运用拟态伪装策略增大非配合条件下协同攻击面临的不确定性，或基于这些资源增量部署简化的拟态括号功能(例如，在不考虑策略调度和多维动态重构情况下，只保留输入和输出代理及拟态裁决功能)，即使协同一致攻击难度达不到经典 DHR 程度也会显著地增加攻击者成本和代价。

9.3　基于编码理论的类比分析

香农信息论着力解决通信中数据压缩和信息传输速率问题。信源编码定理使信息实现有效压缩成为可能；信道编码定理通过引入冗余度，将通信编码的传输问题转化成概率论问题，实现了在不确定性噪声信道上的可靠信息传输。

假如我们将网络空间针对信息系统的各种攻击所造成的危害或影响视作通信传输信道上的干扰噪声的话，拟态防御架构的体系效应则可以类比为某种信道纠错编码，目标对象受攻击的情况可以等同于通信信道受到加性干扰的情景，判断防御目标能否提供正确服务功能的过程与纠错编码能否精确地复现输入端信息的过程相类似。因此，借助信息与编码理论对拟态防御架构的基本性质进行类比性分析，可为拟态防御架构的工程设计和技术实现提供有益的指导。

9.3.1　编码理论与 Turbo 码

自 1948 年香农创立信息与编码理论这一学科以来，在不可靠信道上实现可靠通信所必需的信道编码技术得到了广泛关注和深入研究。香农于 1949 年发表的《通信的数学理论》的长篇论文中首次提出了通信系统模型[10]，并指出系统设计的中心问题是在干扰噪声中如何有效而可靠地传送信息。同时，他指出可以用编码的方法实现这一目标。

为研究信道的极限传输能力，香农引入了信道容量的概念，即信道中能传输的平均信息量的最大值。为提高信息传输的有效性和可靠性，香农先后提出信源编码和信道编码定理。限失真信源编码定理给出离散无记忆平稳信源的率失真函数为 $R(D)$，则当信息率 $R > R(D)$ 时，只要信源序列 L 足够长，一定存在一种编码，其译码失真小于或等于 $D+\varepsilon$，其中 ε 为任意小的正数。香农的信道编码定理则给出对于一个离散无记忆平稳信道，其信道容量为 C，当信息传输率 $R < C$ 时，只要随机码长 n 足够长，则总存在一种编码，可以使平均译码错误概率任意小。信源编码为提高信息传输有效性要减少平均码长和改变码字结构，而信道编码则为了提高可靠性付出增加了编码冗余度的代价。

直至今日，寻找和构造可逼近信道容量极限的信道编码及其可实用的有效译码算法一直是信道编码理论与技术研究的热点问题。目前，已有多种可逼近信道容量极限的优秀编码方案，包括 Turbo 码、LDPC 码和 Polar 码等。现代信道编码通常采用类随机冗余编码方法，并结合迭代软译码以达到或逼近最大似然译码性能，一般用与香农限的距离远近来衡量编码方法的性能。

在 1993 年的 ICC 国际会议上，Berrou、Glavieux 等提出了一种全新的编码方式——Turbo码。Turbo码又称并行级联卷积码(Parallel Concatenated Convolutional Code，PCCC)。它巧妙地利用分量码(递归系统卷积码)与伪随机交织器结合,通过并行级联方式实现了用短码来构造伪随机长码,并在多次迭代译码中采用软判决机制来逼近最大似然译码。实验结果表明,在加性高斯白噪声信道下采用BPSK调制方式，对码率为1/2且随机交织器长度为65536的Turbo码进行18次迭代译码,可实现在信噪比$E_b/N_0 \geqslant 0.7\text{dB}$时，误码率为BER$\leqslant 10^{-5}$，达到了与香农限仅差0.7dB的优异性能。

从冗余容错和纠错角度观察Turbo码编译码原理，如图9.7所示，Turbo码编码时，信号被分为3路，一路为原始信号C^s，一路为分量码(递归系统卷积码)编码信号C_1^p，一路为经交织器(行内行间交织)与分量码编码器后的编码信号C_2^p，在对3路信号进行复接之前可按照传输速率要求进行奇偶删余即在并/串转换时，在校验位上交替选取2路编码输出，可使码率由1/3升为1/2。

图 9.7　Turbo码编码器

如图9.8所示，Turbo码编译码时，在接收端将复接信号经串并转换还原成2路校验信号和1路系统位信息，首先将接收的系统位信息y_k^s与编码校验信息y_k^{1p}送入译码器1，再将译码器2解交

织后的外信息 $L_{21}^e(U_k)$ 作为先验信号同时送入译码器 1（第一次译码时译码器 2 的外信息为 0），输出信息包含两部分，一部分为与码字相关的外信息，另一部分为系统位对应的译码输出；译码器 2 的 3 路信号分别为译码器 1 的外信息交织信号 $L_{12}^e(U_k)$，原经交织后的校验信号 y_k^{2p} 以及接收的系统位信息交织信号，经译码器 2 输出的信号减去译码器 1 提供的外信息 $L_{12}^e(U_k^e)$ 和系统位信息得到译码器 2 的外信息 $L_{21}^e(U_k)$。译码器 2 的系统位信息解交织后作为对数似然比译码输出结果。经过多次迭代，译码器 1 和译码器 2 的外信息趋于稳定，似然比渐近值逼近于对整个码的最大似然译码，在整个迭代过程中系统输出均采用软判决机制，最终输出时才对此似然比进行硬判决，即可得到信息序列 C_k 的每一比特的最佳估值序列 U_k。

图 9.8　Turbo 码译码器

下面介绍 MAP 算法的判决原理。MAP 算法即最大后验概率算法，是为了估计出最大似然比特。通常译码算法采用软判决或硬判决机制，硬判决译码器只有二进制量化后的输入，其实现方法简单，而软判决则利用解调器送入的 Q 进制量化序列或模拟序列来提高性能。Turbo 码采用了一种软输入软输出的译码算法，软输出则包含系统位信息的

判决值和做出这种判决的可信程度，用符号 $L(u)$ 和 $L^e(U_k)$ 表示为

$$L(U_k) = \ln \frac{P(U_k = +1 / y_1^N)}{P(U_k = -1 / y_1^N)}$$

$$L^e(U_k) = \ln \frac{P(U_k = +1)}{P(U_k = -1)}$$

其中，y_1^N 为译码器接收端序列 $\{y_1 \cdots y_N\}$。

经过 n 次迭代后：

$$L_1^n(U_k) = L_c y_k^s + \left[L_{21}^e(U_k) \right]^{n-1} + \left[L_{12}^e(U_k) \right]^n$$

$$L_2^n(U_k^e) = L_c y_k^s + \left[L_{12}^e(U_k^e) \right]^{n-1} + \left[L_{21}^e(U_k^e) \right]^n$$

等式右边第一项为系统位信道输出值；第二项为前一次迭代提供的先验信息，其中 $L_{12}^e(U_k^e)$ 由译码器 1 提供，$L_{21}^e(U_k^e)$ 由译码器 2 提供；第三项是后续迭代所需的外部信息，$L_{21}^e(U_k)$ 和 $L_{12}^e(U_k)$ 为解交织信号。

9.3.2　基于 Turbo 编码的类比分析

从随机性角度看，香农信道编码定理将通信编码问题转化成了概率论问题，实现了在不确定性噪声信道上的可靠传输。如第 8 章所述，拟态系统基于动态异构冗余架构的多模表决机制，能将"单向透明，内外协同"的确定性攻击转化成协同攻击效果不确定的攻击事件，并能将该事件再变换为概率可控的随机性事件，因而针对拟态系统的攻击事件可以类比于信息传输过程中引入的随机性噪声，使得拟态系统在分析上满足香农随机性编译码条件。

拟态系统主要包含输入分发、异构执行体、策略调度、多维动态重构和拟态裁决等核心机制，利用执行体在时空维度上的多元异构性来打破网络空间技术架构的静态性、相似性和确定性格局，从而在一定程度上容忍基于已知和未知漏洞后门等的外部攻击以及未知病毒木马的渗透性攻击，实现防外部攻击与防内部渗透攻击、提

高可靠性与增强抗攻击性的一体化处理目标。Turbo 编码过程要将输入数据分发到不同结构的编码器，这非常类似拟态系统的输入分发、策略调度和异构执行体机制；Turbo 编码中存在各种不同的交织器、分量编码器和组合型判决器等基础单元，可将不同的基础单元结合，动态构造出各种异构的编译码结构，这可类比于拟态系统的动态重构机制；Turbo 编码的译码环节包含有迭代叠加机制、软硬判决机制等，并对每次判决结果配置可信度，这可类比于拟态系统中的拟态裁决机制。图 9.9 给出了 Turbo 码编译码与拟态系统架构类比关系。下面将根据加性高斯白噪声（Additive White Gaussian Noise，AWGN）信道模型下，对拟态系统相似或类似的编码异构性、编码冗余性、编码输出矢量、译码与裁决以及编译码动态性进行仿真分析。

图 9.9   Turbo 码编译码与拟态防御架构类比图

1. 编码异构性

在拟态防御架构中，需按照相异性设计原则实现各执行体功能等价但结构独立的要求，以便在多模判决时能容忍非协同性攻击，降低协同性攻击效果，即执行体间的相异度越大，拟态防御架构抗非协同性攻击能力就越强。而在 Turbo 编码系统中也具有同样的要求，即原始信号与编码信号之间的相关性越小，该编码的纠错能力就越强。

Turbo 码的编码输出信号由原始信号经相异性处理转换为 3 路异构信号，分别为原始信号 C^s、分量编码器编码信号 C_1^p 和经交织器（行内行间交织）与分量编码器编码后的信号 C_2^p，在进行复接后传输，使得不确定性噪声无法同时干扰信息的同一位置，从而在译码时可以依据信息的可信程度 $L^e(U_k)$ 进行判决。其中

$$L^e(U_k) = \ln \frac{P(U_k = +1)}{P(U_k = -1)}$$

此外，编码系统内部可结合异构的交织器和异构的分量编码器。从交织器角度看，交织器分为分组交织器、分组螺旋交织器、随机交织器等。分组交织是将信息序列按行写入，按列读出的方式实现码元交织。交织函数表示如下：

$$\pi(i) = [(i-1) \bmod n] \times m + [(i-1)/n] + 1, \quad i \in C$$

分组交织方式简单，对短序列交织效果较好，但交织后的信息仍具有一定相关性。随机交织则是信息序列以随机的方式从交织器内读出，通过引入一个索引数组存放 N 个随机数来对应 N 个随机地址，每个随机置换地址 $\pi(i)$ 需与前 s 个值进行比较，且应满足如下条件：

$$\pi(i) - \pi(i-j) \geq s, \quad j = 1, 2, \cdots, s$$

信息序列越长，随机数越均匀，信息比特间的相关性越小。如图 9.10 的仿真结果所示，与无编码无交织以及分组交织器相比，经伪随机交织器后的信息序列随机性更大，因此纠错效果也更好。表 9.1 给出了不同交织器对应的其他参数状态。

表 9.1　交织器对应的其他参数状态

影响因子	译码算法	码率	分量码	交织长度	迭代次数
交织器	Log-MAP	1/3	(7, 5)	1024	3

由仿真结果可以得出如下结论：在拟态防御架构中，执行体的异构性越高(相关性越低)，系统的纠错能力(抗攻击能力)越强；当异构性提高一定程度后，系统的抗攻击性能提升效果不明显；由于高异构性执行体的研发成本较高，因此执行体异构性达到一定程度即可，不应苛求执行体异构性而导致系统研发成本过高。

图 9.10　交织器对误码率的影响

2. 编码冗余性

在典型拟态防御架构中，冗余性要求同时存在多个功能等价的异构执行体，每个执行体能够独立完成服务功能或组合实现服务功能，而组合呈现可导致攻击者对目标对象的结构和性质出现感知模糊。而在 Turbo 码的编码系统中也恰好利用了多路冗余信号的组合编码，其中各路编码信号并非原信号的简单变换，而是利用交织与编码器产生的校验信息，使得不确定性噪声难以同时干扰原始数据的特定信息位以及交织数据和编码数据的恢复信息位。对于码率为 1/3 的 Turbo 码，编码接收信号可表示如下：

$$y_k = (y_k^s, y_k^{1p}, y_k^{2p})$$

尽管增加编码冗余可增大裁决的可靠性，但传输性能也会因此而降低，因此需要综合考虑。当码率为 1/3 时，译码性能要优于 1/2 码率，如图 9.11 所示，通过降低码率提高冗余度，可以改善 Turbo 码的性能，但同时也降低了传输效率；并且码率越低，性能提升越不明显，因此在选择码率时要权衡传输效率和传输质量两方面的得失。码率对应的其他参数状态如表 9.2 所示。

表 9.2 码率对应的其他参数状态

影响因子	交织方式	译码算法	分量码	交织长度	迭代次数
码率	伪随机	Log-MAP	(13，15)	1024	3

图 9.11 传输码率对误码率的影响

根据仿真结果，可以得出如下结论：在拟态防御架构中，通过增加冗余度可以有效提升系统抗攻击性；当执行体具有 2～3 余度时，系统就已经具有较高的抗攻击性，更高余度的执行体对系统抗攻击性能提升效果不明显；为降低系统成本，可以根据模块重要程度选取不同的冗余度，对于核心模块可采用相对较高的的冗余度，对于外围模块则相对降低冗余度甚至不设余度。

3. 编码输出矢量

拟态裁决机理上可以通过扩大输出矢量空间，指数级的增大攻击者的协同一致攻击难度，从而使攻击者在非配合条件下无法实施精确协同，难以实现攻击逃逸。在 Turbo 码编码系统中，通常利用交织长度来刻画输出矢量。如图 9.12 的仿真结果所示，交织器长度的增加可以显著地提高 Turbo 码性能，降低译码的误码率，改善传输质量。但是交织器会引入时延，交织长度越长，造成的时延越大。这样，在确定交织长度的时候，既要考虑到传输质量，又要顾及时延的要求。对于那些允许有较大时延的业务（如数据业务），我们可以选择较大的交织长度，以确保较低的误码率；对于那些不允许有较大时延的业务（如语音业务），可以选择短交织长度，以确保较低的时延。交织长度对应的其他参数状态如表 9.3 所示。

表 9.3　交织长度对应的其他参数状态

影响因子	交织方式	译码算法	码率	分量码	迭代次数
交织长度	伪随机	Log-MAP	1/3	(13，15)	5

图 9.12　交织长度对误码率的影响

根据仿真结果，可以得出如下结论：在拟态防御架构中，增加输出矢量长度可以有效提升系统的抗攻击性；随着输出矢量长度的增加，一定程度上会增大输出时延和裁决代价。在工程实现上应合理选取输出矢量长度，在技术和经济代价可承受情况下增大攻击者协同攻击的难度。

4．译码与裁决

在拟态防御架构中，通常对多路执行体输出矢量采用一致性或多数判决策略，由于执行体之间的异构性使得任何攻击难以同时攻破各异构体并产生同样的输出矢量内容，因而使得系统暗功能的影响呈指数衰减。Turbo 码在译码时，2 个分量码译码器(对应于 2 个分量编码器)分别采用软输出译码算法(如 MAP 算法)进行译码，并能够获得逼近香农限的性能。

Turbo 码将译码器 2 解交织后的外信息 $L_{21}^e(U_k)$ 作为先验信号送入译码器 1，通过多次迭代反馈，对每一次研判的外信息进行可信度叠加，从而不断改善噪声所造成的失真。对应到拟态系统中，不同执行体设有一个历史置信度参数，每次多模裁决后相应执行体的参数都会变化，这种变化记录了执行体的历史表现。一旦多模输出矢量完全不一致时，拟态裁决器将调用该参数转入策略性裁决，以便从多模矢量中选择或形成置信度较高的输出矢量。因此，除非攻击行动能影响到全部异构执行体并使多模输出矢量相关位出现完全一致的错误内容(即出现攻击逃逸)，否则拟态防御功能都是有效的。这与 Turbo 码通过多次迭代反馈译码不断改善噪声失真的做法十分相似。

在 MAP 算法中，经过 n 次迭代后有

$$L_1^n(U_k) = L_c y_k^s + \left[L_{21}^e(U_k)\right]^{n-1} + \left[L_{12}^e(U_k)\right]^n$$

等式右边第二项为前一次迭代提供的先验信息，为本次译码提供可信参考；第三项是下一级译码器所需的外部信息。这样一次译码的高可信度便可容忍噪声带来的失真。

译码迭代的次数对检错与纠错有显著的影响。随着迭代次数的增多，编码器的外信息 $L^e(U_k)$ 趋于稳定，似然比渐近值逼近最大似然码。在迭代五次后，$\dfrac{E_b}{N_0} = 1.6\text{dB}$ 时，$\text{BER} < 10^{-5}$。迭代次数的其他参数状态如表 9.4 所示。译码算法对应的其他参数状态如表 9.5 所示。

表 9.4　迭代次数的其他参数状态

影响因子	交织方式	译码算法	码率	分量码	交织长度
交织长度	伪随机	Log-MAP	1/3	(13，15)	1024

表 9.5　译码算法对应的其他参数状态

影响因子	交织方式	码率	分量码	交织长度	迭代次数
译码算法	伪随机	1/3	(13，15)	1024	3

如图 9.13 的仿真结果所示，一定次数的迭代会在很大程度上修正噪声造成的失真，但随着迭代次数的增多，系统外信息趋于稳定，系统的输出将基本不变。此时再增加迭代次数会进一步增大时延，使其无法满足低时延系统的使用要求。

图 9.13　迭代次数对误码率的影响

如图 9.14 的仿真结果所示，选择高复杂度的译码算法一般会带来较大的性能提升，但也会增大时延和计算量。

图 9.14　译码算法对误码率的影响

根据仿真结果，可以得出如下结论：在拟态防御架构中，在裁决时增加迭代次数以及选择较复杂的裁决算法，可以有效提升系统的抗攻击性；由于增加迭代次数能够降低对执行体冗余度要求，因此可以通过适当增加迭代次数的方式降低系统的实现成本；随着迭代次数和裁决算法复杂度的增加，会增大时延和计算量，因此需要合理选择迭代次数与裁决复杂度以照顾系统性价比的要求。

5．编译码动态性

在拟态防御架构中，通过策略调度、动态重构执行体、上线运行和下线清洗执行体、改变裁决算法、调整执行体和裁决参数配置等方式，可以在编/译码过程中充分引入动态性。对于 Turbo 码，通过对编译码算法和参数的调整，能够适应各种不同的信道。编译码的动态性，在空间上表现为各编码执行体以串行、并行、串并行组合等形式呈现；在时间上则可表现为静态性、动态性和伪随机性等；在策略上则可引入历史表现性、结构性能优异性和随机化举措等；在生成方式上则可运用可重组、可重构和可重配置等机制。

拟态防御架构支持主被动策略调度，具有非特异性和特异性威胁感知能力，通过对执行体、拟态裁决的动态调整，对于攻击者而言具有测不准效应，极大地提升了系统的抗攻击能力。图 9.15 的仿真结果表明，在编码系统中可根据外信息的变化情况对不同的信道环境采取相应的措施，如根据历史信息动态组合不同的交织器与分量编码器，也可动态地改变译码算法、译码迭代次数以及编码交织长度等，通过对不同的噪声信道进行动态调整以达到最高性价比的干扰对抗或纠错效果。

(a) 不同交织器算法

(b) 不同译码算法

(c) 不同传输码率

(d) 不同分量码参数

图 9.15　动态参数对误码率的影响

　　根据仿真结果，可以得出如下结论：在拟态防御架构中，通过动态调整各种系统参数，能够在统计意义上使得多模裁决出现不一致情况低于某一阈值，这一阈值应该是综合考虑了系统开销代价与抗攻击性能的要求，基于拟态裁决的策略调度和多维动态重构负反馈控制机制就是动态拟合这一目标的过程。

9.3.3　几点思考

1. 随机和冗余是解决网络空间安全问题的核心要素

如果将网络空间设备视作通信系统，将网络攻击视作传输信道上的加性干扰噪声，则网络空间安全防御架构不妨看作是关于信道传输的纠错编码系统。参考香农信息与编码理论，在防御架构中引入类随机冗余编码机制，并运用类似最大似然译码的判决方法，可以评估给定攻击成功概率与随机性和冗余性的关系。

由于拟态防御架构模型与 Turbo 编码模型非常相似，因此也满足香农有噪信道编码定理中的随机性编译码条件，故而通过引入冗余配置的功能等价异构执行体实现编码功能，利用多模拟态裁决机制实现译码功能，通过基于反馈控制的策略调度和多维动态重构机制实现交织编码和迭代译码功能，于是能将防御已知或不确定性攻击问题转换为给定误码率条件下的可靠传输问题来研究。仿真结果表明，通过两者间模型的相同或相似性，可以对拟态防御相关性质和要素间的关系作出定性或定量的参考分析。作为一种猜想，是否存在一种类比于 LDPC 码或 Polar 码的网络空间安全防御架构？更进一步，是否存在与现代信道编译码理论和方法等价的其他安全防御架构呢？

2. 拟态防御架构具有测不准效应

在物理学或其他任何看似无法预测的自然现象当中，其表面上的随机性可能只是噪声，或可能源自更深层的复杂动力学因素。对于拟态防御架构，由于其采用了基于拟态裁决的策略调度和多维动态重构负反馈机制，任何导致多模输出矢量不一致的情况或动态调度动作都会触发防御场景的拟态变换，直至输出矢量不一致情况消失或出现频度低于某一给定阈值。所以对攻击者而言，无论是扫描嗅探、上传病毒木马还是窃取、破坏、删除敏感信息，任何攻击动作只要触发拟态防御机制，目标对象都会迅速改变当前服务环境中的防御场景，因而拟态防御架构可以认为是一种随机系统或具有测不准效应的装置。同理，任何注入式的白盒测试例除非能避免扰动或触动拟态防御机制，否则也很难达成"攻击逃逸"的目的。显然，这种测不准效应可显著地提升攻击链构建、目标扫描、通道查证、上传攻击包、获取敏感信息和提升权限等环节的协同攻击难度，任何阶段性的攻击效果或经验知识都无法在时间维度上进行累积或复现，这使得拟态防御架构的抗攻击性可以直接通过白盒注入式测试手段来检测和评估。

3. 拟态防御架构具有柔韧性和自恢复能力

拟态防御通过在非相似余度机理中导入动态和随机化要素，通过非特异性/特异性感知、动态重构和策略调度的负反馈机制，将后者静态的、多样化的处理空间转变为动态的、多样化的随机化处理空间，使非相似余度架构在"不可维持的容侵属性"方面的缺陷得到根本改观。如同信道编码使得在噪声甚至人为干扰信道上实现可靠传输成为可能一样，拟态防御系统不但具有类似纠错编码那样强大的容错和纠错能力，而且具有非特异性/特异性威胁感知、柔韧性和自恢复能力，使得拟态防御架构能够针对已知和未知攻击实行自主判断、自动响应和自我恢复。

4. 用 Turbo 码模型作类比分析的不足

Turbo 码模型在架构上与 CMD 具有同一性或相似性，工作机理也十分类似，尤其是与 CMD 的暂稳态场景十分相似。但是，直觉告诉我们，基于目标对象漏洞后门的协同攻击就如同传输信道上的加性干扰，不同的干扰场景应该使用不同的纠错编码或不同的配置参数，而拟态防御基于多模裁决的策略调度和多维动态重构负反馈机制在原理上就试图达成这一目的。不难想象，这应该是一个动态博弈过程，且随拟态裁决威胁感知(输出矢量存在不一致)状况而作自适应改变，直到给定时间内多模输出矢量不一致的发生频次、规模或比例低于某个阈值时，系统所处的防御场景才能匹配当前的攻击场景，即达到了某种拟态防御等级要求。尽管以上类比分析中，我们也导入了动态改变译码迭代次数、译码算法复杂度以及交织长度等参量，并给出了调整相关参数的仿真结果。但是，如果能实时的变化冗余度和异构性使纠错编码发生高级形态的改变，会对诸如抗人为干扰，特别是跟随式、瞄准式干扰方面的能力提升会产生什么样的影响，正是我们后续研究要特别关注的方面。

9.4　结构表征与拟态场景

9.4.1　结构的不确定表征

拟态防御的本质是通过动态异构冗余架构导入不确定性造成攻击方的认知和协同行动困境，以主动隐匿与欺骗方式对抗来自内外部的已知或未知威胁。在拟态防御过程中，对于防御方来说需要研究如何才能制造复杂多变的背景环境，采用以假乱真的欺骗手段，用似是而非的虚假现象迷惑误导对手，主动改变防御场景，提高防御行为的理解判断难度。对于攻击方来说，则需要研究如何才能从复杂多变的环境中精确识别出目标对象的防御缺陷或已经植入的软硬件代码，构建可达性有保证的内外部信息交互通道，保持攻击链的稳定性，实现非配合条件下的协同攻击等一系列极具挑战性的任务。

作为给定公理"结构决定功能、结构决定性能、结构决定效能"的推广，通常一个功能往往存在多样化的实现方法。换句话说，给定功能情况下常常存在多样化的执行结构或实现算法，且在给定功能层面上是等价的。假如用这种原理构建一个冗余配置的信息服务装置，其外在的功能与其内部的结构之间就不再是一一对应的关系。

或者说一个 I【P】O 模型的系统在保证输入/输出关系确定的情况下，功能与算法解耦，如图 9.16 所示。

图 9.16　结构表征示意图

利用这个特点，动态、重构重组或随机调度这些执行体，使装置提供的服务功能与其视在结构间具备不确定属性，也包括使隐匿或依附在相关执行体上的已知或未知漏洞后门等在系统层面上的协同利用成为不确定性事件，给企图通过输入/输出关系 探测、反演处理结构或算法寻找和利用漏洞的努力带来巨大挑战。依据异构执行体调度策略的不同，可以将结构表征分为随机结构表征和复杂结构表征。

1. 随机结构表征

假如一个异构冗余架构功能装置的结构表征，只在时间维度上随机的在多个异构执行体(比如数量为 N 个)之间作动态选择，称之为"随机结构表征"，其视在结构复杂度只与异构执行体的数量呈简单线性关系。由于缺少组合呈现和策略呈现等更富有变化性的调度机制，使其视在的结构复杂性和不确定性并不令人满意。

2. 复杂结构表征

如果在异构冗余架构装置中导入基于策略调度的动态冗余控制机制，让参与服务提供的执行体在数量上、类型上、时间上、空间上甚至自身结构或运行环境上作动态多样随机化的改变，当任意两个或两个以上的执行体被并行激励时，目标对象结构表征场景既可以是这些执行体结构的独立表征，也可以是它们的并集或交集表征，复杂度将是指数级的。不同复杂度的空间结构表征场景，加之时间维度上的随机拓展，可以最大限度地发挥动态异构冗余架构环境的隐匿欺骗效果。

3. 基于反馈控制的结构表征

上述两种结构表征方法存在一个共同的缺陷，就是执行体的调度策略都属于"盲动"性质的主动作为，其工程实现代价高昂且运行效果无法评估。不同于上述两种方式，DHR 结构表征的不确定性取决于多模裁决的策略调度和多维动态重构负反馈机制。只有发觉当前结构表征受到威胁时(多模裁决发现异常状态)，才会启动策略调度或多维重构机制，改变目标对象当前服务集内的元素配置或者重构异构执行体运行环境，使得系统结构表征发生一次变化。倘若变化结果还不能"规避"当前威胁(拟态裁决环节仍可感知到)，则前述操作将继续，直至系统选择出可以应对威胁的结构表征，这一过程具有渐进收敛的鲁棒控制属性和"测不准"的环境特性。

显然，拟态防御对结构表征的动态性要求(变化速率)完全不同于跳频抗干扰通信的动态性要求。只有当输出矢量出现不一致情况时或受到某种调度策略激励时，目标对象结构表征才会发生具有收敛性质的动态化和多样化改变，即"扰动"后才会有动态的响应过程并在达到一定安全阈值时趋于稳定。利用漏洞后门、病毒木马对环境的强依赖性，通过变化或变换结构表征的方式瓦解它们在异构执行体之间建立可能的协同利用机制是拟态防御导入动态性的根本目的，注重的是"四两拨千斤"作用而不是低效的"盲动"操作。

9.4.2　拟态场景创建方式

凡是拟态架构的信息系统或装置，其每一种视在构造形态称为拟态场景(Mimic Field，MF)。无论何种拟态场景都有等价的且可感知的元服务功能，包括给定功能之外的未知漏洞后门等暗功能或副作用。

防御方的拟态场景数量和复杂性决定可隐匿伪装的作用范围与效果，有限的拟态场景通过拟态呈现可以表现出更加多维复杂的防御场景(结构表征)。典型的创建方式如下。

1. 动态化/随机化虚拟方式

此方式按最大公约数功能交集要求事先规划或设计好多种虚拟化的拟态场景及功能，通过动态化随机化的运行调度机制加以运用。缺点是性能损失较大，还可能影响到上层功能的灵活表达或扩展(例如 MTD 中的做法)。此外，实现虚拟化的物理载体本身的安全性保障也会成为新的敏感问题。

2. 可重构/可重组/软件可定义方式

此方式按最大公约数功能交集要求事先规划或设计好多种拟态场景的架构方案，通过多个可重构、可重组或软件可定义的元结构(如各种软件可定义装置(Software Define Everything，SDX)[11,12]、现场可编程门阵列(Field-Programmable Gate Array，FPGA)或用户可定制计算(采用 CPU+FPGA 等结构)或软件定义硬件(SDH))和拟态呈现环节，实时或非实时地生成或展现满足服务功能和性能要求的拟态场景。缺点是设计的拟态场景越多开发代价越高，且开发方式较为封闭。

3. 功能等价 COTS 级元素利用方式

此方式根据最大公约数功能交集要求事先就设计(或挑选)出多个具有服务功能或性能交集的商业化的异构软硬实体(特别是标准化程度较高的中间件、嵌入系统或开源产品)，也可以是云服务平台上的异构虚拟设备或者网络上的异构网元，通过增加输入和输出代理机构、多模裁决及策略调度器等控制环节，动态地调度和呈现某个拟态场景，或者叠放式地呈现某些实体或虚体对应的拟态场景。

缺点是商业化元素通常只能以黑盒方式利用，软硬件版本的细节和升级情况可能涉及拟态括号的适应性设计或修改，如通信或互联协议中的未定义或自定义字段可能影响拟态裁决实现复杂性等。

4. 混合创建模式

实际应用中可以根据需要混合使用上述 3 种创建模式。

9.4.3 典型拟态场景

1. 神秘化场景

神秘化场景使攻击者看到的目标对象防御场景在其知识库中没有任何可匹配的信息，表现为迷惘困惑或不知所措。此种场景通常很难构建，因为人类活动高度依赖知识或经验的传承，经验外的东西既难想象也不知如何构建。理论上，拟态场景对攻击者而言具有相当的神秘性。一是 DHR 架构能将不确定威胁转变为可控概率的事件，违背认知常识。二是即使允许采用白盒条件下的试错方法，由于有太多的不确定性影响，很难稳定地构建非配合条件下多元动态目标协同一致的攻击。三是负反馈机制使扫描探测到的漏洞数量、性质、可利用性等都不确定，即使能植入病毒木马也无法建立可靠的通联或可达关系等。四是 t 时刻获得的探测认知或攻击经验，其后很可能不具有可继承性或可复现性等。总之，拟态架构的"测不准"效应可以导致拟态场景的神秘化。

2. 似是而非场景

似是而非场景使攻击者看到的防御场景在可涉及的知识库中有多个匹配信息，但总是无法形成完整清晰的认识，如瞎子摸象般的体验。此场景只需要具有功能等价条件下的异构执行体，采用非典型拟态防御方法就可以构建。

3. 伪装隐匿场景

伪装隐匿场景使攻击者在其视野内，倾其经验和知识始终不能发现目标对象防御特征或规律，也无法与事先植入的软硬件代码建立功能联系。拟态防御的最高境界就是完全屏蔽，无论是扫描探测还是试探攻击，无论是随机性故障还是人为因素引发的内部异常，攻击者都无法从目标对象得到任何有利用价值的反馈信息，就如同落入"信息黑洞"。

4. 片面化或碎片化场景

片面化或碎片化场景将一个目标按非全景方式从不同角度、不同时间、不同空间、不同路径，片面化(片段化或碎片化)地呈现给攻击者，使之难以形成对目标整体架构或运行规律的认知。此类场景工程实现较易。

5. 过度拟合场景

在数据分析和预测中，常常出现"一个假设在训练数据上能够获得比其他假设更好的拟合，但在训练数据以外的数据集上却不能很好地拟合数据的现象"。这种场景极易造成攻击方基于机器学习[13]的预测评估陷入误区，关键实现环节要有意识地暴露大部分目标特征且要添加特征噪声。恰当的设计策略调度和多维动态重构机制可以达成这一目的。

6. 屏蔽和掩饰异常场景

攻击者在攻击前后(甚至攻击中)大都要实施侦察和攻击效果评估[14,15]。目标对象防御场景变换的本意之一，就是要使攻击者因为难以获得真实的攻击效果而迟滞或终止后续的攻击行动。对于外部探查或侦察活动[16,17]，由于防御场景的无感变换(切换)而使攻击方探查到的信息或条件不能正常地驱动基于自动机的分析机制，从而无法对目标对象做出更深入细致的认知。特别是，通过屏蔽或掩饰由于外部探查(也可能是试探攻击)或内部错误引发的运行异常现象，或者使之张冠李戴式的积累探查数据，给攻击者的侦察和攻击效果评估引入太多的错误或不确定的表象。

9.5 拟态呈现

拟态呈现(Mimic Display，MD)是一种基于动态异构冗余原理的智能调度功能，是在时间、空间和策略等维度上组合应用异构执行体集合的过程。本质上来说，拟态呈现是基于拟态特性的结构表征方法，动态化、多样化、随机化和负反馈机制等是其制造复杂拟态场景的基本手段，拟态呈现质量(即结构表征的诡异性、狡黠性)对保证拟态防御效果有重要的影响。

9.5.1 拟态呈现的典型模式

拟态呈现模式下，功能等价的异构执行体在同一个输入激励下，一般存在多个时间上有一定离散度且在大概率上是相同信息内容的输出。对这些输出内容作拟态裁决或按照给定的算法进行一致性复核，并在这个基础上依据某种策略选择相应的输出内容作为系统的对外输出。下面介绍几种典型模式。

1. 前后台呈现模式

由前台异构执行体独立提供目标系统服务功能，后台存在多个功能等价执行体同步或非同步地模拟或伴随前台执行体的任务处理，实时或跟踪式地检查核对前台执行体的处理结果(数据)或状态(流程)是否存在异常现象，以及决定是否要更正前台执行体的历史输出结果，并随时准备在拟态呈现环节的调度控制下更替当前提供元服务功能的执行体。无论异常挂起还是随机下线的功能等价异构执行体都需要作清洗或重启等恢复或预防性操作，必要情况下还需实施重构重组操作。前后台呈现模式下的结构表征复杂度与拟态场景的种类和数量呈线性关系。

2. 组合呈现模式

在特定的服务场景下，服务集内的异构执行体依据某种预先设定的组合策略，如轮询、随机组合方式，并发或顺序地完成特定服务功能。由于冗余配置的异构执行体在给定功能上都是等价的，理论上无论怎样的组合激励这些执行体，对外所呈现的服务功能总是等价的。但是防御方却因此获得了动态、随机组合呈现复杂拟态场景的能力，使得攻击者很难仅凭功能感知或嗅探来辨析防御方服务功能实现结构上的漏洞或缺陷，也很难在这种基于拟态裁决的策略调度和多维动态重构负反馈机制导致的非静态、非确定、非持续环境中构建起可靠的攻击链。组合呈现模式下的结构表征复杂度与拟态场景数量呈非线性关系。

3. 裁决输出模式

通过输入和输出代理等呈现控制部件，使相关拟态场景或异构执行部件同步地接收外部请求，并对产生的多路输出响应内容进行多模表决或策略裁决，表决或裁决后信息内容可以作为输出代理的输入信息，对表决异常的执行体会适时启动安全扫描、病毒木马查杀、故障分析定位、清洗恢复和重构重组等机制。

裁决研判一般会影响目标系统的实时性。作为工程实现上的一种折中方案，拟态界上的输出裁决对象也可以是粗粒度的结果，如线程、进程或任务级预设检查点的输出内容，或借助路由协议中的邻居广播机制核查路由信息的完备性等。

有时候输出矢量中包含的信息量很大(如 IP 协议中的分组包)，裁决处理的时间开销可能影响到目标对象的服务性能。这时可在裁决环节之前增加预处理机制，例如，求分组信息的校验码、路由表项的哈希值等，裁决的时间复杂度能从输出矢量的全域比较缩减为仅对校验码或哈希值的比较。

从工程实现角度出发，裁决点的设立不可避免地存在"盲区"问题。一方面基于复杂状态转移的攻击行动，总是极力避免触动拟态界。另一方面，从技术和经济性角度考虑也不可能设置太多的拟态界而影响目标系统的性价比。所以，在拟态防御中对盲区问题要采取专门的措施，例如，定期不定期地清洗或初始化在线或不在线的执行体，使入侵者无法从容应用复杂攻击机制，也可以在研判异常后再清洗或实施算法与执行环境的改变等。值得注意的是，研判内容的多寡和研判时机的选择都会影响到攻击逃逸概率，需要有折中或平衡方面的考量。

4．策略呈现模式

冗余调度环节可以采用依据策略的调度机制。可选的调度策略包括权重、轮询、随机、性能优先、成熟度优先、高版本新功能优先、均衡负载优先或历史表现优先等。动态或随机地使用这些调度策略，可多维度地增加拟态呈现场景的视在复杂性。

在标准化或可归一化的界面上，引入可管理的输入/输出代理机制和策略调度机制，以及非配合条件下的多元执行体输出拟态裁决机制，使拟态呈现形式更为诡异狡黠，更易隐匿防御方内部特征（如可以扰乱通过输入/输出关系导出系统响应函数的企图），或屏蔽受外部激励而触发的异常反应（如等待时间明显增加或输出不正确结果等现象），或阻止通过协议包未定义字段探测软件版本信息的企图等。

应当指出，依调度策略实施拟态呈现必然会引入相应的调度代价。工程实践上，由于拟态场景呈现、转换、识别和隐匿异常状态需要额外增加专门的处理能力或系统开销，所以这些调度操作的实施不能过于频繁，也不应该过于繁杂。相反，应尽可能地减少调度环节上的"暗功能"，降低攻击的可达性，缩小攻击表面。此外，为监视调度环节可能的"故障"还需要设置"看门狗"[18]之类的功能部件。

5．输出代理模式

当选择商化(COTS)或非自行设计的软硬件产品作为异构执行体时，其输出矢量可能在语法、语义层面上是一致的，但在可选项、未定义域、填充字段、响应时延、打包消息数量甚至加密内容等方面有差异。此外，动态的上下线处理和预清洗或强制复位或重构重组等操作，可能导致执行体之间或对外呈现的状态、进程、通联序号等不同步情况。这些都会给基于拟态裁决的策略调度带来不小的麻烦，采用输出代理模式有助于简化拟态呈现的工程复杂度。

此外，代理环节还可以有效地屏蔽外界对"目标指纹"的探查，阻断通过服务响应时间或协议包细节信息间接窥视系统"内部特征"的行径；或者由于 IPSec、HTTPS、SSL 等加密[19]造成各冗余执行体输出（或输入）完全不一致的情况时，将加密步骤后移（或前移）到输出（或输入）代理环节等。但是，输出/输入代理环节本身缩小攻击面、降低可攻击性的努力就会变得非常重要。

既然有输出研判和选择机制，就存在检出点的设置和需要复核多少内容的问题。检出点设置过多不仅增加异构冗余资源的代价还会增加研判开销时间影响服务响应性能，尤其是各执行体的输出响应时间通常是离散的（应当有离散度的要求），而且很可能存在语义相同语法不同的情况，这使研判和选择环节会引入额外的系统处理时延。拟态呈现颗粒度一般有进程级和任务级两种划分，前者对运行异常有更高的敏感性但开销过高，后者则反之。例如，拟态构造的路由器主要研判异构执行体路由表语义级的一致性，以保证数据转发路由的可靠性和可信性，只需设置任务级的复核点，对于那些尚未影响到路由转发表正确性的攻击行为或动作可以视为"容侵"过程；对于文件存储系统，复核点可以设置在磁盘文件索引修改或读出环节上，一旦出现修改文件的操作就需要复核写入内容，而读出时只需要复核读出权限即可，凡是对磁盘文件操作没有显式反应的异常可以不理会。工程实现上，围绕拟态裁决机制和输出选择策略以及"容错、容侵"功能等尚有许多待深入研究的课题。

9.5.2 拟态呈现的可信性考虑

拟态裁决的可靠性与可信性始终是拟态防御的核心问题之一。

除了参考高可靠性冗余控制做法之外，可能的情况下，应使拟态呈现控制(软硬件)实体独立于任何拟态场景(结构)实体。拟态呈现控制算法虽不要求严格保密，但至少有些参数要来自系统或执行体内部(如当前网络流量、存储器/处理器资源占用情况、活跃进程数、中断发生频度等)随机性信息。必须通过"单线联系或单向传递机制"限制拟态呈现控制环节获得系统资源或运行态势全景视图的能力，严格遵循"控制信息够用即可"的原则，分解集中控制点，去除冗余信息，模糊物理与逻辑资源之间的对应关系，用看门狗等监控呈现环节的活动状况(例如，失去动态性或呈现出某种固定变化规律时启动报警机制等)。此外,应使拟态呈现控制作有意识的流水线处理，并尽可能降低各环节可能的"暗功能"。可以采取的安全机制至少有以下几种。

(1)缩小攻击表面。尽可能降低拟态呈现环节的功能复杂度，尽可能减少软硬件资源的使用规模，尽可能避免不必要的智慧功能，使多余功能减至最少。

(2)使攻击不可达。理想情况下，拟态呈现环节对于任何异构执行体而言应当是透明的，对于外部攻击者而言也是不可见的，这使得即便存在未知的漏洞也无法被攻击者所利用，攻击行动不具有可达性。

(3)功能部件 SDH 化。尽可能使用配置文件驱动的 SDH 来实现拟态呈现环节所需的功能，并使配置文件多元化或多样化。

(4)导入移动攻击表面(MAS)。拟态呈现环节本身就由多个功能等价的异构执行体冗余实现，利用装置内一些不确定的内部参数调度这些执行体，使攻击者难以协同利用其中的漏洞后门。

(5)看门狗。拟态呈现环节应当有主动输出的检查点信息，以便专门设置的看门狗装置能够及时发现可能的异常情况。

(6)可信计算。对于目标对象而言，其拟态呈现控制环节的行为表现一般是可预知的，利用可信计算技术可以监视其运行状况正常与否。

（7）拟态化。条件许可且有应用要求的情况下，也可以对拟态呈现环节本身实施拟态。

参 考 文 献

[1] Stallings W. Network and Internetwork Security: Principles and Practice. Englewood Cliffs: Prentice Hall, 1995.

[2] Malik J, Arbeláez P, Carreira J, et al. The three R's of computer vision: Recognition, reconstruction and reorganization. Pattern Recognition Letters, 2016, 72: 4-14.

[3] Zhou K M, Doyle J C. Essentials of Robust Control. New York: Pearson, 1998.

[4] Ceccato M, Nguyen C D, Appelt D, et al. SOFIA: An automated security oracle for black-box testing of SQL-injection vulnerabilities// Proceedings of the 31st IEEE/ACM International Conference on Automated Software Engineering, 2016: 167-177.

[5] Pras A. Network Management Architectures. Enschede: University of Twente, 1995.

[6] Littlepage G E, Schmidt G W, Whisler E W, et al. An input-process-output analysis of influence and performance in problem-solving groups. Journal of Personality and Social Psychology, 1995, 69(5): 877.

[7] Newman R C. Cybercrime, identity theft, and fraud: Practicing safe internet-network security threats and vulnerabilities//Proceedings of the 3rd Annual Conference on Information Security Curriculum Development, 2006: 68-78.

[8] Zhang S, Wang Y, He Q, et al. Backup-resource based failure recovery approach in SDN data plane//Network Operations and Management Symposium（APNOMS），2016: 1-6.

[9] Chang E S, Ho C B. Organizational factors to the effectiveness of implementing information security management. Industrial Management & Data Systems, 2006, 106(3): 345-361.

[10] Shannon C E, Weaver W. The Mathematical Theory of Communication. Urbana: University of Illinois Press, 1949.

[11] Chung J, Owen H, Clark R. SDX architectures: A qualitative analysis//IEEE

SoutheastCon, 2016: 1-8.

[12] Ventre P L, Jakovljevic B, Schmitz D, et al. GEANT SDX-SDN based Open eXchange Point//NetSoft Conference and Workshops（NetSoft）, 2016: 345-346.

[13] Michalski R S, Carbonell J G, Mitchell T M. Machine Learning: An Artificial Intelligence Approach. Berlin: Springer, 2013.

[14] Pipyros K, Mitrou L, Gritzalis D, et al. A cyber attack evaluation methodology// Proceedings of the 13th European Conference on Cyber Warfare and Security, 2014: 264-270.

[15] Shi Z, Zhao G, Liu J. The effect evaluation of the network attack based on the fuzzy comprehensive evaluation method//The 3rd International Conference on Systems and Informatics（ICSAI）, 2016: 367-372.

[16] Tuvell G, Jiang C, Bhardwaj S. Off-line mms malware scanning system and method: U.S.Patent Application 12/029,451. [2008-2-11].

[17] Orebaugh A D, Ramirez G. Ethereal Packet Sniffing. Rockland, MA: Syngress Publishing, 2004.

[18] Alfieri R A, Hasslen R J. Watchdog monitoring for unit status reporting: U.S.Patent 7,496,788. [2009-2-24].

[19] Barylski M, Krawczyk H. Multidimensional approach to quality analysis of IPSec and HTTPS applications//The Third IEEE International Conference on Secure Software Integration and Reliability Improvement, 2009: 425-430.

第10章

拟态防御工程实现

第9章介绍了网络空间拟态防御的原理，本章将讨论工程实现前提与约束条件、基本实现机制、主要问题及可能的方法与对策，还将初步探讨拟态防御的评测评估问题。

10.1 前提与约束条件

10.1.1 前提

CMD 架构的应用需要满足以下基本条件。

（1）应用场景需满足 I【P】O 模型要求。

（2）存在标准化或可归一化的功能界面。基于该界面的输入通道可发送测试序列，从界面的输出通道可以获得测试响应序列。根据给定的界面功能或性能及相关的测试规范和流程，可以对异构执行体间的功能或性能符合性做出认定，也可以对包括主要异常处理功能在内的一致性给出判定，这样的界面满足拟态界基本设置要求。

(3) MI 的封闭性要求。除了给定的输入/输出界面外，冗余配置的异构执行体与外界不存在其他显式的交互通道。

(4) 执行体相异性要求。尽管 DHR 对其软硬构件没有经典 DRS 那样严格的相异性要求，但至少要求敏感环节或关键冗余路径或核心冗余模块的构件具有物理或逻辑上的相异性，包括可能寄生于其上的漏洞后门也应该是异构的。理论上，不应存在共同遵循的标准和协议之外的合作功能(暗功能)或协同化因素。

(5) 容忍插入时延。多样化执行体之间肯定存在允许的性能差异，相关的输入输出调度功能和拟态裁决策略肯定会引入插入时延，其数值大小与是否采用输入/输出代理模式、输出结果是否可更正、拟态界面部署位置、需关联研判的输出矢量信息丰度及采用的算法、策略、系统可接受的实现代价等有关。

(6) 关联条件可接受。应用系统对环境保障、初始投资成本等条件不敏感。

10.1.2　约束条件

(1) 存在服务功能(性能)等价的多样化(或多元化)软硬件执行体或功能构件。

(2) 凡是有协议、规范或接口等统一标准(或约定)要求的应用领域，拟态防御的有效性严重依赖标准或规范自身设计的安全质量。推广到一般化表述，凡是可归一化的功能或物理界面，如果界面功能自身设计存在安全缺陷(不包括协议或规范工程实现过程中的漏洞后门)，甚至包含隐藏的恶意功能，拟态防御效果在机理上不确定。

(3) 服务功能等价的异构冗余执行体间一般不存在服务功能、性能要求和相关标准、协议、规程、接口等以外的统一或协同配合关系(如统一时钟等)。换句话说，拟态防御对工程实现环节有独立性甄别和"去协同化"的严格要求(需排除社会工程学[1]层面联合作弊可能)。

（4）如果自主设计的异构元素间可能存在共同的子模块，或具有相同的"基因"甚至是完全相同的软硬件源代码（例如，都源自某一开源社区），原则上需要经过多样化改造（例如，利用 N 版本或多样化编译器、二进制翻译器等工具）。此外，还须对每个异构元素对同源子模块的使用场景、调用机制与激励条件等作相异性处理，以便尽可能降低"拟态逃逸"的可能。

（5）如果利用 COTS 产品作为异构元素，建议使用"软件基因谱系"等分析工具来辅助研判"同源程度"和"遗传关系"，以便发现与定位相同或相似度最大的源码段并评估其潜在的安全风险，制定相应的防范对策（如破坏漏洞的可协同性利用环境等）。

（6）实施场景受限。除了集高可靠、高可用和高可信为一体的鲁棒性服务提供应用领域外，DHR 体制因为需要冗余配置异构资源和相关环境保障代价，应优先考虑成本和环境因素不敏感的应用场景。

10.2　基本实现机制

拟态防御实现方针是：基于 DHR 架构提供系统（或网元或平台或软硬件部件或模块等）服务功能，使目标对象结构与服务功能的映射关系多元化、随机化、动态化，造成攻击者对目标系统漏洞后门及防御环境的认知困境；尽可能地屏蔽或掩饰不论何种原因引发的系统内部异常，降低防御行为的可探性与可预测性；破坏或瓦解基于未知漏洞后门的攻击链的静态性、确定性，显著提升动态异构冗余空间非配合条件下多元目标的协同攻击难度；在克服目标对象漏洞后门等安全威胁的同时，增强或保障目标系统服务功能的可用性与鲁棒性。

拟态防御技术路线是，围绕 DHR 架构，充分发挥其内生的融合式防御效应和三位一体的功能实现特点，以 DHR 作为目标对象服务功能(包括可靠性、可用性、可信性等)的基础实现架构,以 DHR 结构与目标系统服务功能间内在的不确定性为桥梁,以掩饰漏洞后门或内部异常降低可感知(包括可预测)性为目标,以敏感路径"控制功能分布化、控制关系简约化、控制信息最小化"的单线或单向联系机制为手段,以重要信息的碎片化、分布化、动态化传输与存储等为方法,以基于拟态裁决的策略调度和多维动态重构负反馈机制使得非配合条件下、动态多元目标协同一致攻击逃逸概率最小化为宗旨。

10.2.1　构造效应与功能融合机制

基于 DHR 结构的目标对象之所以具有高可靠功能提供、高安全服务保障的一体化属性,一方面是其基础结构源自高可靠性技术体系的 DRS 架构,相关理论成熟,工程实践基础雄厚;另一方面基于拟态裁决的策略调度和多维动态重构负反馈机制使得执行体元素的动态化、随机化部署策略,以及元素自身的多元化重组、重构策略获得可收敛、可量化的架构效应。再者,其 I【P】O 模型也使得攻击任务的失效率会随拟态界面中的输入输出操作频度呈指数增长,攻击任务经过拟态界的任何一次操作一旦被拟态裁决环节发现或者被反馈控制环节"不规则的扰动"就可能陷入"前功尽弃"的境地,除非攻击者具有"不可思议的协同逃逸"能力,否则越是需要复杂协同关系支持的攻击任务越是难以完成。同理,对拟态括号内异构执行体的任何安全加固措施(例如导入传统防御手段)都会作为相异度增强措施而被 DHR 架构固有的非线性效应所放大。因此,DHR 架构对传统安全技术不仅具有自然的融合特性,还具有防御效果指数级提升的特殊作用。

需要特别强调的是,执行体(颗粒度不限)本身的架构我们期望具有可重构重组的技术属性但并不要求一定是 DHR 结构的,甚至还允许是黑盒结构的。但是,只要目标对象的技术架构是 DHR 的,则通过冗余配置或设计多个功能(性能)等价的异构执行体方式就可以获得期待的架构效应。如果在异构执行体的设计中也采用 DHR 结构,目标对象就能获得具有"迭代效应"的拟态防御能力,当然这是在有需求的情况下。不难推论,倘若对网络、平台等复杂系统采用层次化的拟态防御部署方案,则"超非线性"的防御增益也是可以期待的。

10.2.2 单线或单向联系机制

为了从设计方法上增强拟态括号(包括输入代理、输出裁决、输出代理、策略调度和多维动态重构控制等功能)部件的安全性,有必要消除拟态括号与执行体之间的会话机制,对关键控制环节导入流水线处理方式,使控制功能分段化,形成一个不依赖控制分段"绝对可信"的单线或单向联系机制,以管控未知威胁的潜在影响和可能的扩散范围。控制功能分段化和控制链单向化等机制的另一个普遍性作用是,在处理流程上造成攻击通道可达性障碍,使配合式攻击的信息传递机制失效,最终造成即使目标对象中存在漏洞后门、病毒木马等也难以利用的局面。例如,规定拟态裁决、负反馈控制环节对所有执行体"不可见"、执行体之间"互不可知"等隔离性要求都是保证拟态括号安全所必需的。

10.2.3 策略调度机制

策略调度是 DHR 负反馈控制机制中的重要环节,其基本功能是指令输入代理器将外部输入请求序列发送给指定的执行体并组织目标对象当前服务集,改变指配关系就能选择服务集中的执行体元素,实现执行体的替换、下线、服务迁移等操作。引入策略调度机制的目的之一就是使拟态呈现形式更为诡异狡黠,更易隐匿目标对象内部特征(如可以阻止通过输入输出关系导出系统响应函数的企图)。其次就是结合各执行体的历史表现和相关异常事件的场景分析，使得执行体的调度更有针对性，执行体资源利用效率更高。例如，执行体 a 在问题场景 k 下异常概率比较高(因为攻击链的可靠性与防御场景强相关)，而在其他问题场景中没有异常表现或者发生概率很低，于是在调度过程中就要尽量避免问题场景 k 下使用执行体 a 的情况，余此可类推。显然，策略调度可以采用"问题规避"而不是"问题归零"的方式因地制宜地使用执行体资源，这在资源有限且异常问题无法适时消除的情况下具有特殊应用意义。不难想象，问题场景的资料积累越充分，数据特征分析越清晰，问题规避动作就越精准，执行体资源的利用率就越高。

10.2.4　多模裁决机制

多模裁决机制构成 DHR 架构的异常感知功能。在标准化或可归一化的界面上对给定语义和语法的多模输出矢量进行一致性判决，可以有效感知任何反映到界面上的非协同性攻击或随机性失效情况。裁决器将相关状态信息再发送给反馈控制器，后者能根据给定策略或机器学习结果形成输入代理器和可重构执行体的操作指令。在多模裁决器中导入高级算法可以获得比择多判决更为丰富的功能。例如，当防御等级提高时可以从择多判决方式转换到一致性判决方式；当裁决结果表明所有输出矢量各不相同时，并非是"不可收拾"的情况，可以通过执行体置信度、历史表现等权值进行迭代判定；当多模输出矢量中出现语义相同但语法不同的情况时可以实施基于定义域的判决；当输出矢量中存在未定义域或可选用域或不确定域值或阈值允许误差情况时可以应用掩码判决方法；更复杂的情况可以采用正则表达式等方法进行匹配判决；为了裁决方便还可以对输出矢量做各种预处理；根据不同应用情况也可以选择同步或异步裁决方式等。此外，统计多模裁决器的异常输出状态，记录分析对应的问题场景，可以研判目标系统的安全态势，度量抗非协同攻击的效果。

10.2.5 负反馈控制机制

与移动目标防御 MTD 不同，CMD 将包括动态性、多样性、冗余性在内的各种防御元素统一到一个负反馈控制机制下，用系统工程的方法和体系化的构造效应获得高性价比的可靠性与抗攻击性。其控制环路由多模裁决/输出代理、反馈控制、输入代理和可重构执行体三个环节组成，裁决器的异常状态输出将触发目标系统当前服务集内防御场景的相异性变化，由两个阶段的操作组成。其一是包括服务集内异常执行体元素的更替，或者重构异常执行体的组成模块，或者迫使异常执行体转换运行状态，或者重组服务集内的执行体元素等操作。其二是在上述操作后观察裁决器异常状态输出是否消除，如果未消除，重复第一阶段的操作，否则反馈环路进入稳定状态。可见，目标对象的防御环境同时具备动态性、多样性和随机性的特质且操作结果是可收敛的，因而拟态防御的态势应当可以度量。

10.2.6 输入指配与适配机制

由于目标对象服务集内的异构执行体元素是按照策略调度指令动态组成的，因此拟态界外的输入激励通道需通过一个指配环节才能灵活地连接到相应的异构执行体，互联和交换机制应当是不可或缺的。此外，透明性要求对各执行体通信序列号（如 TCP 序列号）、自定义字段、时间戳、预留字段等方面存在的差异进行适配处理，也包括添加指纹信息、输入序列语法语义规范性认证、输入频度控制、黑白名单过滤等主被动防御措施或机制的导入。

10.2.7 输出代理与归一化机制

理论上，功能等价异构冗余体在同一输入激励条件下，具有多数相同或完全一致输出矢量的情况是大概率事件，但相互间由于实现算法、支撑环境和处理平台的差异必然会存在输出响应方面的差异。例如,协议的消息域本身可能存在自定义的成分(如通联序列号、优先权、版本信息等),给定精度范围内的差异(如科学计算中经常出现的近似误差等),一些未做强行规定的保留字节或扩展字节处理问题(如是否统一填充码等),尤其是在多协议混合使用的情况下,异构执行体在启用预留或扩展字段方面可能存在版本差异等。此外,为了减少裁决时延往往要使用一些预处理算法,例如对输出矢量(可能多达上千字节)作哈希处理,使逐字节比对转变为有限长度的哈希值比较。再如,为了不影响输出矢量的多模表决,一些加密或扰码功能必须从执行体外移到拟态裁决环节之后等。工程实现上,拟态裁决之前可能需要增加输出矢量归一化处理和输出代理功能,以确保拟态括号不仅对外屏蔽内部所有的差异,对内还要允许执行体间存在某些不同(尤其是使用商购软硬件时),拟态括号既要对内部异构执行体表现出透明性,也要对外部世界实现"隐身"。

10.2.8 分片化/碎片化机制

在冗余备份增强可靠性的基础上,适当地引入分片化、碎片化机制,通过多路径实施信息碎片化的传输,使用异构非同源装置实现分片存储,应用"单线联系"机制实现诸如文件目录的逻辑表达和物理映射的分离管理等,期望隐私信息使用的安全性建立在由架构机理保证的基础上,使攻击者难以获得完整的敏感信息。

10.2.9 随机化/动态化/多样化机制

拟态防御充分利用基于多模裁决的策略调度和多维动态重构负反馈机制,形成了过程可收敛、方法可设计的随机化、动态化、多样化的防御场景,显著增强了"非配合条件下,动态多元目标协同一致的攻击难度",使攻击方或渗透者几乎不可能建立起持续可靠的攻击链,尤其是对单一执行体原本确定的漏洞后门及其可利用效果,在负反馈机制营造的拟态环境内将不再具有确定性和攻击效果的可维持性。例如，随机替换当前服务集中的异构执行体或改变某一执行体的防御场景，或者对异常执行体实施清洗或不同等级的初始化操作，或者触发传统的安全机制"杀毒灭马"甚至启动自动"封门补漏"功能，或者在功能等价条件下运用某种策略重构重组相应的执行体等。这些变化都将显著降低非配合条件下动态多元目标协同攻击的逃逸概率。实际上，在服务提供集中化应用领域(如云化服务平台、数据中心等)，资源的配置和调用过程具有内在的异构性、冗余性、动态性和功能等价性，恰当地应用拟态防御思想设计合适的资源配置和使用调度策略，即使在不设置拟态裁决环节的情况下也可以显著地改善目标系统的防御态势。因而，如果只是以造成攻击效果不确定为目标，拟态裁决机制并非必要，但是要做到攻击逃逸概率可控则是不可或缺的。

10.2.10　虚拟化机制

利用虚拟化机制特别是新近兴起的虚拟容器技术，可以经济、灵活地设定拟态场景以支撑多样化防御环境的需求，如图10.1所示。同样，虚拟化机制也可以经济地支撑动态化、随机化的运行环境实现。例如，虚拟容器可支持异构冗余功能模块之间的物理(逻辑)隔离与划分，便于对数据和服务功能的可管可控，同时通过虚拟容器可以实现动态资源部署和配置，提高部署的灵活性和资源的利用率。在降低拟态场景管理成本方面，虚拟化机制起到了减少物理模块数量、隐藏内部复杂性、自动化中央管理、简化恢复与同步操作以及多平台或跨平台服务无缝迁移等作用。特别是，虚拟化机制便于在网络、云化平台或系统中通过增量部署拟态括号节点部件实现拟态防御。例如，租用不同"公有云"提供的异构冗余处理资源，加载经多样化处理后的多变体服务软件，组成功能等价的虚拟异构执行体，再通过增量部署可管可信的拟态括号部件(也可以是虚拟形态的)，将外部服务请求分发到相关虚拟执行体，同时选择满足裁决条

图 10.1　虚拟化机制实现示意图

件的输出矢量作为服务响应。由于"公有云"里资源配置和使用情况很难预测,攻击者、渗透者难以认知跨平台拟态服务场景的变化规律并找出可以稳定利用的脆弱性条件。这一方法在基于网络环境的分布式服务系统模式中具有普适性意义。

10.2.11　迭代与叠加机制

利用迭代和叠加机制可以将目标对象防御环境的复杂性与防御行为的不确定性呈指数级提升。如果在平台层面实施拟态化改造,通过对功能等价的多元异构执行体进行基于拟态化的冗余部署和策略调度,可以使处理平台的结构表征对攻击者呈现出非线性的认知难度。同理,对诸如操作系统、数据库、函数库、辅助软件等支撑环境进行异构组合,将改变攻击链的依存关系[2, 3]。如果对这些系统级的执行体再在其构件、模块、组件、器件级进一步地实施拟态化,整个装置的视在不确定性将得到空前提升。无论是基于漏洞后门的

433

已知或未知威胁，还是基于病毒木马的确定性攻击，由于防御场景的不确定性和攻击链的极度不稳定，几乎不可能在非配合条件下形成多维空间上协同一致的攻击效果。如果再辅助其他的一些防护措施(例如，加密或认证、指令集/地址/端口随机化与动态化[4, 5]等)，还能获得组合效果层面的防护增益。

10.2.12　软件容错机制

软件容错设计的思想核心就是采用异构冗余的方法降低装置内同时出现相同设计错误的可能性。可以设想，假如某一软件代码中存在可能被恶意利用的设计缺陷，但在多样化和冗余化配置使用模式下，这个缺陷就可能被容忍。再进一步，如果某一软件模块中被植入了恶意代码，通过多模条件下的一致性判决也能发现问题。由于容错机制有效性的前提是保证功能等价异构冗余模块或版本之间具有最少的相关性，因此采用何种方式满足软件模块相异性成为当前容错设计的研究重点。传统的非相似余度容错软件开发是由"背靠背"的设计团队，在同一功能、性能规格要求下，采用严格的相异性背景管理模式分别设计各自的模块或版本，然后再由系统总体组按容错框架完成异构软件模块或版本的冗余配置。目前已发展出诸如逻辑图自动生成法、变异法、遗传法、虚拟法、重用软件库、N 版本编程等方法，显著地降低了容错模式下冗余软件模块或版本的设计复杂性，但性能、效能尚难以保证。

令人振奋的是，在当今泛在化的多核、众核和异构计算平台上运行经典拟态架构的软件应该不再是难以想象的事情了。多核同构或异构并行处理方式可以高效地支持异构冗余软件模块的并行处理和多模裁决，这从很大程度上能够缓解拟态架构软件服务性能低下的矛盾。如果使用非经典拟态防御机制来设计高安全等级软件系统，由于不需要多模裁决环节，软件整体执行效率基本不受影响，而抗攻击性则是非拟态架构软件无法比拟的。

10.2.13 相异性机制

"相对正确"公理的成立前提之一就是人人都有独立的判断和行事能力,任何联合作弊、贿选拉票等舞弊行为都将破坏公理的正确性。因此,相异性机制就是为了避免设计缺陷导致共性或共态故障而采取的一种设计理念和管理方法。例如,使用不同培训背景和技术经历的设计组,利用不同的开发环境和工具,同时研发多个能独立完成系统预先定义要求的功能模块或模组,组成非相似余度架构,通过多模表决方式对架构内随机发生的故障进行检测、隔离和定位,并尽可能地屏蔽故障对系统服务功能和性能的影响。理论上,软硬件都可以使用相异性机制来克服人为或非主观因素造成的共性或共态故障,提高系统可靠性与安全性。相异性机制不仅对基于目标对象已知或未知漏洞或恶意代码的攻击有抑制作用,同时对克服开发工具和开发环境带来的共性缺陷也是有效的。当然,按照经典非相似余度设计方法,其工程实现代价不总是能承受的。遗憾的是,尽管我们知道理论上"没有绝对的相同","也没有绝对的不同"。但是,迄今为止人类在理论和技术方法上还无法准确测试或评估冗余体之间的相异度,更不知道在给定的可靠性与抗攻击性条件下相异性应该满足什么样的标准才是合适的。幸运的是,产品技术和商品市场多样化是经济社会发展的必然规律(自然界又何尝不是如此),差异化竞争导致多样化或多元化生态环境的形成。同时也使得拟态防御在利用 COTS 级产品构造多样化防御场景时,不但要注意尽可能地避免同宗同源软硬件构造同一服务集内多个执行体环境,而且要特别注重拟态架构内各执行体间的"去协同化"策略,尤其要利用经典防御架构和多模裁决机制给异构冗余空间在协同性攻击带来的巨大挑战,使得攻击者即便能够利用"同宗同源"漏洞后门也很难在时空维度上形成或保持一致性的错误表达(也即攻击逃逸)。实际上,当异构冗余执行体的数量和拟态裁决的策略一旦确定,只有通过某种策略或机制给执行体赋予不同的防御场景来获得服务集内运行环境的差异化改变，因而防御场景的多样化手段和机制对拟态防御的有效性就至关重要。从某种意义上说，拟态防御就是依靠异构冗余空间的相异度来消除差模故障或"独狼式攻击"的影响，抑制共模故障危害或协同式攻击的威胁。

10.2.14 可重构重组机制

拟态架构中，执行体是否具有可重构、可重组或软件可定义等功能，关系到拟态系统的相异度实现手段和防御场景资源的丰富度。假如系统只有三个固定构造的异构执行体，那么防御场景的变化只能靠软件资源配置来操控。反之，假如异构执行体都具有可重构、可重定义功能，再结合可变的软件配置，那么防御场景的多样化程度是可期待的。支撑可重构重组机制的技术发展很快，从可编程阵列逻辑 PAL 到现场可编程门阵列 FPGA、eFPGA，从 CPU+FPGA加速结构发展到 SKL+FPGA 的集成封装结构[6]，从可重构计算[7]到拟态计算等，尤其是基于功能等价条件下的拟态计算特别适合作为可重构执行体的基础架构。当然，可重构重组的软件架构也是最佳选择之一。

10.2.15 执行体清洗恢复机制

执行体清洗恢复机制既可以认为是一种异常处理手段或主动预防措施，也可以认为是一种防御场景的变化方式。不同等级的清洗与恢复甚至重组重构操作能够产生种类丰富的防御场景，当然其操作时间应尽可能短，操作的有效性应尽可能高，以减少"颠簸攻击"发生的概率。清洗恢复操作一般可分为四类：

（1）主动清洗或重构。由于反馈控制器的外部控制参数中包含目标系统的随机信息，如当前活跃进程数/线程数、CPU 和内存占用情况、网络端口流量等状态信息，因而形成的执行体调度指令，会非周期性地指令执行体作不同等级的初始化或重构、重组、重建等操作。

（2）事件驱动。当拟态裁决器检测到执行体输出矢量不一致时就会激活反馈控制器，后者会根据给定的评估策略决定是否向异常执行体发出清洗恢复指令，以及需要执行何种等级的清洗恢复操作，包括是否启动何种形式的重构、重组、重建操作。

（3）依据历史信息清洗。当一个执行体在给定的统计时段出现较高频度的异常情况，就要减少此执行体的上线机会，增加清洗深度，条件许可的情况下应做重构或重组操作。

（4）依据安全态势和系统安全系数清洗。当前系统安全系数较低而处于高危状态时，需要增加执行体的调度频度和主动清洗的频率，减少执行体在线暴露时间。

执行体清洗恢复中一个比较棘手的问题是，如何尽快同步到待机状态。尤其是基于状态转移机制的服务功能或会话功能，或工作数据库的同步恢复或环境重构重建等处理还受到"去协同化"要求的制约。此外，执行体的快速恢复对增加"停机-颠簸"攻击难度具有重要意义。但是，不同的应用场景也许不存在统一的解决方案，只能具体问题具体对待。

10.2.16　多样化编译机制

采用多层次多样化编译方法[8]，能从源代码、中间代码、目标代码三个层次实现代码混淆、等价变换和相关层面的随机化以及与堆栈相关的多样化技术等，从而可以得到同一源代码经过变换的多个目标代码变种，如图 10.2 所示。不仅可以增加单一目标代码逆向分析和漏洞泛在化利用难度，而且可以为动态异构冗余的相异性设计提供有效的开发工具。

1）多样化编译防御机理

基于编译器的多样化技术策略是通过不同层次的一系列多样化

图 10.2　多样化编译机制示意图

方法，产生许多不同的变体，这对基于拟态目标的协同一致攻击会造成巨大挑战。因为拟态环境下，攻击者首先要有能力破解这些多变体，其次需要具备利用这些变体的不同漏洞植入相应病毒木马能力（往往会出现对某个变体适用的攻击方法对另一个变体可能不适用的情况），最后要能够在动态异构环境下实现多元目标的协同攻击并取得一致的攻击效果，这几乎是件不可能完成的事情。编译器的多样化方法同样也会给攻击者通过反编译方法破解软件造成很大困难。攻击者破解软件通常需要两个重要的信息，即软件的版本和相应的补丁信息，而在多样化的软件环境中，软件的每个实例都是特殊的，它们的二进制文件之间都是不一样的，从而提高了破解软件的难度。

2) 多样化编译防御有效性

基于多样化编译工具产生的软件多样化的地址空间分布及随机化技术已经得到了广泛应用，目前已在应对栈地址溢出攻击、软件的反编译及破解等方面得到了有效应用。此外，应用多样化编译工具产生的多样化软件版本，能够显著地增加通过分析目标版本软件漏洞实施攻击的复杂度，"一机一版"或"一次一版"可有效阻断病毒木马的传播途径和作用机制，遏制网络空间群体性攻击事件的发生。需要特别强调指出的是，源程序如果自身就存在设计缺陷或恶意功能的情况，任何多样化编译器都不可能使之发生改变。但是，这些问题代码如果还需要依靠运行环境条件才能发挥作用，则在拟态系统中就不一定能被可靠利用。

由于编译器在把高级源代码翻译成跨平台的低级机器代码时，能够自动对机器代码进行多样化处理，因而为一个程序建立多个外在功能相同但内部代码不同的变形体成为可能。有两种方法：一种是建立有多变体的可执行程序，一个监控层按严格的顺序执行多个变体，同时检查其行为是否不同，以识别攻击。另一种是采用大规模的软件多态化，每个用户使用自己的多态化版本，攻击者很难以自己获得的版本了解其他人的软件版本代码情况。

总之，凡是能够增加"动态异构冗余空间，非配合条件下多元目标协同一致攻击难度"的机制都是拟态防御工程实现上可以考虑的，只是需要仔细平衡成本、代价和有效性方面的问题。

10.3　工程实现上的主要问题

10.3.1　功能交集最佳匹配问题

在异构冗余系统中为防止可能的逃逸事件，希望给定的功能交集等于最大功能交集，此外不应存在其他的功能交集。然而，工程实践上这是一个极大的挑战。例如，用 x86 CPU 可以求解一个傅里叶变换问题，而用 ARM CPU 或龙芯 CPU 也可以求解同一问题。但是，这些 CPU 还具有处理许多其他任务的功能(包括我们不希望的暗功能)。换句话说，工程实践上一般不可能也无法保证给定的功能交集等于最大功能交集。

那么，如何在一个给定功能交集的异构冗余系统中尽可能排除多余的功能交集,特别是当在冗余元素本身就是复杂系统的情况下。显然，给定功能交集正好匹配最大功能交集不应作为工程实践的准则。退而求其次的做法是，给定功能交集的实现算法尽可能不同且有界或有阈值限定。例如，2×3=6，可以用人工、盘算、计算尺、查九九表计算。当计算 12×12=144 时，用查九九表的方法就得不出正确的结果，我们就以查九九表的计算范围作为上述等价乘法功能的约束条件。也就是说，在不能保证给定功能交集正好匹配的情况下，首先要努力实现算法或物理平台的最大相异性(例如宿主分别用 CPU、FPGA、ASIC)，特别要注意在开源或同源基础上的改进型设计，要有意识地增加相异性或异构性成分，然而要经济地做到这一点也很不容易。其次，要尽可能将交集功能定义的越明确越细致越好，必要的话可以运用共生机制或附加指纹信息等方法，增加输出矢量的语义和信息丰度等，提高拟态裁决协同逃逸的难度。

10.3.2　多模裁决复杂性问题

一般来说，凡是存在标准化或可归一化功能或操作的界面，都存在实施拟态防御的基本条件。但是，不同应用场景、不同性能要求和安全标准对多模裁决环节的实现复杂度都有很大的影响。由于多模裁决或策略调度或输入/输出代理环节总是串接在拟态界的输入输出端上，而界内多样化冗余执行体的输出矢量间至少存在时间差、值域差(计算精度)或允许的版本差异(语法、选择项、默认值、扩展域填充情况)等因素，克服这些误差没有也不可能有统一的方法，只能视不同应用场景采用不同的解决方案。尤其是多模输出矢量如果存在较大的语法表达差异，或者需要判决的内容较多(如对象是超长 IP 包)时，裁决器的处理复杂度会大幅度增加。例如，需要增加裁决缓冲队列以克服输出矢量到达时间不一致的情况，或者屏蔽语法甚至语义方面的差异，或者使用一些复杂的裁决算法，或者为降低裁决时间需要引入一些预处理算法等。一般而言，同步裁决防御效果虽然优于异步裁决，但实现难度和对目标系统服务性能的影响程度要高于后者。异步裁决由于可以采用"先来先输出，追加式判决，允许更正纠错"方式，因而对目标系统的服务性能(主要是插入时延)影响较小且实现算法的选择余地更为宽阔些。

总之，拟态界面设置和拟态裁决的实现既关系到防护目的达成问题，又涉及性能劣化和成本代价的承受问题，有许多棘手的工程问题需要创造性地开拓思路。

10.3.3 服务颠簸问题

假设系统所有异构的冗余体中都存在简单触发机制(如中国菜刀攻击)的漏洞后门，且已被攻击者完全掌握并能在非苛刻条件下实施持续性的攻击，则拟态防御模式会因多个冗余执行体不断出现"运行异常"而反复进行"切换或下线清理"，导致防御对象服务性能"剧烈颠簸"。事实上，这已经是关于服务功能、性能的一种协同一致攻击，效果与拒绝服务攻击 DOS 同类。尽管这只是理论上的假设，但也不排除具有雄厚资源的攻击者可能拥有这种能力，因而拟态防御需要重点关注此类问题的防范。工程实践上，一方面要尽快利用清洗和重启等手段解除执行体出现的停机状态，另一方面要尽可能地降低执行体的重启或故障恢复时间以保证系统有足够的可用执行体或防御场景，再就是要特别重视运用软硬件重构、重组、重建等运行环境强制性改变机制，还需要利用运行日志功能、防御场景组合运用智能分析方法以便及时发现相应"停机攻击"的行为特征，适时阻断后续同类攻击的可达性(增加输入代理器中的拦截规则等)。不过，如果使用"内鬼"攻击反馈控制环节造成服务颠簸则将无法对付。然而，这种"超能力"的攻击往往涉及社会工程学方面的手段和行动，技术永远不可能代替管理，因而从严格意义上讲此问题已超出本书讨论的范畴。

10.3.4 使用开放元素问题

拟态防御装置由于异构冗余执行体的设计、制作或选配等环节在相当程度上允许开放甚至开源，因而需要在制备程序上为保证实现空间的独立性和去协同化要求，甄别和避免使用同一构件或同一空间的情况。如有必要，还需采取不同场合、不同时段和不同激励条件等系统的或分布式的技术措施以及异构化的环境，来消除使用同一构件可能引发的协同逃逸问题。目前的难点是，如何发现异构执行体的同源元素，正在发展中的软件指纹图谱技术，有望通过大数据搜索手段和深度学习技术发现同源同宗问题以便采取有针对性的防范措施。

需要特别指出的是，在层次化部署或配置的异构冗余空间内，如果处理器、操作系统、数据库等基础软硬构件中存在未知软硬件漏洞，那么由这些构件组成的异构执行体集合中通常会存在同宗同源的漏洞。但是，这些漏洞因其宿主执行体环境不同而使得可利用方式也往往不同，进而基于不同防御场景的攻击作用和影响范围也会存在差异，当这些差异影响到目标对象输出矢量多模裁决一致性时就很难实现攻击逃逸了。换言之，拟态防御内生效应造成的协同一致攻击难度，使得目标对象执行体中即使存在同源漏洞后门、病毒木马等也难以可靠或有效。事实上，协同性总是与苛刻性强关联的，即使有各种合作机制保证的高性能容错计算机，若要使多个设计上完全同构的计算部件达成节拍级或指令级的精确同步，工程实现上也极具挑战性。

10.3.5　拟态化软件执行效率问题

拟态架构的软件无论在可靠性还是安全性方面都是极为出色的，但在单核处理环境下执行效率十分低劣，即使在多核或众核环境下，如果不使用并行设计和编译工具也难以达到期望的性能要求。因此，拟态架构的软件首先要使用并行化设计与编译工具以确保冗余配置的异构模块可以在多核环境下充分的并行运行，其次各异构模块还要为多模输出矢量的裁决做一些预处理工作（如形成校验和、哈希值、特征矢量等)以便降低裁决模块的处理复杂度,再者基于裁决的策略调度反馈控制还要考虑模块替换和同步恢复等问题。需要指出的是,拟态化软件虽然只能解决设计缺陷导致的漏洞利用问题以及由于使用第三方模块带来的漏洞和陷门问题,但是拟态架构软件所特有的高可靠、高可用、高可信三位一体的鲁棒性特质却是其他构造软件难以比拟的。

10.3.6　应用程序多样化问题

一般来说,应用程序多样化问题往往会带来难以承受的成本代价,也会给拟态防御的实际应用带来严峻挑战。可能的解决方案大致有七类:

(1)首选的方法是多样化编译,在源代码、中间代码和目标代码三个层次上尽可能引入多样化参数,如效率优先、并行度优先、动态化优先、冗余模块调度策略等。形成的多样化版本虽然不能克服本身的逻辑缺陷(漏洞),但是会给漏洞挖掘带来不小的困难,即使同样的漏洞在异构冗余环境内的利用方法和时机也可能大为不同,从而使这些漏洞在异构冗余环境多模裁决机制下难以作为协同攻击行为可以有效利用的资源。

(2)只在应用程序的关键环节或敏感路径或共享模块等的设计上,采用经济上可承受的多团队"背靠背"独立开发模式,编译时使用不同团队的功能等价模块形成差别化的、异构的多变体执行版本(N版本)。

(3)在应用程序中引入基于冗余功能模块的动态化、随机化调度机制,并保证至少要有一个调度参数必须取自于当前执行环境(如处理器、内存的占用率或活跃进程数等)的动态信息。换句话说,就是最大限度地增加应用程序的运行场景差异。这样,各执行体即使运行同一个应用程序版本,但由于取自各异构执行环境内部的参数不可能一致,各执行体运行中所调度的异构等价模块也就不同,导致各执行体的运行状态或处理流程或动态结构有明显的差异。这个差异往往可以用来降低共态事件的发生概率，提高攻击逃逸的难度。

(4) 推广到一般化，诸如操作系统、数据库等支撑软件(尤其是与系统调用或管理相关的模块或函数库等)，或者中间件及嵌入式组件等的设计也可以采用这样的拟态化的程序架构，即便是同一源程序版本在不同的执行环境上的动态性、多样性和随机性表现也是很难预测的。

(5) 对于一些 COTS 级的可执行代码程序，也可以采用二进制码翻译移植技术进行多变体化。一些有源程序版本的也可以利用多样化编译器生成多变体，但是这些措施对于那些不依赖支撑环境的功能性后门(包括高危漏洞、木马病毒等)，防护效果不确定。

(6) 利用执行体的 CPU+FPGA 异构计算架构中的 FPGA 设置类似可信计算的 TPM 的功能，让不同执行体独立检查同一应用程序相关环节上的行为特征和状态信息，并将检查结果作为威胁感知的一部分提交多模裁决。

(7) 如果不考虑设计者蓄意植入的专门用途软硬件代码情况(通常可被恶意利用)，对于利用应用程序设计缺陷进行 SQL 注入攻击或者跨站脚本 XSS 攻击，也可以采用指令随机化或者地址空间随机化或者就地代码随机化等方法加以应对。

(7) 与 (6) 的做法相似，可以借助 SGX 技术(详见本书第 4 章相关内容)极大地简化拟态系统的异构性设计。假如应用程序的某些核心模块具备拟态界(MI)的设置条件，我们可以用经典非相似余度设计方式设计这些功能等价的、可异构冗余部署的核心模块，再将这些模块分别与应用程序其他部分联合编译形成部分异构的多变体应用软件版本，并装入各个同构执行体以及相应的 SGX 区域中，从而等效形成防御场景不同的运行环境。由于 SGX 功能规定，存放在其中的程序和数据除了自身外没有任何程序(包括操作系统)具有访问权。因而理论上任何程序都不可能修改 SGX 中的代码和数据，除非自身有需求或者安全边界的守护者——CPU 中有硬件漏洞或恶意代码。不过，拟态架构从机理上不太介意某一个执行体的 SGX 区域被蓄意修改的情况，因为拟态裁决采用相对性裁决机制，除非攻击者有能力在非配合条件下跨平台的协同修改各执行体 SGX 中的异构代码或数据，且能实现可靠的攻击逃逸。这几乎是件无法完成的任务。这一方式有着重要的工程实现价值，这就是类似 SGX 的功能可以极大地简化拟态括号内运行场景的相异性设计，包括允许使用相同的操作系统、CPU 环境、辅助支撑软件甚至大部分相同的应用程序代码，从而能极大地降低拟态架构的实现代价和推广应用门槛。此外，为解决拟态界内同宗同源难题找到了新的解决途径，即如果借助 SGX 功能和拟态架构能将可信性不能确保的软硬件代码封闭在拟态界内的话，我们完全有能力把同宗同源魔鬼收回到潘多拉魔盒中。

10.3.7　拟态防御界设置问题

拟态防御界一般设置在标准化或可归一化的操作界面上且能被功能符合与一致性测试认定的、集中控制程度较高的场合，拟态括号是其功能实体。通常，拟态括号内包含的元素规模或粒度与安全目标、经济性指标和实现复杂度等强相关。复杂系统的拟态防御可能需要针对不同的安全标准设置多个拟态防御界才能满足实际需要。对于那些不可信或供应链安全性不能确保且功能等价的异构部件（也可以是"黑盒"部件），则按照 DHR 架构组合也可以达到自主可控、安全可信的目的。下面以五个应用实例来说明拟态界的设置：

1. 基于拟态防御的路由转发

目前,骨干网路由器的协议处理软件代码普遍都多达上千万行，存在设计缺陷或后门的可能性无法排除，可能的"暗功能"也会千差万别，但根据标准协议生成的用于报文转发的路由表，大概率情况下应该是正常的[9]。在拟态防御架构下，需要设置多元化的协议处理部件，以及一个处理空间独立的、支撑报文转发操作的、采用多模裁决方式更新的系统路由表部件。当收到路由更新请求时，每个协议处理部件都会输出更新的路由表项，系统路由表部件则根据多模裁决结果再决定是否更新路由转发表项，据此可以有效应对基于路由协议执行体漏洞后门、病毒木马等的非协同化攻击。

2. 基于拟态防御的 Web 接入服务器

各种版本 Web 服务的软件代码量很大，设计缺陷在所难免。在拟态防御架构中，至少需设置多元化的 Web 服务执行体和一个物理上独立的、根据多模裁决方式操作的文件服务器。通常情况下，多元执行体对同一个 Web 服务请求的正常响应表现为对文件服务器具有完全相同的操作请求，对这些操作请求（包括内容）实施多模裁决，可以有效应对基于 Web 执行体漏洞后门、病毒木马等的非协同化攻击[10]。

3. 基于拟态防御的文件存储系统

在拟态防御架构中，采用多元化的分布式存储装置，文件按照碎片化形式构造，任何一个存储装置只存放一个文件的若干个分片。文件管理也采用多元化执行体构造方式，文件的目录存放则实施集中控制，多元执行体对同一个服务请求的正常响应表现为对文件目录具有相同的操作请求，对这些操作请求（包括内容）实施多模裁决，可应对基于文件服务执行体漏洞后门、病毒木马等的非协同化攻击。

4. 基于拟态防御的域名解析

假定某自治域网络上存在同一运营商提供的 m 个域名服务器，且域名服务器是由不同厂家提供的，再假定任一域名服务器都能提供相同的域名解析功能。理论上，这些域名服务器中可能存在不同的漏洞后门或病毒木马，其域名解析服务也有可能因此而遭到攻击。通过增量部署拟态括号以及网络化地应用这些"有毒带菌"域名服务器，能够等效地构成拟态域名服务系统。当用户发起域名解析请求时，首先被引导到拟态括号的动态指配单元，再由动态指配算法

在 m 个域名服务器中随机地选择 k 个($2<k<m$)服务器并发出域名解析请求，k 个服务器的解析结果回送到拟态裁决环节，满足给定策略要求的裁决输出作为用户域名解析响应，此结果还可以存入拟态括号可信域名解析记录库。显然，这样的防御架构使得针对任意域名解析服务节点的攻击几乎不可能奏效。

5．基于拟态防御的火炮控制系统

火炮控制系统中控制部件与执行部件之间总存在通信与控制接口，以便将射击诸元或操作命令下传到火炮作动器，或者从分布的传感器获得相关信息等。通常基于这个接口设置拟态防御界面是合适的，因为控制部分一般由复杂软硬件组成且大量使用成熟的 COTS 的构件，存在功能等价的多元化(多样化)条件，控制部分采用 DHR 架构可以同时获得可靠性与安全性增益。多个异构执行体的输出可以汇聚到独立的多模裁决环节再连接到通信与控制接口，比较这些输出信息可以发现和屏蔽执行体出现的随机性故障(偶发跳动)，或者基于漏洞后门、病毒木马等攻击引起的错误。

上述五个例子中，都有可归一化或标准化且能测试与度量的拟态界面，都需要设置具有多模裁决机制的关口部件，且存在开源级、COTS 级或可冗余部署的多元化执行部件条件，防范对象都是复杂执行体内未知的软硬件漏洞后门、病毒木马等。然而，多元化条件在工程实践上并非总能满足，插入的多模裁决环节或多或少也会影响到系统的服务性能。因此，拟态界的选择和设置关系到能否有效地构建拟态防御架构，以及需要付出多大的成本代价和性能损失等一系列工程实现问题。

10.3.8　版本更新问题

拟态界内多元化执行体存在软硬件版本更新或升级问题，特别是基于 COTS 或开源的那些版本。一般来说，只要相关软硬件的更新、升级不改变给定拟态界面的语义和语法表达，就不会影响拟态裁决环节的功能或性能，通常也无需作任何处理。例如，硬件升级或软件补丁或增加、改进不影响拟态界面的功能等都属于上述范畴。但凡涉及拟态界面的更新或升级，例如，信息内容、输出格式的改变，异构执行体版本（特别是多供应商条件下）更新时间差等因素，都关系到多模裁决算法的实时修改或向后兼容等问题。好在大多数版本升级只是添加或修补型的，基础部分或标准部分一般不会变动。即使有些局部变动，多模裁决时也可以采用掩码方式比较不变部分或进行相似度裁决，或者给新版本赋予较高的比较权重，或者进行范围或区间的阈值比较等。

10.3.9　非跨平台应用程序装载问题

若要在基于拟态防御架构的目标系统中装载非跨平台的应用程序，最好能使用源程序或中间代码源程序，多样化的异构冗余版本由专门的编译工具根据用户定义的异构化参数集自动生成，并通过专门的安装工具加载到相关的执行体上。这种方式存在两个问题，一是与主流的非跨平台软件版本保护和产品销售模式存在冲突，特别是无法适应以二进制代码可执行文件发布产品的方式。二是无论什么样的多样化编译方法都不能消除软件功能设计缺陷，也不可能改变蓄意设计的代码功能。一般来说，CMD 模式对于频繁装载非跨平台应用程序的场合存在使用上的限制。这里之所以强调非跨平台应用程序装载问题，就是因为这类应用程序与支撑软件和工具软件等不同，标准化程度低甚至根本没有标准化，通常也不存在非同源但相同功能的、多样化的商化软件版本。一个可能的解决方案是，在单一来源非跨平台应用软件版本情况下，各异构执行体内增设可信计算部件（也可以利用 CPU+FPGA 计算架构）专门监视应用软件在给定环节和阶段上的状态或信息。有条件的话，让不同执行体监视不同环节或阶段上的不同状态或信息，效果可能会更好些。

10.3.10　再同步与环境重建问题

拟态环境中，异构执行体可能会因为出现输出异常而被下线清洗，也可能由于策略调度原因而被预防性措施复位，或者被强行重启或重组或重构等。总之，存在清洗或复位或重构操作后如何与在线执行体尽快实现待用状态的再同步，这关系到异构冗余机制的有效性和防御场景的可利用性问题。不同的应用场景(如是否采用状态转移机制)，相关的再同步策略与方法可能完全不同，需要的时间代价和操作复杂性也会大不同，直接关系到拟态防御系统的稳健性。尤其是在"不相信任何人"的前提下，无法采用容错机制常用的"基于正常执行体现场环境"的恢复算法。因为拟态防御机理强调"去协同化"，而环境复制之类的方法会导致"去协同化"努力的失效。此外，环境重构、重建过程中如果涉及大量数据文件的修复或迁移等情况时，处理时效问题会变得十分棘手。因此，如何快速实现再同步或环境重建是拟态防御工程化中经常碰到的棘手问题。

10.3.11　简化异构冗余实现复杂度

如同从基本原理和初始定义出发的非相似余度 DRS 系统在工程实现层面遇到的难题一样，拟态防御如果严格按照理论定义在实践中也会不可避免地碰到相似的技术与商业规则挑战。本节要讨论的是在满足拟态防御最低等级情况下(仍然能够应对所有基于目标对象漏洞后门、病毒木马等的差模攻击)，如何才能简化拟态防御的实现复杂度以及可能的途径和方法。

1. 异构冗余的商业性障碍

1)多元化应用软件的负担问题

与支撑性软件不同，应用软件通常都是直接面对最终用户的，整个生命周期内不可避免地存在经常性的维修保障、版本升级、功能扩充等工作。因此很难设想，系统提供商或服务集成商能够愉快地使用第三方提供的功能等价的多元应用软件方案，因为他们很难协调多个软件供应商同步的修改、更新、升级这些多元化的应用软件，而这又是拟态防御所期望的条件之一。例如，华为公司的拟态路由器就不可能用其竞争对手（即使对方愿意）美国 Juniper 公司或中兴公司的协议处理和控制软件作为其功能等价体使用，也无法承受使用多个第三方应用软件带来的版本协调管理负担。

2) 跨平台异构软件版本提供问题

我们知道，除了 Java 类与运行环境无关的脚本文件外，传统的源程序根据不同操作系统、CPU、数据库等环境编译形成的可执行代码是不同的。例如，操作系统库函数、应用程序接口（API），甚至是自定义的宏指令等，这些差异都会使源程序若要在跨平台的异构执行环境上运行，或多或少要增加一些额外的修改和调试工作。这无疑会加重软件产品的版本维护管理负担而影响厂家发行异构版本的愿望，除非有足够的商业利益诱惑。换言之，按照市场化规律，即使有多样化的需求，跨平台软件版本通常也只是趋向于支持一些主流的操作系统或处理环境。

3) 异构场景的可组合性

我们必须非常严肃地正视异构防御场景的可组合性问题。理论上，拟态防御场景越丰富，相异度越大，其抗攻击性就越强。但是，现实世界的信息系统生态环境并非允许各种 CPU、OS、数据库、应用软件以及相关的支撑软件等可以随意地组合使用，因为存在尾大不掉的软件遗产、不易解决的前后向兼容问题以及人为设置的技术性壁垒等难题。于是，防御场景丰富度和相异度实质上不可能是基础构件的任意组合，拟态构造的工程实现必须面对限制条件下求最优解的问题。

4) 单一来源软硬构件问题

理论上，拟态防御配置的多样化场景中如果不能避免单一来源软硬构件、组件、部件或者子系统，有可能因为隐匿其中的设计缺陷或恶意代码而影响拟态架构的抗攻击性能。之所以谓之有可能是因为,动态异构冗余的"去协同化"空间即使存在同质化的问题构件,如果没有协同机制或可利用的同步条件,也很难构成或维持稳定的攻击逃逸。可能的例外是,当前服务集内多数或全部防御场景中同时存在相同问题构件且能同时满足攻击可达性条件。

实践上,单一来源的情形往往不可避免。特别是,互联网时代"更高、更快、更好"的用户体验追求,以及产品技术先行者总是力图延长先发市场高额利润回报时间,极力争取排他性的竞争优势等已不是什么商业机密,其结果必然会出现个性化、专业化的市场供应格局,单一来源问题至少在一定时期内是无法回避的。

2. 锁定服务的鲁棒性

拟态防御的根本目标是保障给定服务的鲁棒性,即能同时满足可靠、可信、可用的功能性能要求。因此,拟态界所要保护的服务功能应当是明确的,指向是清晰的。例如,拟态路由器要保护路由转发表不被恶意篡改,拟态文件系统要保护用于目录管理的元数据不被非授权读取或修改,拟态域名服务系统要保证域名解析功能可靠可信,拟态 Web 服务器要保证接入和响应服务的正确性等。我们知道,传统的系统若要达成上述目标需要复杂的处理环节和相关的辅助支撑系统,且任何环节的"闪失"都有可能影响给定服务的功能或性能。而拟态系统则不然,其异构冗余的处理环境不仅具有容错功能而且还具有容侵功能,除非在非配合条件下各处理环境能够产生完全一致的错误输出。换言之,拟态系统只要能锁定服务的鲁棒性目标,并不介意拟态界内有这样那样的非协同性"闪失"。

3. 层级化的异构冗余实现

拟态系统中,要求每个执行体实现的服务功能相同,性能满足指标规范,但实现算法或结构要尽可能的不同。一般而言,至少存在三个层级的异构冗余。一是要求执行体间所有功能是异构冗余的,二是要求所要"保护"的服务功能是异构冗余的,三是只要求所要

"保护"的服务之核心功能或数据是异构冗余的。显然，三个层级的异构冗余实现代价差别很大且安全等级也不尽相同。从拟态防御原理的定义出发，无论是执行体本身或是执行体内的构件实体或虚体，虽然没有"绝对可靠可信"的约束条件，但是也不希望存在过多的同宗同源问题构件。除了第一个层级属于理想情况外，其他两个层级中同源同宗问题构件可能难以避免。我们的目标就是如何利用"去协同化"的动态异构冗余环境，使得攻击者很难基于问题构件达成多数一致或完全一致的协同攻击效果。其中最为重要的是要处理好两个问题，一是给定服务的异构冗余代码不能被非授权的操作轻易读取或修改（包括超级特权操作），二是给定服务的异构冗余代码不能被非授权的操作轻易"旁路"或"短路"。

4. SGX 与异构冗余代码及数据的保护

分时共享处理资源的机制是绝大多数信息系统的经典机制，操作系统或管理程序为应用层软件经济地利用或共享系统的计算、存储、通信等软硬资源提供支撑，因而通常情况下拥有"超级控制权"。正因为如此，传统攻击方法总是试图取得对问题操作系统的控制权，以便达到获取、篡改、破坏用户程序代码或敏感信息乃至控制目标对象整体行为的目的。此外，由于分时工作机制所致，用户往往缺乏有效的手段对关键运行代码和敏感数据进行全时段的管控。令人兴奋的是，Intel 公司于 2013 年提出的基于可信计算的 SGX 架构（详见第 4 章相关内容），使得只有用户自身才有权调用其存放在 SGX 中的程序代码和数据，而其他程序包括操作系统也无权访问这片区域。理论上，其安全边界只与 CPU 相关，但是如果 SGX 中存在不安全或恶意代码则另当别论。因此，利用 SGX 这一功能可以在很大程度上简化拟态系统的实现复杂度，我们只需将拟态括号内所要保护的服务功能（或者关键路径、核心代码、敏感数据）之实现算法异构化，并与相关数据一起安装到各执行体对应的 SGX 区域中，由于拟态裁决环节的存在除了给定的服务功能或相对正确的操作结果外,各执行体环境中的暗功能很难有机会通过读取或篡改 SGX 内的程序代码和数据造成可持续的攻击逃逸。当然,前提条件是要保证 SGX 内的程序代码不被"旁路"或"短路"。

5. 规避 SGX "绝对可信"问题

事实上,自从可信计算技术提出以来就一直面对"可信计算根是否可信"的质疑,SGX 也是如此。因为 SGX 也是由 CPU 特权指令构成的,理论上 CPU 厂家(包括相关工具提供商)的无意疏忽或有意行为都可能造成安全问题。此外,用户要保证装入 SGX 的程序代码没有漏洞或陷门(通过中间件、可重用模块或开源代码等带入的后门甚至病毒木马等)也不是没有技术挑战的,尤其当 SGX 中程序功能复杂度和代码量达到一定规模后,问题可能会更加严峻。但是拟态环境中,由于各执行体相关 SGX 中存放的是功能等价的异构程序代码和完全独立的秘钥,按照拟态原理,只要 SGX 中存在的安全问题具有差异化性质,就很难影响目标系统服务鲁棒性,这是拟态架构内在效应决定的。

综上所述,借助 SGX 架构或者类似技术以及有效的防"旁路"或"短路"措施能够简化拟态系统实现复杂度,降低对生态环境多样性与软硬构件供应链相异性的依赖程度。但是,这也意味着系统内会大量存在同宗同源甚至完全相同的软硬件代码(包括问题代码),理论上会导致安全等级的下降,需要仔细权衡其利弊与得失。

10.4 拟态防御评测评估

10.4.1 拟态防御效果分析

传统信息安全大致划分了 3 个独立层面:安全的管理、安全的协议、安全的实现。每个层面需要不同的防御机制和方法,自然也就有相应的攻击机制和方法。例如,TCP 半连接 DDoS 攻击是针对协议层面的漏洞，SQL 攻击是针对实现层面的漏洞，而弱口令攻击则是针对管理层面的漏洞。拟态防御横跨上述三个层面，防御的有效性或确定性有所不同。

1. 界内安全问题防御效果确定

在理想情况下，拟态架构对拟态界内基于漏洞后门的已知或未知威胁问题，理论上具有确定的防御效果。即在相异性、冗余性、动态性、随机性有保证的前提下，试图在基于输出裁决的策略调度和多维动态重构负反馈机制下实现攻击逃逸是可控的小概率事件，其"测不准"效应使得同一逃逸事件的发生频度与可复现性也是不确定的，因而任何的攻击效果都不具有可规划意义上的利用价值。与被密码保护的系统一旦被破解则"城门洞开"的情况不同，拟态系统的视在的"测不准"属性使暗功能无论是呈现还是不呈现都是无规律的，从而能极大地增加基于非配合条件下协同利用的难度。需要反复强调的是，CMD 只能对拟态界内各异构执行体功能实现中的安全问题进行有效防御。

2. 界上或界外问题防御效果不确定

给定一个装置，如果拟态防御界上或界外存在包括协议、规程、接口、功能、算法甚至应用程序等功能设计上的缺陷或后门、陷门，则界内所有拟态场景或实现结构中都可能呈现相同的问题（即统一的缺陷可能会破坏执行体间相异性设计上的独立性要求）。如果这类缺陷或后门能被攻击者成功利用（例如 TCP/IP 协议的漏洞或加密算法中隐藏的后门等），则拟态防御模式在机理上是无效应用，只能按照人类社会通行原则"法律漏洞只能通过事后修订方式"来弥补。

需要特别指出的是，一些界上问题常常会被转化为界内问题。例如，软件编程中数组的上下界未做限定性检查、堆栈不做最大容量检查等原本属于规则层面的问题，但工程实践上，有经验的程序设计者和缺乏历练的代码编写员在实现方法上就可能完全不同，这样的差异就完全可能被拟态防御机制发现并遮断错误。再如，查询目标对象版本信息的请求在协议上并未严格禁止，攻击者一般可通过扫描方式获得。但对拟态系统而言，由于异构性，执行体的版本信息肯定不同，拟态裁决将拒绝此类扫描请求。推广到一般情形，拟态界外的软硬件漏洞利用，凡是涉及拟态系统内部执行体配合操作的(如提权等)，除非能确保"协同一致逃逸"，否则都可能被拟态机制阻断。换句话说，拟态防御对界上或界外安全问题也可能具有防御增益但效果不确定。

3. 前门问题防范效果不确定

无论有意还是无意操作，凡是由用户从前门自行导入的安全问题拟态防御效果不确定。例如，在用户下载的且能够被多数异构执行体接受的可执行文件中带有漏洞后门甚至病毒或木马，或者通过用户认可的跨平台脚本文件的"前门"推送恶意功能等情况，都应视为拟态界外的安全问题。理论上存在逃逸拟态界的可能，但是漏洞后门问题一般与运行场景和运作机制强关联，受"去协同化"异构冗余执行环境的差异性和攻击逃逸的"协同一致"实现难度影响，逃逸效果也将是不确定的。需要强调的是，拟态设备提供厂家用于远程服务支持的"前门"功能不在此列。

4. 社会工程学行动效果不确定

(1)摆渡攻击效果很难确定。例如，内部人员违反安全规定(或间谍行为)利用 U 盘或光盘从外网摆渡攻击代码进入内网系统。由于拟态的异构性使执行体环境具有多样性或多变性，冗余性使执行体的可用数量不确定，动态性、随机性又增强了异构性和冗余体数量在时空维度上的不确定性。因此，若要将合适的攻击代码在合适的时间导入到合适的执行体，实施过程本身就十分具有挑战性。换句话说，即使能成功地将攻击代码导入到个别执行体内，或者将同一代码导入不同的执行体内，只要不能实现"非配合条件下的动态多元目标协同一致攻击"，任何摆渡攻击在机理上都是无效的。有意识地利用这个内在效应，可以起到必须用"几把钥匙"同时开锁的安全作用。

(2)渗透或传播式攻击无效。"去协同化"的隔离性要求和异构化的运行环境使得执行体间既没有直接的通信链路也无完全相同的执行环境，类似蠕虫病毒的复制传播机制会被自然地阻断或失效。即使手段高明的攻击者能够利用类似 CPU 高速缓存的"侧信道或隐信道"传输技术，也会因为异构性使得面向其他执行体的复制传播无效。

(3)存在协同攻击软肋。无论 DHR 架构还是 DRS 系统都强调攻击者可利用的设计缺陷在空间上是独立的，在时间上不能被同一次攻击所利用或者不能被连续使用。这意味着系统内部如果存在强关联的未知漏洞或者具有协同攻击效果的后门，则在一次或成组攻击中就可能出现共态故障。例如，若系统的多数执行体中都被植入了"停机后门"，或者攻击者掌握了多数执行体的高危漏洞并能获得最高运行权限，则通过遍历性的持续攻击也会导致系统冗余部件不停地"重启操作"，从而出现系统服务功能事实上瘫痪的情况。换句话说，如何阻止对手基于社会工程学手段弄清多数执行体的漏洞，或防止对手在多数执行体中预置"一击毙命"或"中国菜刀"式攻击后门就成为新的安全问题。退一万步说，即使攻击者缺乏致瘫所有执行体的能力，目标对象也会因为执行体的不停清洗而造成服务能力降级，甚至等效成为拒绝服务攻击。

作者认为，拟态系统中的最大安全威胁就是这种连续瘫痪或扰乱执行体服务功能的攻击，特别是隐藏在单一来源应用服务软件中的"自停机功能"。推广到一般情形，单一来源应用软件中如果存在与环境无关的漏洞后门甚至本身就是带有病毒木马功能的恶意软件，且攻击对象只限于自己提供的服务范围内，则拟态防御理论上应当无效。从这个意义上说，市场供应多样化、技术产品开源化、黑盒产品白盒化、网络服务标准化等既是网络经济需要解决的问题，更是拟态防御乃至网络空间安全需要营造或赖以生存的多元化生态环境。

10.4.2　拟态防御效果参考界

DRS 架构可以看作异构执行体是静态配置或处于暂稳状态的 DHR 架构，其本身已有比较成熟的数学模型和可靠性分析方法，诸如基于马尔可夫过程、广义随机 Petri 网等。而 DHR 架构实质上是一种附加策略调度和多维动态重构负反馈机制的 DRS 架构，在对抗基于目标对象已知或未知漏洞后门、木马病毒等的外部攻击或内部渗透方面，理论上比静态的 DRS 有更好的效果，但是最极致的表现也不可能好过全部异构执行体在相应时间内同时发生随机性物理故障的情况。以下考虑都是建立在被攻击的执行体在故障后是可恢复的基础上，包括冗余体离线状态下的主动清洗或随机重启或重构、重组、重建等，且假定可恢复的时间可以忽略(实际应用中，必须考虑攻击间隔很可能小于执行体恢复时间的情形)。

需要强调指出的是，在 DRS 架构失效性分析中，当多数执行体(超过半数)发生同时性和同一性故障，或者同时性和非同一性故障时，架构的可靠性功能即行失效。与 DRS 不同，DHR 系统多模输出矢量出现完全不一致情形时并不意味着架构的安全防御和可靠性功能失效，因为策略裁决机制还可以启用权重参数等再行决策。相反，多模输出矢量出现多数或完全一致错误时，攻击逃逸现象是无法感知的，尽管是小概率事件。因此，DHR 架构导入基于负反馈机制的动态性、多样性和随机性等不确定性因素，就是想通过"测不准"效应控制或降低这种事件的发生概率。

1. 拟态防御的理想效果

理论上，拟态界内的异构执行体只要保证给定功能交集外不存在相交的暗功能且受攻击后总是可恢复的，就可达到我们所称的"理想效果"。此时，拟态裁决逃逸的可能性与暗功能的复杂性无关，只与非配合条件下异构执行体间的暗功能所形成的输出矢量在时空维度上的一致性表达有关。DHR 架构通过基于输出裁决的策略调度和多维动态重构负反馈机制显著增强了"动态、异构、冗余"三方面的属性，着力破坏暗功能输出矢量形成多数或一致性结果的概率，或最大限度地降低暗功能通过正常的输出响应序列携带目标对象敏感信息实现逃逸的可能性。

2．防御效果参考区间

由于 DHR 架构是在 DRS 结构中引入了提高不确定性的动态化、随机化、多样化机制，其对抗网络攻击的效果显著地高于经典的非相似余度系统，但再高也不可能大于相同余度条件下非相似余度系统硬件可靠性的极限。即防御效果的下界若以某一场景被协同攻陷的概率为基点，上界则应以所有场景都能被连续攻陷的概率为顶点，但是这个概率很可能低于同等冗余度系统同时出现物理失效的概率，所以用后者作为参考上界是合适的。

1）防御效果参考下界

非相似余度（可以看作 DHR 架构的一个片段场景）系统具有以服务功能保护为目标的最低防护能力。我们将设计缺陷导入的漏洞和植入的后门等都统一视为漏洞，那么只要基于目标对象漏洞的攻击不能同时使多数异构执行体出现完全或多数相同的故障，或者假定不同漏洞的可利用方法不同且不存在协同攻击的可能，该场景下的系统就是安全的。我们可以借助 DRS 可靠性评估模型，在给定余度和静态条件下，将所有执行体输出矢量同时出现完全一致错误的假定概率代入失效率计算公式，得到的数值作为不考虑动态异构条件下拟态防御效果的参考下界。这一参考值实际情况下可能相当保守，因为各执行体输出矢量出现一致性错误的概率又与负反馈控制环节的动态性、多样性和随机性机制强相关，即一致性错误本身可以用高阶概率函数来描述（与执行体的相异性、输出矢量语义和信息丰度、执行体冗余数量等因素相关）。实际上，在动态异构以及去协同化运行环境下，不通过"试错"法就能达成异构执行体一致性逃逸是难以想象的事情，加之基于拟态裁决的负反馈控制机制总是试图用替换、清洗、修复甚至重构重组异常执行体的方法"消除"输出矢量不一致的情形,这使得"试错"法的应用失去了场景不变的基础条件。与 DRS 不同,拟态防御能有效拒止这种基于试错法的协同攻击。另外,从攻击者角度而言,因为有太多不确定性因素的导入,即使某一拟态场景下出现了攻击逃逸,其经验往往也不具有可继承性,难以在其他拟态场景下复现,因而攻击任务一旦复杂到需要克服由多重异构场景组成的拟态防御体系时,成功逃逸的概率只可能更低。

2) 防御效果参考上界

拟态防御系统虽然是动态结构的非相似余度系统,但本质上仍属于非相似余度系统。因而无论动态化、多样化、随机化的调度策略和重构策略导致的系统结构表征如何不确定,其产生的防护效果都不可能超过相同冗余度条件下 DRS 系统物理意义上的可靠性极限,即所有执行体同时出现不可恢复物理性失效的情形,所以将非相似余度的可靠性极限作为拟态防御效果的参考上界是合适的。

10.4.3　拟态系统验证与评测考虑

拟态系统的许多问题场景与容错系统的失效或故障场景同构或相似。尤其是拟态构造下能将非协同性的差模攻击场景(基于个性化漏洞后门或病毒木马等)归一化为随机性的差模故障,能将协同一致的共模攻击问题归一化为可靠性领域的同态失效问题,能将基于部件的未知安全威胁归一化为系统层面失效概率可控的可靠性处理问题等。总之,相对正确公理能将针对成员个体的已知或未知安全威胁问题转化为系统层面的可靠性问题,从而使得两个看似性质完全不同的问题可以在具有可靠性属性的拟态架构内得到一体化的解决。毫无疑问,可靠性理论和相关测试验证方法能够作为拟态系统抗攻击性和可靠性测试与度量的基础理论与方法。作者以为,未来拟态系统的测试方法可能会出现多样化发展的格局,但是基本的测试验证流程应当遵循如下几个步骤:

（1）因为拟态系统首先是一个给定功能性能的服务系统，需要通过相应的设备标准和测试规范，检验其服务功能性能的符合性与一致性。

（2）从拟态原理出发，根据目标对象拟态功能性能测试规范和相关测试集进行注入式测试和检验。测试集中的测试例之功能和效果相对宿主对象应当是可控制可验证的，测试集中至少要包括个性化测试例和同源变体测试例。

（3）选择测试集中的注入测试例，验证目标对象拟态机制的完备性。例如给不同的执行体注入个性化的测试例，且在保证执行体间不存在相同或同源测试例的情况下，无论如何配置或组合测试例，都不应当影响拟态防御机制的有效性。

（4）选择测试集中的同源变体测试例，注入到系统半数以上的异构执行体，观察和统计各种组合测试下的攻击逃逸概率。

（5）在验证拟态机制的完备性基础上，还需要测试拟态防御的性能。包括基于拟态裁决的策略调度和多维动态重构负反馈机制的收敛速度，输入输出代理和裁决造成的服务响应时延，异常执行体清洗恢复到可用状态的准备时间，执行体重构并完成同步跟踪进入待机状态的速度等。

1. 评测背景

理论上，拟态括号内部环境允许"有毒带菌"，即在机制上并不会直接导致固有漏洞或后门（陷门）等的实质性减少或彻底移除（在某种组合条件下还会再现）。与传统的安全评测观念和做法不同，拟态防御效果强调的是目标对象中漏洞后门的可锁定性、基于防御对象漏洞后门等攻击链的可靠性、对目标系统功能与性能的持续性影响、敏感信息私密性与完整性的保护程度等，核心是在保障目标对象服务功能（或性能）情况下增加漏洞后门等可探测与可利用难度，降低拟态括号内病毒木马的安全威胁效果。读者不难看出，拟态防御的效果总是伴随着系统可靠性指标。因为攻击所造成的多模输出矢量不一致情况与异构执行体随机性差模故障导致的现象完全一致，且处理方法也完全相同，此时人为攻击与随机性失效问题被归一化处理了。

由于评估对象固有漏洞后门等往往是未知或者难以获得的，因此评测中只要条件许可，应尽量采用可靠性中的试验验证方法，即在异构执行体中注入测试例的"白盒插桩"方式，以得到个体的显式结果或数据，再以相同的条件观察比较拟态模式下"白盒插桩"测试结果在拟态界上的呈现情况。这种"白盒"条件下的注入测试方式，以及拟态与非拟态模式效果的对比测试可以作为拟态防御设备的标准评测方法。在可靠性测试和验证中通常采用故障注入法，即按照给定的故障模型，用人工的方法有意识地产生故障并施加与特定的目标系统中，以加速该系统的错误和失效的发生，同时采集系统对所注入故障的反应信息，并对回收信息进行分析，从而提供有关结果的过程。由于拟态防御问题与可靠性问题同构或相似，且拟态构造可以将差模攻击归一化为差模故障，将未知威胁归一化为随机故障，将协同性攻击归一化为共模故障等，因此，故障注入法及相关仿真测试等基本原理和方法同样适用于拟态系统的抗攻击功能与性能的测试验证，但如何恰当地注入测试例以及准确评估拟态防御效果，仍有许多尚待研究的科学与技术问题。

从纯学术意义上说，评价"拟态防御内生安全"效果时需排除任何传统安全防护手段的作用，尽管实践中融合两者的作用往往能够显著增强执行体之间的相异性，因而可以非线性甚至超非线性地提升目标对象的防御能力。

2．评测原则

因为拟态系统的"内生安全"是基于可靠性架构下的可信安全机制，需要在同等功能和性能要求下与对照系比较(如拟态路由器与传统路由器的比较)，依照相同的可靠性与可用性指标做功效比或效费比、安全性等方面的评价，特别是要考虑目标系统全生命周期内的安全防御代价。此外，在"内生安全"机制的评测中，应当明确排除通过防火墙、加密认证、黑白名单、沙箱蜜罐等传统安全手段或方法获得的效益。尽管实用系统中融合这些成熟的安全技术肯定能够倍增甚至非线性地增强防护已知或未知安全威胁的能力。

1) 目标系统的健壮性

从根本上说，拟态防御保护的是目标系统的服务功能及相关性能(而不是具体到某个软硬件执行部件的安全)，即要解决服务提供的鲁棒性问题，并试图在应对基于目标对象漏洞后门安全威胁的同时，也能提升传统意义上的可靠性水平，包括使防御方获得应对或管控已知威胁或不确定性威胁的能力，使目标系统更具有弹性或柔韧性。换言之，拟态防御就是将基于执行体漏洞后门的非协同攻击效果转换为目标对象层面攻击的有效性问题，并将其归一化为物理失效和软硬件设计缺陷导致的随机性故障一并处理。

2) 攻击链的扰乱作用

理论上，拟态防御所构造的内生安全效应能够覆盖攻击链的各个阶段，建立在负反馈架构上的动态性、多样性和随机性使漏洞扫描阶段所获得的探测信息失去真实性乃至成为不确定性信息；同样的机理将影响漏洞利用过程中各种传统方法和工具使用的有效性；在攻击植入阶段由于视在漏洞的呈现和锁定具有不确定性，使得攻击代码的准确植入或注入成为难以克服的新挑战；在攻击突破阶段，由于"去协同化"条件下的输出矢量拟态裁决机制的存在，使任何一次成功攻击都必须在动态冗余空间、非配合条件下实现多元目标间的精准协同才能完成拟态逃逸；在攻击维持阶段，只有在攻击任务的整个生存周期内确保每一次的攻击都能成功的情况下，才能实现拟态逃逸。然而，基于裁决的策略调度和多维动态重构负反馈机制使攻击逃逸必定成为不确定事件。

3）融合式防御新机理

假定敏感路径或相关环节的非传统安全风险不能完全可控或者无法具备"绝对可信"条件，导入拟态机制使得我们能够用一种统一的架构以融合防御技术全面影响攻击链的各个阶段，以非特异性的内生防御机理融合特异性的主被动安全措施，以"面防御"机制结合"点防御"手段，有效地规避"已知的未知"安全风险和"未知的未知"安全威胁，非线性地增加攻击者的成本和代价。其中单线或单向联系机制是将点式集中处理转变为线状或树状分散处理，割裂或约束单个节点的信息获取权限，使任何节点都无法得到全景视图或全局性数据；DHR 架构中引入的基于反馈控制的动态化和随机化机制使拟态场景（包括附着其上的漏洞后门或木马病毒等）相异度尽可能大，从而能够显著地增加时空维度上拟态场景呈现的复杂性；采用"去协同化"条件下的输出矢量拟态裁决机制，使来自内外部的蓄意攻击必须克服拟态逃逸可行性与输出矢量语义和信息丰度呈反比的难题，直面动态异构冗余空间非配合情况下域间（跨物理、逻辑域等）精准协同攻击和实现连续逃逸的挑战。所有这些新机制都会对传统攻击手段产生颠覆性影响。

4）清洗和预防性处理

基于漏洞后门等的攻击问题，在 DHR 架构的目标系统中都可归一化为可靠性和可用性问题。在"拟态括号"的环境中，凡是能从拟态界面获得输出矢量，且可判定出是个别或少数执行体行为的，都可将其一概视为不稳定工作部件（在小概率情况下处理手法欠合理）而对其实施强迫中止、卷回复执、相应级别初始化或离线清洗检查甚至重构、重组等动作。更一般的情况是，执行体只要因动态随机调度而下线，就需要作预清洗或相应级别的初始化或环境重建操作，也包括触发病毒木马扫描清除等后台处理机制，以规避当前场景下可能存在的漏洞后门或上传的病毒木马，或阻止基于状态转移机制的潜伏攻击行动。这使得攻击者必须小心地规划设计每一个攻击步骤，否则一旦被拟态裁决环节发现就可能被全部"归零"。同时，还要能有效地避开预清洗机制对攻击链稳定性的破坏作用。显然，对于攻击者而言这些都是极富挑战性的事宜。

3．主要评测指标

1)攻击链视在复杂度

对于攻击者而言，目标环境的拟态呈现(结构表征)的未知性和复杂性，对漏洞探查与利用、后门设置与触发、攻击行为的可协同性等都会造成一系列非线性的复杂问题，客观地评估攻击链构建复杂度是拟态防御需要量化的指标之一。

按照注入测试例的"白盒插桩"验证方法，开放拟态括号内所有执行体的防御机制，根据给定的外部通道和系统的服务功能、性能以及激励规则，人为地构建出一个攻击链，使之能够在不改变被测系统服务功能和防御机理的条件下，按照某种期望的概率呈现出设定的攻击效果，例如，能够造成对目标系统信息安全等影响的事件。显然，使这个攻击链有效的所有条件、假设、软硬件代码修改和需要拥有的资源集合的"黑盒"表达就是攻击链的视在复杂度。可以设想，能够让各异构执行体分别或同时出现同样的功能性问题的攻击复杂度(如停机-死循环问题)，似乎要比输出矢量给定空间同时出现完全一致错误的视在复杂度更低些。其实，即使要出现前者的攻击效果也需要拥有使各执行体实现这一功能的全部资源和方法与途径，这对任何攻击者的能力来说都是严峻考验，而要从目标对象中实现连续或大概率的拟态逃逸，面对的挑战将难以想象。

2)协同化攻击难度

理论上说，要突破拟态防御必须能造成动态随机化条件下，基于限定的攻击路径和条件使多数异构执行体的输出矢量同时出现完全一样错误的情景。这要求攻击行动一方面能够准确地了解多个多样(或多元)目标的漏洞后门资源，另一方面要能够实时地锁定或掌控目标对象内部的漏洞后门，并能有针对性地利用这些漏洞后门造成协同一致的拟态逃逸。拟态防御的动态性和随机性给漏洞扫描或锁定造成困难，异构性使漏洞及其可利用的方式各不相同，冗余性使目标对象异构执行体之间具有时空独立性或隔离度，拟态裁决迫使攻击行动要面对动态空间、异构多目标、多方式、协同一致逃逸的挑战。可以想象，这些都是极为苛刻的条件，除了"停机或死循环"等功能失效情形外，攻击成功率在诸多的不确定性因素影响下应当是极低的。

3) 视在漏洞探测难度

对于复杂系统而言，设计缺陷往往在所难免。根据系统缺陷在拟态或非拟态情况下的表现形式，可以对系统的漏洞做如图 10.3 所示的分类。

图 10.3　漏洞分类

（1）固有漏洞：拟态防御系统在非拟态模式下或拟态括号内所有部件可探测到的漏洞。

（2）视在漏洞：系统在拟态模式下，从拟态括号外部用探测固有漏洞相同的方式扫描探测到的漏洞。

（3）可利用漏洞是可被利用的视在漏洞，且必须满足如下前提：视在漏洞能以某种可预测规律稳定地呈现；视在漏洞的可利用性质与固有漏洞集合中对应漏洞相同。

显然，对于攻击者而言，拟态防御机制使拟态括号内漏洞的可呈现数量、同一漏洞的可呈现频度及可利用性质等漏洞外在表现，受动态性、随机性、虚拟化以及多维动态重构和预清洗等机制的共同作用，其视在性质必然会发生不确定性改变。

按照传统的漏洞分类方法，非拟态模式下的一般性漏洞、低安全等级漏洞、高危安全漏洞等在拟态环境中可能不再表现出原有的形态或性质，高危漏洞可能会转变为低安全等级漏洞，甚至完全失去可利用价值。当然，也可能产生新的安全漏洞（因为重构、重组、虚拟化等动态因素所致）。因此在白盒测试中，不仅要对测试例（漏洞）的数量进行确认，还要尽可能地对漏洞的性质进行核对。

拟态机制启动后，如果发现视在漏洞（也许在给定时间内无法再现）应尽可能地甄别其性质是否与设定测试例相同、新漏洞的表现特征及其时空稳定度、新漏洞的安全等级确定等。拟态机制应当能改变或影响漏洞的表现形式和降低其安全危害等级，但如何科学度量仍有待深入研究。

同时，需要说明的是：由于尚未建立起严格的科学模型，还不能严格地证明基于多维动态重构的机制是否属于线性变换，会不会产生新的安全漏洞，特别是对拟态括号内的"有毒带菌"环境，在做拟态变化后出现什么样的新质漏洞目前难以预料。但可以确定的是，负反馈控制机制下即使产生新质漏洞应该同样具有"测不准"属性，无疑很难被协同利用。

4）漏洞利用难度

GB/T 30279—2013《信息安全技术 安全漏洞等级划分指南》中，漏洞等级划分主要依据三个因素：访问路径、利用复杂度、影响程度。

访问路径（Access Vector, AV）：攻击者利用安全漏洞影响目标系统的路径前提，分为远程、邻接和本地三种方式。

利用复杂度（Exploiting Difficulty, ED）：利用安全漏洞影响目标系统的难度，可分为简单和复杂两类。

影响程度（Damage Potential, DP）：利用安全漏洞对目标系统造成的损害程度，针对机密性、完整性和可用性某一方面的影响程度，分为"完全""部分""轻微"和"无"四种情况。

传统的漏洞划分指南对于漏洞评级有一定的指导作用，但划分较为粗略。对于拟态系统，由于视在漏洞本身的动态性，以及漏洞利用的环境因素，因而对利用复杂度、影响程度也不同。

利用复杂度（或称"利用难度"），主要包括以下几个因素。

（1）攻击链视在复杂度（Complexity of Attack Chain，CAC）：利用视在漏洞进行攻击的过程所组成的有向图的复杂程度，由每一条链的实施代价决定。

（2）攻击的可再现度（Re-Exploitability，RE）：视在漏洞被再次成功利用的概率，可根据实际测试结果取概率值，也可划分为不可再现、偶然和必然三种等级。其中，攻击链视在复杂度由攻击链的中间状态数和每一条链的实施代价决定。

5）拟态界逃逸

理论上，拟态系统期望异构执行体可能存在的漏洞后门都是相异的且具有独立性，因而在动态异构冗余环境下不可能存在基于漏洞的拟态逃逸。实践中，由于存在动态性、随机性和运行环境的重构性，拟态括号内异构执行体中即使存在相同的恶意代码段（或漏洞后门等暗功能），也不一定保证能从拟态界中成功逃逸。使用注入测试例的"白盒插桩"方法，也许能给这种"逃逸效应"赋予一定的量化意义。

假如在给定拟态系统中的某个异构执行体内注入一个具有相应测试功能的可执行代码，在开环情况下，可以得到非拟态运行机制下的攻击成功率 F_0 = 成功利用次数/测试次数，具有可测性。同样在闭环情况下，也可以得到拟态机制下的攻击成功率 F_c =成功利用次数/测试次数。于是有，拟态防御的有效性 $F_e = F_0/F_c$，这个值越大越好。当然，更为完备的做法是对给定应用系统建立一个测试集，然后按前述方式遍历所有测试例并用相应的统计算法得出某种置信度下的 F_e。按照同样方式将测试集内测试例的源代码生成的多版本执行代码注入到所有异构执行体的相应位置中，则在启动拟态机制后，按照相同的测试方法和步骤可得到逃逸成功率 E_r=逃逸成功次数/测试次数，显然这个值越小拟态环境对相同功能源代码的容忍度越高。

当然，即使注入相同测试功能的执行代码，由于在异构执行体内的植入位置、运行调度策略、参数赋予、运行机制等环境情况的不同，其结果会有不同的时空表现，因此很难评价测试集的完备性。

6) 拟态括号安全性

与非相似余度系统中的多模表决环节对系统可靠性的影响类似，拟态系统中的拟态裁决环节对防御的可靠性影响也非常关键。理论上，拟态裁决功能的实现载体——拟态括号对攻击表面中的攻击通道的内容、语法和语义以及防御目标的功能和性能应该完全透明，即括号本身不对攻击通道中的任何内容作语义层面的解析，因此不具有攻击的可达性。

然而，工程上不可能做到完全透明。例如，为了克服异构执行体输出响应上的时间差异，需在拟态裁决环节中增加输出缓冲队列；为了解决等价算法精度可能不同的情况，需增加掩码比较功能；为了增加动态性、随机性需具备输入交换和指配功能；为了解决语义相同语法稍有差别的情况，需要增加正则表达比较功能；为了支持策略裁决、时间戳、单一 TCP 序列号、IPSec 加密而增加的代理功能；为减小判决插入时间需要对多模输出矢量进行某种预先处理以降低裁决的复杂度等，这些都可能使拟态括号的工程实现复杂度大为增加，难免会出现设计缺陷或错误。特别是使用性能、功能强大且价格便宜的 COTS 部件时，安全问题会更加突出。因此，拟态括号的设计中通常应遵循的原则有：避免使用复杂的通用软硬件；功能、性能上应以拟态裁决"够用"为原则；多以可信定制或可信自重构或可信计算等具有私密性的方式实现；最大可能地缩小攻击表面，必要时可以考虑括号自身的拟态化；通过引入单向或单线联系机制，尽可能地增加拟态括号对括号内异构执行体的透明性(防止会话功能可能造成的协同攻击条件)等。总之，其安全性的测试(包括社会工程学意义上的影响等)都需要进行专门性研究,可能需要借鉴密码工程中的相关理论、经验和方法。

7) 内生安全增益

与传统防御的入侵检测、入侵预防、漏洞挖掘和利用、病毒木马查杀、加密认证等机理不同,拟态防御机制不涉及拟态括号内执行体漏洞后门或病毒木马的感知或消除问题。其内生的安全增益主要表现为一种基于增加协同攻击难度的迭代效应,即给定攻击任务中凡是涉及进出拟态界的非协同化的攻击步骤都有可能被拟态机制阻断,主要体现在以下四个方面:

(1) 改变了目标漏洞后门的呈现性质。对异构冗余执行体的动态性、随机性调度扰乱了漏洞后门的可锁定性与攻击链路的通达(或可达)性,增加了目标系统视在漏洞后门的可利用难度,破坏了基于漏洞后门攻击的时间有效性与功能可靠性。

(2) 防攻击扩散作用。由于冗余体间是独立的,藏匿(或隐蔽注入)于执行体个体内的病毒木马等渗透攻击最多影响本体自身而无法扩散,也就是说即使目标系统各个执行体内都存在病毒木马,"去协同化"的设计也能隔离"有毒带菌"功能的传递,使得病毒木马功能无法在时空维度上出现一致性的表达,理论上就不会对系统服务功能造成不利影响。

(3) 感知和管控未知攻击。拟态界的策略判决功能可以发觉或感知针对异构执行体的非协同攻击事件,并可触发相应的排查机制管控此类事件对系统可能产生的危害。

(4) 增加攻击协同难度。理论上,若要实现从拟态界的成功逃逸必须在"去协同化"条件下完成精准的协同攻击,在机制上只有利用拟态界本身的功能设计缺陷或算法缺陷才可能实现逃逸。实践中,各执行体环境的异构性和相互间的"去协同化"隔离作用,使得任何企图通过"异构跨域"的协同攻击都很难成功。

4．评测方法考虑

拟态防御系统的安全性测试主要参照可靠性验证理论与方法，采用注入测试例的"白盒插桩"式对比测试方法，测试集中的测试例最好是针对给定目标对象脆弱性设计的，或者模拟攻击者可能利用的攻击路径为前提条件。

构建拟态防御系统安全评估模型的基本思想如下：

（1）收集目标对象中存在弱点的设备信息，包括拟态界内软硬件漏洞信息、开放服务信息和产品信息等，获得目标对象网络拓扑结构和相关组件或部件公开信息。

（2）对每一个构成组合攻击的原子攻击行为生成原子模型（测试例），并严格定义变迁发生时需要的条件。

（3）定义网络攻击的初始状态，并从初始状态出发，根据拟态界上协议规程信息以及攻击行为之间的关联关系，用顺序、并发、选择三种运算来描述组合攻击流程。

（4）利用模型相关性质，或引入层次化思想，使用复合变迁表示一个原子攻击行为或者组合攻击，研究测试例的插入方式和插入位置，以达到既能降低测试复杂度又能说明问题的目的。

（5）验证目标对象是否具备对抗非配合或配合式攻击的能力。

据此思想，我们给出了拟态防御系统脆弱性分析方法的概念框架，该概念框架主要由网络参数抽象、模型构造与验证以及脆弱性量化分析与评估三个核心模块组成：

（1）网络参数抽象模块。对目标对象资源池构件、异构执行体集合、策略调度等信息进行参数抽象，包括可能存在的漏洞信息、服务信息和连接关系等，这些信息主要来自漏洞扫描工具（如 X-Scan 和 Nessus 等）的扫描结果，或与网络拓扑结构以及目标对象自身缺陷等有关信息。同时，根据收集到的系统脆弱性信息建立脆弱性知识库，为构建目标对象评估模型作好数据准备。

（2）模型构造与验证模块。首先对获取的目标对象参数进行数据预处理，之后将格式化处理后的数据作为模型的输入参数，并利用模型的构建算法生成评估模型，最后对所生成的模型进行正确性验证。在建立目标对象的评估模型后，我们可以利用 Petri 网的可达标识图与可达树分析方法对模型的有效性进行验证。

（3）脆弱性量化分析与评估模块。根据以上基础，与网络管理人员的安全目标进行交互，根据管理人员的安全需求，选择不同的方法分析目标对象中存在的脆弱性。基于最佳攻击路径分析方法，可以预测目标对象中的最佳攻击路径，验证系统的安全性。

同时，我们根据模型给出了以下三个合理假设。

假设 1： 攻击者作为智能主体非常了解目标对象中存在的漏洞，具有利用这些漏洞实施攻击的能力，即只要满足攻击条件就可以攻击成功，并且总是倾向于选择时间代价最小的路径进行攻击。

假设 2： 在攻击者发动的攻击事件中，任何攻击行为的变迁，在攻击路径中只允许实施一次。攻击者不会为了已经获得的安全要素而再次发动攻击。

假设 3： 攻击者具有明确的目标，并且会根据自己的目的实施网络攻击，而不会随意地发动攻击，即攻击者发起的攻击行为是有目标导向的。

通常，攻击路径是指从目标对象的拟态界到拟态括号内相关异构执行体定义的操作节点的过程。当攻击者发起攻击时，在目标对象中可能存在多条基于拟态界（也可能存在未设防）的攻击路径，但由于漏洞利用的难易程度以及动态防御场景状况等因素存在差异，每条攻击路径被攻击者利用的可能性是不一样的，所以需要对攻击路径进行分析研究，通过比较找出安全风险最大的路径，即可衡量系统的安全性能。

在此方面，国内外大部分的研究工作都是采用分析成功概率的方法求解最佳攻击路径，在实际应用中，由于系统、服务器、网站的多样性，这些方法不易对攻击成功概率进行赋值，如果概率设置得不合理将会造成分析结果出现很大的偏差。因此我们从攻防代价角度出发，参考 GB/T 30279—2013《信息安全技术 安全漏洞等级划分指南》，把访问路径、利用复杂度、影响程度作为基本指标。

为了使评估结果更为准确，采用了量化评估的方式对测试结果进行比较和分析。根据 GB/T 30279—2013《信息安全技术 安全漏洞等级划分指南》和通用弱点评价体系(Common Vulnerability Scoring System，CVSS)，提出了测试的评估标准。评估依据包括漏洞发现难度、漏洞利用难度、漏洞影响程度及其构成因素在内的多项评估要素，通过评分的方式量化各要素并进行比较。其中每一种影响因素的等级在实际测试中依靠主观估计，因而存在一定的误差，可参照已有的漏洞评估标准校正。

5．防御有效性的定性分析

主流的网络攻击大都是利用特定系统的脆弱性(如漏洞、后门)，而脆弱性被利用需要一定的前提条件，并且攻击者需要知道相关的"知识"(例如，操作系统或软件版本、相关对象的内存地址)才能有效利用脆弱性进行攻击。一个完整的攻击任务由若干攻击步骤组成，每一个攻击步需利用前序攻击步所创造的条件，并且得到相关"获利"，为后续攻击步创造条件，最终形成一条稳定的攻击链。

因此，只要破坏网络攻击所依赖的条件，阻止攻击者获得攻击所必需的"知识"(或者使其获得的知识在攻击实施时失效)，就能够有效阻止攻击，尽管脆弱性并未被真正移除。拟态防御机制与传统安全防御机制的重要区别点之一就在于传统的安全防御机制注重移除脆弱点，封堵攻击途径(如网络通道)；而拟态防御机制主要注重破坏攻击所依赖的前提条件(并不局限于网络通道)，以及对目标对象的准确认知，通过 DHR 架构主动变换拟态界内工作环境，使攻击者无法稳定地构造拟态逃逸所需的协同一致场景，所以在"有毒带菌"的情况下仍能保证目标对象元服务的健壮性和安全性。

然而，不同类型的攻击所利用的脆弱性是不同的，所依赖的前提条件和攻击者所需掌握的"知识"也是不同的。因此，可以将当前主流攻击进行梳理分类，针对各类攻击归纳其所依赖的前提条件、攻击者所需获得的"知识"、可能获得的利益等，然后分析拟态防御的各类工作机制，指出对各类攻击有效的策略和方法等。

6. 故障注入测试于拟态机理验证

对于给定的拟态系统除了测试与验证其服务功能和性能外，还要验证可靠性能及抗攻击性能。

10.4.4　类隐形性评估思考

隐形技术（Stealth Technology，ST）俗称隐身技术，又称"低可探测技术"（Low Observable Technology，LOT）。即利用各种不同的技术手段来改变己方目标的可探测性信息特征，最大限度地降低对方探测系统发现的概率。隐形技术是传统伪装技术的一种应用和延伸。

隐形技术在飞行器领域的典型应用就是隐身飞机（stealth aircraft），就是利用各种技术减弱雷达反射波、红外辐射等特征信息。目前，飞机隐身的方法主要有以下三个方面：一是减小飞机的雷达反射面，从技术角度讲，其主要措施有设计合理的飞机外形、使用吸波材料、主动对消、被动对消等；二是降低红外辐射，主要是对飞机上容易产生红外辐射的部位采取隔热、降温等措施；三是运用隐蔽色降低肉眼可视度。

相应的隐形能力评估，粗分指标有雷达反射截面（Radar Cross-Section，RCS）大小、红外辐射特征强弱、肉眼可视距离等。更细的指标又有飞行器不同姿态下，相对于不同波长雷达波的反射截面、红外辐射的频谱特性和幅频特性、不同能见度和光照角度的可视距离等。

拟态防御本身也是一种隐形技术。通过目标对象拟态场景的变化隐匿设计缺陷或漏洞，模糊漏洞后门的可达性，造成攻击者对防御行为的认知困境。

相应的拟态能力评估，也应当是测试者对拟态前已知漏洞的可视度评估（包括漏洞特点、性质和呈现稳定性等），以及对拟态后未移除的同一漏洞的可视度评估（包括漏洞特点、性质和呈现稳定性的变化），两者之间差别应该成为拟态能力的主要指标之一。同理，测试者对拟态前已知后门的可利用度评估（包括后门的特性与可达性验证，上传木马可靠性，木马控制的有效性等），以及拟态后未封堵同一后门的可利用度评估（包括后门特性与可达性、上传木马和木马控制稳定性的变化）。两者之间的差别也应当是拟态能力的主要指标之一。以此类推，对于在各执行体内注入不同功能的测试例或者同一功能测试例的情况，也应该采用拟态前和拟态后的比较测试并作为拟态能力的主要评估指标。更进一步，对静态拟态场景漏洞可视情况、后门可利用情况进行评估，以及对动态拟态场景漏洞可视情况、后门可利用情况做出评估并将两者的差别也作为拟态能力的主要评估指标。

总之，拟态能力的测试评估可以仿照隐形能力测试评估，主要使用对照或对比模式进行。但是，测试例构造以及插入被测对象功能部位等关联因素都会影响到评估质量。如何科学地测试和度量拟态防御能力仍有待进一步研究。

10.4.5　基于拟态裁决的可度量评测

按照拟态防御原理，拟态裁决通过多模输出矢量的不一致情况能够感知非协同化攻击（包括差模故障）状况，而对协同攻击造成的逃逸情况则无法直接感知。由于"测不准"效应的影响，拟态防御机制会阻断任何"试错式"协同攻击。换言之，试错式协同攻击能被拟态裁决环节发现，这一结论通常情况下是正确的。于是，通过注入测试例的白盒插桩法和检测裁决器状态可以度量拟态系统的防御性能。我们知道，当多模输出矢量不一致时（由于容错机制外界通常不能感知），或者完全不一致时，基于策略调度和多维动态重构的负反馈机制总是试图更换当前服务集中的异常执行体，或者清洗恢复或者重构执行体本身，期望输出不一致的现象消失或在给定观察时间内不一致现象的出现频度被控制在某一设定阈值内。显然，在攻击场景不变的情况下，不一致现象从出现到消失的响应时间是拟态系统防御能力的一个度量指标。这个指标又可以细分意义：一是表明该攻击可突破哪些执行体的当前防御环境，多模输出矢量是少数不一致还是多数不一致；二是可判明何种策略或何种防御场景能够应对此种攻击，因为无论是替换异常执行体还是清洗恢复异常执行体或者重组重构执行体，输出裁决器都可感知防御场景更换后的效果；三是能够度量经过了多少次防御场景变换才使输出裁决器状态收敛等。反之，断开反馈环路情况下，可以判别攻击造成的输出矢量不一致现象是否具有时空稳定性，变化趋势如何；也可以在开环状态下采用白盒插桩方法，变化攻击场景并监测输出裁决器的状态和输出矢量，如果能造成"攻击逃逸"现象并能保持，则闭合环路后观察需要多长时间才能消除逃逸现象，这一指标可度量拟态防御系统的抗逃逸能力。于是，根据一个给定测试集（可以对被测对象开放），我们可以基于时间轴将拟态裁决环节感知到的不一致情况进行分类统计，例如，在给定的观察时间内可以统计有一个输出不一致的频度，多个输出不一致的频度，完全不一致的频度，甚至具体到某个执行体输出异常的频度等，就如同可靠性领域的平均无故障时间（MTBF）或者通信传输领域的误码率（SER 或 BER）指标那样，以表征防御对象当前的安全态势。当然，测试集的设置条件及其设置的完备性直接影响评估的科学性。不过，此时的问题性质已远远超出了现有攻击理论、方法和影响力可以覆盖的范畴，这也是拟态防御机制"改变网络安全游戏规则"的题中应有之意。

10.4.6 攻击者的思考

如果换位到攻击者角度思考，对付拟态防御系统，以下途径可能有效。

1. 发掘利用拟态界上漏洞后门

着力提升挖掘和利用协议或规程设计漏洞的能力，或者具备在透明度很高的标准化算法或接口中设置后门的能力，特别是具有发掘和利用多协议、多标准多模融合使用情况下可能存在的特定漏洞的能力，这通常是协议安全性检查往往不能覆盖的问题，也是攻击者突破拟态防御的最有效的途径之一。当然，这对攻击者能力的挑战也是不言而喻的。

2. 利用开发工具和开源社区模式制造"同源同宗"生态环境

拟态系统期望执行体之间的相异性越大越好，理论上所有"暗功能"如果都不相交，就不会出现攻击逃逸问题。而"同宗同源"问题则可能会破坏多元性作用，降低多样性意义，增大攻击逃逸的可能性。通过开发工具和开源社区导入恶意代码，或借助可重用软硬件产品交易市场植入后门，或利用集成服务模式在 COTS 级产品中驻留特殊功能等都是可供选择的方式。

3. 借助"不可替代"优势实施黑箱操作

拟态防御需要有功能等价条件下的异构冗余环境保证，如果是"单一来源"黑盒产品，异构冗余的前提就难以成立。从这层意义上说，为保证网络空间健康有序地发展就必须坚决反对任何形式的技术和市场垄断，强调开放性和标准化，营造有利于多样化技术与产品蓬勃发展的生态格局，应当是国际社会解决网络空间安全问题甚至网络经济问题的共同责任。

4. 开发不依赖环境的攻击代码

拟态防御通过功能等价条件下防御环境的不确定变换来达成漏洞后门、病毒木马等难以协同化利用的目的。因此，在类似于跨平台脚本文件中隐藏不良代码，或者在单一来源应用软件中驻留与执行环境无关的恶意代码，或者在具有"同宗同源"代码的多样性软件中专门设计便于突破非配合条件下协同攻击的专门机制等，都有可能影响拟态防御效果。

5. 利用输入序列实现非配合条件下的协同操作

拟态环境强调"去协同化"，总是设法避免异构执行体之间存在通信、协商或同步机制。但是，无法阻止攻击者利用正常输入序列实现协同操作的目的。例如按照事先约定好的输入序列或内容的编排关系，可以使相关执行体中的暗功能实现相对精确的跨域协同操作(攻击)。当然，前提条件是攻击者能够完全掌控多样化执行体内相应的暗功能。

6. 设法绕过拟态界

利用"侧信道"效应或者其他的手段或途径绕过拟态界是瓦解拟态防御的有效方式，特别是执行体中的暗功能，如果能访问执行体内的敏感信息，则借助声波、光波和电磁波等物理(侧信道)形式隐蔽地发射信息，拟态界上是无法感知的。

7. 攻击拟态控制环节

输入/输出代理、拟态裁决、反馈控制等拟态构造核心环节将成为攻击者的新目标。理论上，这些环节也不可避免地存在设计缺陷，也有可能被植入恶意代码，因而不存在绝对可信的例外情况。但是，由于这些环节本身并不具有期望的服务功能(相对于执行体而言)，通常还不具有攻击可达性，若想获得目标对象的最高控制权还需考虑系列化的攻击安排，特别是以获取敏感信息为目标的攻击需要制定复杂的联合攻击行动，一些环节可能不仅需要精巧的网络攻击技术，还要动用高明的社会工程学手段。不过，如果只是以破坏或瘫痪拟态控制机制为目的，例如，让负反馈机制频繁动作使执行体不断处于策略调度状态下无暇提供正常服务功能(服务颠簸)，或者使裁决器不工作、乱动作，或使输入/输出代理失效等造成拒绝服务攻击(DoS)效果可能要相对容易些。需要指出的是，这些环节的功能常常比较简单，一般可以制定比较完善的形式化检查规范，也不存在状态爆炸的可检测性屏障，漏洞后门等代码检查通常不会成为难题问题。特别是，如果将这一环节软硬件代码开源开放、标准化，再引入用户可定义、可定制的功能，并使之与执行体在产品形态上分离并形成多元化的生态环境；或者干脆设计成"黑盒"部件，都能给攻击者带来难以克服的困难。

8．DDoS 暴力攻击

以堵塞通信链路或耗尽服务资源的 DDoS 攻击，拟态防御从机理上无效。但是，对于"灵巧 DDoS 攻击"而言，因为无法准确感知目标对象服务资源开销情况，故而实施效果往往难以达到预期。

参 考 文 献

[1] May G A. Social Engineering in the Philippines: The Aims, Execution, and Impact of American Colonial Policy. New York: Greenwood Press, 1980.

[2] Dawkins J, Hale J. A systematic approach to multi-stage network attack analysis// Proceedings of The Second IEEE International Information Assurance Workshop, 2004: 48-56.

[3] Ye N, Zhang Y, Borror C M. Robustness of the Markov-chain model for cyber-attack detection. IEEE Transactions on Reliability, 2004, 53（1）: 116-123.

[4] Wang S, Zhang L, Tang C. A new dynamic address solution for moving target defense//Information Technology, Networking, Electronic and Automation Control Conference, 2016: 1149-1152.

[5] Evans N, Thompson M. Multiple operating system rotation environment moving target defense: U.S. Patent 9,294,504. [2016-3-22].

[6] Intel. Skylake server processor, external design specification addendum for SKL + FPGA. www.intel.com/design/literature.htm. [2016-3-22].

[7] 魏少军，刘雷波，尹首一. 可重构计算. 北京：科学出版社，2014.

[8] Hataba M, Elkhouly R, El-Mahdy A. Diversified remote code execution using dynamic obfuscation of conditional branches//2015 IEEE 35th International Conference on Distributed Computing Systems Workshops (ICDCSW), 2015: 120-127.

[9] 马海龙, 江逸茗, 白冰, 等. 路由器拟态防御能力测试与分析. 信息安全学报, 2017, 2(1): 43-53.

[10] 张铮, 马博林, 邬江兴. Web 服务器拟态防御原理验证系统测试与分析. 信息安全学报, 2017, 2(1): 13-28.

第11章

拟态防御基础与代价

11.1 拟态防御实现基础

拟态防御的 DHR 架构实质上是一种集服务提供、可靠性保证、安全可信"三位一体"的广义鲁棒性控制架构，特别适合于高可用、高可信等具有稳定鲁棒性和品质鲁棒性服务要求的应用领域，并在 IT 和智能控制领域具有较好的普适性。该架构技术既能用于各种软硬件组件、模块、中间件、IP 核等中低复杂度的应用场合，也可以用于各种信息处理与控制设备、装置、系统、平台、设施、网元甚至网络环境，是迄今为止最具抓手级影响力的新一代信息技术之一。但是，其功能(性能)等价条件下的动态异构冗余架构要求，需要借助于包括专用和通用 COTS 级的信息技术产品、先进开发工具和多样化产业生态环境来降低其实现复杂度与成本代价。以下技术进步或发展趋势为拟态防御的实现奠定了重要基础：

11.1.1 复杂性与成本弱相关时代

在器件工艺上，摩尔定律推测的趋势已经持续了半个多世纪[1]，半导体技术获得了飞速的发展，如图 11.1 所示，且摩尔定律在今后一段时间内还将持续有效。这使得在成本相对不变时，芯片上能够容纳越来越多的晶体管，能够承载更多更复杂的逻辑电路。进一步有，芯片功能性能的提升支撑了软件规模化的发展，进而形成软硬件设计制造复杂度与产品价格弱相关的"不可思议"局面。因此，信息领域行业规则完全不同于机械制造业，业已证明其产品市场价格只与销售规模强相关而与产品设计制造阶段的复杂性关系不大。另一方面，技术架构上，从单核、单一系统到多核、众核、多模混合架构正在成为一种泛在化趋势。例如，Intel 于 1971 年向全球推出 4004 处理器，仅有 2300 左右个晶体管，单核性能低下；而最新一代的 i7-6700K 处理器采用 skylake 架构[2]，晶体管数目高达 19 亿，配备 4 核 8 线程，运算性能极强。多样化的 COTS 级软硬件产品相当普遍，而拟态防御要求的动态异构冗余环境与上述发展趋势具有时代吻合性。

图 11.1　摩尔定律

11.1.2　高效能计算与异构计算

不同架构的处理装置具有不同的能效特性，不同架构的计算系统在不同的负载情况下能效差别也很大。例如，相比通用处理器，大规模的流式处理器更适合计算密集型的应用，因此"天河一号"高性能计算机采用 CPU+GPU 的异构模式[3]来应对 LINPACK 测试，在高性能应用领域获得了巨大的成功。当然，还有采用多核指令流并行技术架构的"神威·太湖之光"，已经连续两年拔得全球高性能计算机 TOP500 头筹。尽管如此，这些"电老虎"的胃口成为用户头上不散的幽灵，现实中"买得起马备不起鞍"的故事总在不断地上演。实际上，十年前国家高技术研究发展计划（863 计划）就在上海部署了"新概念高效能计算机体系结构及系统研究开发"重大任务专项，由国家数字交换系统工程技术研究中心主持研发，2010 年提出了一种"基于主动认知的多维动态函数架构 PRCA"，使得同一任务在不同时段、不同负载、不同资源、不同运行场景等情况下，通过主动认知的多维动态重构技术实时组合不同能效比模块或算法来获得预期的任务处理效能。由于其工作机理与生物拟态现象非常相似，故而称为拟态计算（Mimic Structure Calculation，MSC）并依此开辟了除工艺降耗与运行状态降耗之外的第三种基于计算机体系架构技术的节能降耗途径。2013 年 9 月，中国研制成功的世界上第一台拟态计算原理样机，通过功能等价条件下，基于主动认知的变结构（异构）拟态计算，实现了高性能与高效能计算的完美结合。测试表明，对于经典的计算密集型、存储密集型和输入输出密集型三种计算实例，其能效与同期的 IBM 主流服务器相比有数十倍至 300 倍以上的提升。同时，其"功能等价条件下基于主动认知的多维动态函数结构"也成为拟态防御的基础技术之一。两者之间的差别只是应用场景的不同，前者是为了实现高效能计算，后者则是为了对付基于目标对象漏洞后门等"暗功能"之安全威胁。目前，基于 CPU+FPGA 的"异构计算"或"用户可定制计算"正在兴起。例如美国 Intel 公司新近推出的基于（Quick Path Interconnect，QPI）连接的 Xeron+FPGA 结构，可以同时提供数据并行以及流水线并行的加速处理功能。与此同时，计算环境的可定制与异构处理等内生特性，从防御的角度视之，也大大改善了信息系统或控制装置的静态性、确定性和相似性等脆弱性。特别是目标系统应用诸如 FPGA、软件可定义硬件 SDH 等非指令流控制方式，且使用算法可重构甚至在线重构功能的构件或部件时，几乎可以在不用增加过多防御成本或者损失系统性能的条件下，显著地提升攻击难度和代价。可以预期，以用户可定义异构计算部件作为拟态防御执行体基础组件，发展前途值得期待。

11.1.3　多样化技术

拟态防御需要有多样化或多元化的功能等价执行体或种类丰富的异构防御场景，通过基于拟态裁决的策略调度和多维动态重构负反馈机制降低攻击逃逸概率，增加攻击者的入侵和渗透难度。对于一个信息系统或控制装置，无论是从其顶层的应用软件到中间层的支撑软件(例如操作系统、数据库、虚拟化软件等)，还是其底层的硬件存储及处理设备和交换互连网络，市场上往往有多种可供选择的 COTS 级产品，并且相互之间有良好的兼容性。例如，目前可以使用的操作系统有 Windows、Linux、UNIX 等，Linux 又包括 Debian、Ubuntu、RedHat 等；PC 处理器有 Intel、ARM、AMD、IBM、龙芯、申威、飞腾等厂家，手机处理器有 Intel、Qualcomm、Samsung、华为、联发科等；路由器有华为、Cisco、Juniper、H3C 等品牌，其上的域间路由协议又有多种标准化的路由控制协议(例如 RIP)和开放式最短路径优先(Open Shortest Path First，OSPF)版本等。标准化、多样化的 COTS 级软硬件产品为拟态防御所要求的异构冗余环境提供了基础性支持。

从商业技术发展趋势看，开源社区已成为技术创新和产品开发备受追捧的新模式。一些拥有共同兴趣爱好的企业或个人，根据相应的开源软件许可证协议公布软件源代码到指定的网络平台，同时也为网络成员提供一个自由学习交流的空间，在推动开源软件发展的过程中起着巨大的作用，例如，国外有影响力的开源社区OpenSource，以及国内的 Linux 中国。由于开放源码主要由散布在全世界的编程者所开发，编程者的文化环境、思维习惯以及开发工具和技术方法的不同，使得相同功能的软硬件模块具有不同的实现版本。这为构建拟态防御所需的异构资源池提供了多元化基础，并融入了强劲的市场活力。

从工具技术进步角度看，通过多样化设计编译工具可实现源程序的多变体化。借助现代编译或解释工具，一个源程序可以被编译成多种目标代码(跨平台指令集)的可执行文件，也可以通过改变编译参数(尤其是那些事关并行性识别和自动优化的参数)，生成目标指令集相同但编译结果不同的多样化的可执行文件。由同一源代码通过编译器生成多个不同的可执行文件，进而实现软件的多变体化，是获得异构功能等价体的有效途径之一。同理，这一方法也正在应用到可编程或软件可定义硬件领域。必须强调的是，无论是采用多样化编译器还是使用不同的编译器或解释器都不可能消除源程序中的设计缺陷或"暗功能"。例如，如果应用程序不过滤审查用户的输入，那么即使采用不同的语言创建 SQL 查询语句或者使用不同的编译器或解释器，也并不能够解决 SQL 注入问题。但是，多样化的编译方法却能够改变目标执行文件的攻击表面[4]，增加注入攻击难度。

从工程实现角度看，通过工程管理实现功能等价条件下执行体的相异性设计，其经典范例就是"非相似余度架构 DRS"。要求工程实现上保证各功能等价执行体中的设计缺陷具有不相互重合的性质。目前，DRS 系统的相异性设计主要通过严格的工程管理手段来实现，由不同教育背景和工作经历的人员组成的多个工作组，依托不同的开发环境，根据不同的技术路线，遵循一个共同的功能规范，独立开发多个功能等价的装置。例如，采用严格工程管理手段设计出的基于 DRS 架构的飞控部件，其异构冗余体间具有较好的相异性或差异性[5]，使得美国波音公司的 B-777 客机飞控系统的失效率能够低于 10^{-10}，通用动力公司的 F-16 战斗机飞控系统的失效率能够低于 10^{-8}。

11.1.4　标准化和开放架构

标准化及开放架构已经成为技术界和产业界的共识，有利于生产者的分工与协作，促进生产力的快速发展。同时，标准化和开放架构也为拟态防御提供了重要的技术支撑。

开放式体系架构[6]（Open System Architecture，OSA）使得应用系统具有可移植性和可剪裁性，保证了网络上各节点间的互操作性，以及易于使用者从多方获得软硬件产品，避免市场垄断或"单一来源，黑盒使用"的风险，同时也能促进新技术、新功能的发展和完善。因此，开放架构能为拟态防御提供多元化、可裁剪、可扩展的软硬件组件或模块。

标准化是实现开放性的基础，为了确保互联和互操作等性能的实现，就必须制定一些标准规范。国际标准化组织(ISO)信息处理系统技术委员会已经制定了一系列的开放系统互连标准，几乎覆盖了信息处理的各个重要领域。世界上各大计算机制造商和用户都支持 OSI 标准，建立在 OSI 上的环境，称为 OSIE，开放体系结构也是实现 OSIE 的技术基础。标准化规范了可选作拟态防御执行体构件的接口和协议，屏蔽了其内部实现上的差异，有利于将不同供应商处获得的执行体构件集成在 DHR 架构中，并能保证无差异的服务功能或性能。标准化极大地减轻了拟态防御系统融合多个异构执行体的工作量，同时也使得在不需要密切沟通协作的情况下，各团队或受委托的第三方能够独立开发不同软硬构件的执行体。

开放的架构以及标准化的技术和接口，促进了专业化、多元化的细分市场的形成，这就为 DHR 架构系统提供功能等价的商品化软硬部件或构件创造了可持续进步的条件。在网络领域中，SDN、网络功能虚拟化(Network Function Virtualization,NFV)等技术和标准的出现,使得传统的路由交换、域名服务之类的专用市场实现了"黑盒到白盒"的开放式发展,形成了百花齐放的市场格局,为拟态防御提供了可持续发展的生态环境。

11.1.5 可重构与可重组

近年来随着网络的普及、通信技术和多媒体技术的飞速发展,对计算资源的需求日趋复杂,特别是各种各样的计算密集型多媒体应用和数据密集型大数据应用对计算环境的要求越来越高,促使了可重构技术的发展和应用。同时,重构技术的发展又对动态异构冗余架构的防御场景多样化提供了强劲的技术支撑。

可重构技术[7]兼备了软件的通用性和硬件的高效性,广泛应用于信息技术、生产制造、智能服务等领域,旨在通过灵活地改变系统处理结构或算法,使得有限的资源能够适应更多的应用需求,以达到提高效率、降低成本、缩短开发周期等目的。在信息技术领域,可重构主要有硬件可重构和软件可重构,而硬件可重构又可具体划分为基于 FPGA、基于极限处理平台(eXtreme Processing Platform,XPP)、软件定义硬件(SDH)和针对芯片设计的可重构。软件可重构可具体分为基于模块代理与实现相分离、可重构动态框架和基于控制计划程序等可重构技术。基于上述重组或重构技术,在拟态系统资源池中选择不同的元素集合,可以构造出多种不同的异构执行体或其上的防御场景,使得有限资源能为拟态防御场景提供更为丰富的结构表征。系统或执行体的重构过程也可视为拟态防御场景动态、多样、随机性变化的过程,等效作用就是扩大了服务集内执行体间的相异度,显著提升多模裁决机制下协同攻击逃逸的难度。另一方面,针对不同应用环境和需求,重组不同性能或安全级别的元素集合,有利于提高系统的效能和安全性。

11.1.6　虚拟化技术

在计算机科学中，虚拟技术[8]是一种通过组合或分区现有的计算机资源（CPU、内存、磁盘空间等），使得这些资源表现为一个或多个操作环境，从而提供灵活性优于原有资源配置的访问技术。虚拟化就是把物理资源予以抽象，转变为逻辑上可以管理的资源，以打破物理结构之间的壁垒，使得可以比传统方式更灵活更高效地使用已有的资源。虚拟资源可以不受现有资源的部署方式、地域或物理组态的限制。虚拟技术对于拟态防御的工程实现，特别是应用的经济性具有重要的工程意义。

其中，具有代表性的操作系统虚拟化技术 Docker[9]，采用 C/S 架构 Docker Daemon 作为服务端接受来自客户的请求，并处理这些请求（创建、运行、分发容器），以实现类似虚拟机 VM 的功能，从而利用更加节省的硬件资源提供给用户更多的计算资源。虚拟化环境需要多种技术的协调配合，例如，服务器和操作系统的虚拟化、存储虚拟化以及系统管理、资源管理和软件提交等。而虚拟技术本质上是通过虚拟空间创建虚拟资源、构建虚拟结构、形成虚拟环境和实现虚拟功能，以丰富现实环境的功能和资源运用的空间。

尽管虚拟化技术带来的使用灵活性都是以处理资源额外开销为基础的，问题是如果局部的开销能带来或改善全局的效益，虚拟化的合理性就能得到应用层面的支持。例如，网络服务的多样性和负载分布的不确定性，使得传统的静态配置处理资源方式效费比低下，要么出现分配的处理资源不足影响用户体验，要么不同业务服务器之间忙闲状态失衡严重影响资源的有效利用。虚拟化技术能够将静态分配方式转变为动态分配方式，从而既提高了处理资源的综合利用效益也大大改善了用户服务体验，虽然增加了虚拟化本身的开销但对于提升应用系统整体效费比而言，仍具有很强的吸引力。

虚拟化技术对于拟态防御的经济性实现具有重要意义。其一，可以提供廉价的异构执行体资源。假设有 x86、ARM、POWER 三个处理平台，Windows10、Linux、Android 三种 OS，VMware、Virtual Box、MiWorkspace 三种虚拟化软件，可以组合出数十种、上百个虚拟执行体。其二，虚拟化技术比较好地解决了虚机切换、服务迁移和同步恢复等动态调度方面的问题。其三，借助集中化的网络服务资源，如数据中心、云平台等，设计拟态架构的高可信、高可用、高可靠的鲁棒性网络服务可以达到事半功倍的效果。

11.1.7　分布式与云计算服务

分布式技术[10]的一种典型应用就是基于网格的计算机处理技术，研究如何把一个需要非常巨大的计算能力才能解决的问题分解成许多小的部分(这一方法不总是可行的)，然后分配给许多计算机进行处理，最后把这些计算结果综合起来得到最终的结果。分布式技术不仅能解决单个计算机能力有限的瓶颈问题，还可以提高系统的可靠性、可用性以及可扩展性。拟态防御强调运行环境中异构、非协同设计、分布式的重要性，尽力避免存在"统一资源管理""全景资源视图""集中处理环境"等情况。在不影响或最少影响系统功能和效能的前提下，对关键信息作实体化的动态分段、分片和分散化处理应当是普遍遵循的原则。经典的分布式理论、方法和技术都是拟态防御重要的实现基础。

随着分布式技术的广泛应用和深入研究，云计算服务的概念也应运而生。云计算[11]是一种按需使用、按使用量付费的模式，通过可配置的计算资源共享池(资源包括网络、服务器、存储、应用软件、服务等)，用户能够便捷地、按需地使用网络和计算资源。只需投入很少的管理工作或与服务供应商进行很少的交互，这些资源就能够被快速提供，如图 11.2 所示。国外的 Amazon EC2、Google App Engine 以及国内的阿里云在商业应用上都获得了巨大的成果，各种"云计算"的应用服务范围正日渐扩大，其影响力也无可估量。

　　"云计算"的规模效应使得服务的"云端汇集"提供方式相比传统方式更为经济。同理，云端服务成本对设施的安全性投资不敏感。因此，动态异构冗余架构模式可以在技术上很好地支撑"云计算、云服务"的稳定鲁棒性和品质鲁棒性要求。由于服务功能实现的"云端化"，理论上，终端设备只要完成网络接入和输入输出界面管理等功能即可，从而可以大大地简化终端的安全防护设计。

图 11.2　云计算

　　"云服务"因为可以提供灵活便捷、廉价高效、可扩展的虚拟化处理资源和功能实现环境，且具有内生的动态性、随机性和多样性，故而可以将这些池化的资源、虚拟化的异构执行体按照DHR 架构组成高可靠、高可信和高可用具有广义鲁棒控制功能的拟态云（Mimic Cloud）服务系统，通过增量部署专门的拟态括号部件（也可以是云端的一个虚拟化部件），就能够有效防护括号内"有毒带菌"软硬构件或"暗功能"带来的安全威胁，经济地实现具有拟态防御功能的云平台。

一般而言，功能等价的分布式系统或基础设施具有构造拟态防御所需的基本要素。例如，互联网域名服务系统、分布式文件存储系统、数据中心、路由和交换网络、具有负载均衡要求的分布式处理系统等都可以通过增量部署拟态括号的方式经济地获得拟态防御功能和性能。

11.1.8　动态调度

拟态防御过程中需要根据拟态裁决状态或相关控制参数策略性地动态调度或多维度地动态重构异构执行体，旨在变化目标对象防御场景使输出矢量不一致的情况趋向于最少，瓦解或干扰试图通过试错手段达成协同一致攻击行动的努力，显著地降低攻击逃逸的概率。动态调度通常意义是指，在调度环境和任务存在不可预测扰动情况下，根据逐步获得的信息来不断地更新调度策略。与静态调度相比，动态调度能够针对实际情况产生更具可操作性的决策方案，特别是带有反馈、收敛、迭代等功能的策略调度更能提升系统的效能和效率。动态调度有许多经典的研究案例[12]，例如，Ramash 研究了动态调度的仿真方法，Szelde 研究了基于知识的反应调度方法，Suresh 研究了单件车间动态调度问题。近年来，动态调度的理论和应用研究都取得了很大进展，包括最优化方法、仿真方法和启发式方法等，智能方法包括专家系统、人工神经网络、智能搜索算法和 Multiagent 方法。虽然上述方法大都是用于优化系统的性能和效率的，但如果将其目标函数定义为系统服务的安全性或可信性，同样能适用于拟态防御的动态调度要求。

11.1.9　反馈控制

拟态防御具有典型的负反馈机制，拟态裁决环节通过反馈控制回路触发策略调度和多维动态重构机制形成可收敛的闭环控制系统,并按输出矢量不一致情况和裁决参数产生相应的操作指令,以期消除输出矢量不一致情况或者将其控制在给定阈值范围内。借助美国科学家维纳 1948 年创立的控制理论,使得我们有可能定量地分析拟态防御的性质与各要素之间的关系,对防御质量、攻击行为、安全态势、裁决策略、收敛响应等进行评测评估,并建立追踪、控制、反馈、决策、调整等策略的持续改进机制,不断增强拟态防御场景变化的最优化过程。

11.1.10 类可信计算

本书第 4 章简要地介绍了 SGX 技术要点。目前,继美国 Intel 公司后,ARM 公司也发布了类似功能的产品。尽管 SGX 的安全边界仍然包括可信性不能确保的 CPU,就如同可信计算那样,用户并未彻底打消"厂家提供的可信根(TPM)是否可信"的疑惑。但是,在拟态环境中使用 SGX 技术则无需此类担忧。因为拟态架构的固有效应是由异构资源的冗余配置和相对性判决机制共同决定的,只要分布在不同执行体上的 CPU 无法协同一致地修改各自 SGX 存储区中异构配置的核心代码和数据,拟态裁决就可能发现"协同上的差池"并重新更新问题执行体的 SGX 之内容。同理,CPU+FPGA 的结构也可以实现类似的功能,如果应用程序不赋予 CPU 修改 FPGA 比特文件的权限且硬性规定多元化的核心模块功能只能由 FPGA 来完成,则 CPU 的安全边界职能和可信性问题就可以完全忽略。至于 FPGA 是否可信的问题在拟态环境下并不会成为突出问题,因为各执行体上的 FPGA 比特文件是异构的,且"去协同化"的机制可以保证执行体间的独立性要求,因而没有非配合条件下协同介入能力很难实现拟态裁决机制下协同一致的攻击逃逸。此类方法对提高拟态防御系统的技术经济性以及加速普适化应用意义重大。需要指出的是,如何找到"一夫当关万夫莫开"的防御隘口(通常与加密认证设置场景相同或相似),要将哪些核心功能代码或敏感信息存入 SGX 区域，决定哪些功能必须要由 FPGA 或 ASIC 来执行，服务集内执行体间采取何种性质的隔离方法等问题，最终都可能影响到拟态括号的"封闭防御"质量，以及被攻击者"绕过"或"旁路"的可能性大小。因此，需要做深入细致的分析研究和小心谨慎的技术规划，方能得到性价比满意的解决方案。

11.2　传统技术相容性分析

拟态防御是广义鲁棒控制构造和相关机制固有的内生效应，注重的是用架构层面技术来增强目标系统抗攻击性能及服务提供的鲁棒性与柔韧性。正因为如此，它与主要基于构件层面的传统安全技术具有很好的相容性。主要表现在以下几个方面。

11.2.1　自然融合已有的安全技术

传统安全技术通常与目标对象功能弱相关或不相关，大多属于外部或附加型技术，往往不涉及目标系统内层架构，如防火墙、加密认证、入侵检测、态势感知等都是外层包覆或串并联的防护手段，如图 11.3 所示。拟态防御因为是目标系统的本体架构效应，独立于外层安全手段或方法，因而可以自然地包容传统安全技术和方法。

（1）传统的安全技术多以附加形式作用于目标对象，而 DHR 是一种架构技术，其服务提供和反馈控制功能是分离的，在异构执行体上附加任何安全技术只要保证输出矢量关于裁决环节的"透明"性都是被允许的。

（2）目前主流的主被动防御技术种类繁多且大多属于系统不可见功能，倘若有意识地分散用于拟态括号内的异构执行体，其技术效果相当于增强了执行体间的广义相异性或动态性，提高了抗"攻击逃逸"能力。

（3）传统防御技术在精确感知与精确防御方面已做得相当完善，

图 11.3　传统防御技术体系

能够在拟态界未发现异常前就启动应急响应机制，或在拟态裁决发现异常时作为精准排查、隔离或清洗手段。

(4)拟态防御既具有非特异性免疫的面防御功能也具有特异性免疫的点防御功能，而传统防御技术绝大多数属于特异性免疫的点防御技术，两者结合使用可以非线性地增强"点面融合"式防御效果。

11.2.2　自然接纳硬件技术进步

拟态防御技术在硬件设计层次上的表现只是增加或改造已有的模块，如增加功能等价的异构冗余模块和拟态括号控制器，或将众核、多核处理器变为功能等价多样化的异构处理器，或冗余配置内外部存储器，或在传统控制链中引入"单线联系机制"，或在数据文件存储中导入"空间分片化"模式，或使用可重构或可重组技术增加拟态场景的丰度,或在执行体中使用 CPU+FPGA 等用户可定义计算组件等。开放、标准、多样化的硬件生态环境有助于拟态技术的应用与推广。

11.2.3　与软件技术发展强关联

反映到软件设计方面的主要改变是，在关键或敏感的安全路径上增加功能等价的冗余模块和相应的动态选择（调用）、反馈控制环节，或者将集中处理方式转变为分散处理方式，或者将静态环境计算转变为可变环境计算，或者有意识地使敏感控制链路的控制功能分布化、控制关系简约化、控制信息最小化，或者采用多路径、碎片化、分片化的传输和存储等（难度上远小于大规模并行软件设计和运行控制）。此外，诸如多样化编译、软件基因图谱分析、虚拟化、程序自动生成、二进制编译、跨平台技术等都将极大丰富拟态防御的工程实现手段，降低技术应用的门槛。

11.2.4　依赖开放的多元化生态环境

信息化已进入开放体系架构时代，特别是新型架构的高性能服务器+高速网络接口+虚拟化的通用平台技术正在全面渗透传统的专用设备领域，功能虚拟化已成为势不可挡的发展趋势。例如封闭的网络路由器正在被开放的 SDN 架构所取代，控制平面功能完全服务器化了；基于池化资源管理和虚拟容器技术打破了"烟囱"式的生态环境，使得拟态场景组合便利化了；开放式、跨平台体系架构使得软硬部件具有可移植性和可剪裁性，并可保证互操作性，从而能为拟态防御提供多样化的异构组件或模块，尤其是为解决应用软件多元化问题奠定了技术和市场的基础。

11.3　拟态防御实现代价

拟态防御的构架效应能将高可靠性与高鲁棒性统一到一个架构内实现，使目标系统具有了内生的抑制随机性失效或人为攻击的不确定扰动能力。但是，拟态构造和相关控制机制在带来内生安全效应的同时，也必然会引入一定的技术成本和实现开销。下面我们将从九个方面对其实现代价问题做简要地分析。

11.3.1 动态的代价

拟态场景呈现需要策略性地调度当前服务集中的执行体或防御场景，以及多维度动态地重组、重构相应的执行体等，目的是要尽可能地扩大或保持服务环境内的相异度，使拟态裁决机制尽量感知到多模输出矢量不一致的情况，使目标对象呈现出期望的"测不准"属性，使攻击者无法准确感知目标对象当前防御场景，增加非配合条件下协同一致的攻击难度。由于拟态场景的呈现、转换、迁移，识别或隐匿异常都需要额外增加专门的处理资源，所以这些操作的实施不可能像跳频抗干扰通信那样过于频繁稠密，也不可能像移动目标防御(MTD)那样实施无量化标定的动态性。因此，在拟态防御中导入基于拟态裁决的负反馈控制机制，使得执行体或防御场景的动态变化具有可收敛性质是非常必要的。同时，对于额外增加的处理资源，应尽可能减少该环节中的"暗功能"，缩小攻击表面，降低攻击的可达性。不过，在有些应用领域，场景切换与同步恢复可能会带来难以承受的处理开销，需要有创新的技术方法和对策。

此外，为监视调度环节可能会发生的故障，还需要设置"看门狗"或"可信根"之类的辅助功能模块等，这也会增加系统的复杂度和成本。

11.3.2 异构的代价

目前，尽管有多种途径可以获得多样化的异构功能等价体，但有些部件(尤其是专用性很强的部件)仍然需要采用严格的管理手段来实现其相异性设计。即由不同教育背景和工作经历的人员组成的多个工作组，依托不同的开发环境，根据不同的技术路线，遵循一个共同的功能规范，独立开发多个功能等价的构件。然而，这种设计方法的代价相对高昂，也许对产品的市场价格并不敏感（可能面广量大），但在维护与升级方面肯定会增加负担。因此，在拟态防御系统的设计中，不可能要求对目标系统的各个部分都做异构冗余处理，只能对系统中的薄弱点、敏感热点以及关键路径等实施多样化设计和异构冗余配置，也就是要找到"一夫当关万夫莫开"的隘口设防。但是，这又带来另一个问题，这就是如何证明所选的热点或关键路径或防御隘口是攻击者无法绕过的。对于一个复杂系统来说这并不是容易做到的事情。

另外，功能等价的异构执行体在性能上或多或少存在差异（尽管是在系统允许的范围内），例如请求或响应时延等。即使是符合标准功能的执行体其实现上也可能存在差异，例如不同操作系统自带的 IP 协议栈，由于系统输出缓冲区当前状态不同，并非严格按照请求——应答的 I【P】O 模式操作，其"粘包"功能可能会将来自同一源地址的多次请求合并成一个响应包发回，这些差异性会给多模输出矢量的裁决操作带来许多的挑战。

需要特别指出的是，DHR 架构其实不需要 DRS 那样严格的相异性设计。首先，DHR 强调避免多模输出矢量同时出现多数或完全一致错误的情况，而 DRS 更关注避免同时出现多数故障（即使是差模故障）的情况。换言之，DHR 并不认为多模输出矢量完全不一致是"最坏"情况，因为还可以采用诸如权重值等策略实施再判决。其次，DHR 基于裁决的策略调度和多维动态重构负反馈机制使得当前防御场景会随裁决状态作可收敛的变换或更替，而 DRS 的场景则是固定不变的。换言之，理论上对于 DRS 架构而言，只要通过充分的试错攻击总能达成攻击逃逸，且所获得的攻击经验可以"一击洞穿"DRS 的防御底线。而在 DHR 环境下，试错攻击的前提条件会因为动态反馈机制的作用和影响而不再成立，所以很难期待通过试错或排除等方法实现或维持可持续的攻击逃逸。这就是为什么基于拟态裁决的策略调度和多维动态重构负反馈机制能够降低 DHR 系统相异性设计要求的原因所在。

11.3.3 冗余的代价

通常，拟态防御架构需要配置异构冗余的执行体，由此引入的成本开销与冗余度呈线性增加关系。目标对象中多模冗余量越大，设备开发、生产成本、运行成本以及功耗就会随之成倍增加。

同时，我们也注意到，一些集中化或网络化的信息服务设施或控制装置中本身就存在大量的冗余资源，并不一定需要特意加入额外的异构冗余执行体来实现拟态防御。例如，数据中心(IDC)配有大量的异构冗余计算、存储资源，网络中常常包含有异构冗余互为备份的数据链路、存储装置或不同供应商提供的网元设备，SDN 网络中设有动态备份的主从控制器和异构冗余的数据转发器，云计算服务环境更是存在数量丰富、多样化的虚拟服务资源等。按照拟态控制架构合理规划和利用这些异构冗余资源，就能够非常经济地提供高可靠性和高安全等级的鲁棒性服务。换言之，在这些环境中甚至只需在资源管理层上增量部署一些与拟态控制有关的实体或虚体设备，就可达成高等级的拟态防御效果，且无需特别关注异构冗余执行体的来源、配置和管理等问题。

11.3.4 清洗与重构的代价

重构、重组、重配或清洗(包括不同程度的初始化) 操作是拟态防御保证其场景多样性和可用性的基础功能。当拟态裁决环节发现多模输出矢量不一致时，其负反馈控制机制可以有多种操作策略，例如更换或迁移输出不一致的执行体或防御场景，或者对疑似问题执行体进行清洗或初始化，或对异常执行体实施重构、重组或重配操作等。这些操作都是旨在通过变化防御场景干扰或瓦解攻击链的稳定性，使得攻击成果不具有可继承性，攻击经验难以复制。但是，清洗需要时间开销，甚至涉及数据文件合法性检查与恢复，特别是深度清洗还包括漏洞木马扫描和杀毒灭马等安全手段的应用。此外，重构不仅涉及可利用资源的多寡、软件跨平台兼容性或适配性等问题，而且还关系到重构模块或软硬构件的可组合性等限制，并可能带来重构机制本身的安全性问题。

11.3.5　虚拟化代价

近些年来虚拟化技术得到了长足进步，这给拟态防御的经济性实现带来重要的支撑作用。这些技术包括诸如数据中心、云计算、云服务中的虚拟化和任务、作业、进程的迁移，也包括新近发展起来的虚拟容器技术；分布式网络环境的普及应用；基于软件的动态化技术；跨平台脚本解释执行技术；多样化或多版本编译器以及其他技术等。但是，除了虚拟化固有的计算效能损失问题外，还有许多颇具挑战性的技术问题待研究解决，例如虚拟化底层设施安全性、虚拟化环境中迁移机制的安全性与可恢复技术、异构虚拟机的创建和拟态化应用等。

11.3.6　同步的代价

当系统中某些执行体发生偶发跳动性失效时，为了在后续工作中能够充分利用或使用这些执行体，需要对其做卷回或清洗操作。因此，系统在正常运行中，需要按照某种机制保留必要的状态和数据，以便基于状态机的卷回和清洗操作能够尽快同步其他正常执行体的操作，缩短系统降额运行的时间。系统中需要加入额外的同步机制，不仅要保留系统某一时刻的运行状态和数据（例如场景快照），而且要能够将该状态和数据发送给实施卷回或清洗操作的执行体，使其能够尽快进入与其他正常执行体步调一致的待机状态。这些额外的同步操作和数据环境恢复策略必然会引入一定程度（也可能是代价不菲）的资源开销，需要做合理的规划和仔细的设计才行。

一般来说，拟态场景切换会伴随着存储数据的移动。如果防御场景间的数据迁移量过大，不仅消耗系统性能和效能，甚至劣化用户服务体验。因此，控制迁移的数据量是拟态防御实现中需仔细商榷的问题。此外，拟态防御系统中，为了防止多个执行体之间的协同作弊，或者恶意传播病毒木马等，专门强调"去协同化"的设计要求，以尽量避免执行体之间的会话机制与数据交互。这可能会给异常情况下执行体的清洗与恢复操作等带来不小的挑战，尽管不同应用场合下的挑战程度不同。

需要指出的是，同步问题并非只发生在多模输出矢量异常情况下的执行体更替与场景迁移、清洗与恢复等阶段。例如，执行体中存在 TCP/IP 协议栈时，因为各执行体的初始 TCP 序列号一般是随机确定的，输出裁决器不仅要将选中的 IP 包序列号与对端设备关联，输入分配器还要将对端 IP 确认号设法与各执行体关联。特别是那些与"长会话状态转移机制"强相关的应用(例如网络路由器)，可能需要专门增加匹配 TCP 序列号的代理操作。所以说，异构冗余体系架构及其运行机制与同步操作问题必然是强关联的。

11.3.7　裁决的代价

由于异构功能等价体在输出矢量响应时延、长度、内容甚至字段上可能存在差异，即使语义相同语法上还可能存在差异，拟态括号又是串联在拟态界的两侧，因此多模裁决环节的处理复杂度、时间开销以及自身的安全性(抗攻击性)等可能成为新的挑战性问题。不同的裁决方法需要权衡的利弊关系也不同，例如：

1．同步研判

如果应用场合允许插入时延(即对输出响应时延不敏感)，可以最慢到达的执行体输出响应作为裁决操作的起点，也可以在满足最低数量(例如≥2)要求的输出矢量到达时开始。当需要判决的内容较多且输出时间又参差不齐时，可以对陆续到达的输出矢量内容进行分片分段研判处理，以最大限度地减少判决本身带来的时延。这种方式要求正常情况下，多模输出矢量的语义和语法清晰，或者参与研判的内容或值域是明确的。由于多模输出矢量到达裁决环节的时延不同，可能需要设置缓冲队列及管控机制。

2. 约定输出

以历史统计数据或自主可信程度为依据，选择性能或可靠性最优的执行体输出矢量作为约定输出。其他执行体的输出矢量只作为约定输出矢量的"确认"参照系，如果研判结论不满足相对多数要求，则需要启动否定前次输出的操作（例如发送修正结果等），这种方法适用于在给定时间窗口内"允许更正"操作的应用场合。

3. 先到先输出

实际上各执行体对服务请求的响应在时间上是离散的，且有一定的随机因素，所以很难说某个执行体在所有服务的响应上都是最快的。因此，输出裁决中采用"先到先输出"的策略也许是合理的。与上述约定输出策略相同，在随后的"确认"研判中，决定是否启动"更正操作"等。适用场合同上。

4. 正则研判

对于在语法语义上大体相同的多模输出矢量，可以采用正则表达式方式仅对特别关注的字段、定义域或载荷情况进行研判。以最先到达的输出矢量相关信息为模板，对随后到达的输出矢量进行正则比较，选择满足多数一致性要求的输出矢量作为裁决器输出。这种方法适合于对那些留有未定义项、存在扩展字段、时间戳、优先权、通联序号、自定义域等非一致性表达字段的多模输出矢量研判场合。

5. 掩码判决

与正则研判相似，多模输出矢量协议报文或消息格式中有不确定内容选项时（典型的像计算精度误差、TCP 序列号等），或者只关心部分定义域的状态时，可以先用掩码模板从输出矢量中屏蔽或抽取相应的字段后再用合适算法作判决处理。

6. 归一化预处理

当输出矢量较长(例如一个 IP 包),或者语义相同语法有差异,或者存在未定义、自定义、扩展域等非完全定义字段等情况,可以对输出矢量作归一化的预处理(如基于数据流的预处理)。例如,可以用求检查和、计算哈希值等算法将输出矢量转化为一个确定的编码值以减少裁决时延;用掩码模板提取输出矢量中感兴趣的字段用做随后的比较;设置输出矢量缓冲队列来感知多模输出矢量的到达情况;设置模板和权重参数库应对复杂判决情况等。归一化预处理可以简化研判环节的实现难度但会增加输出时延和技术代价。

11.3.8　输入/输出代理的代价

在拟态括号两侧设置输入/输出代理环节通常有助于拟态功能的实现。例如配合反馈控制环节选择或激活备用状态下的执行体,选择指定的执行体输出矢量参与拟态裁决,实现拟态界内外部的某种归一化转换或同步操作,提供输入请求或输出响应缓冲功能,为各种可能的预处理操作提供支撑环境等。但是,引入的插入时延和技术复杂度将不可避免,其自身的安全缺陷也可能成为攻击者的新目标。

11.3.9　单线联系的代价

单线联系方式通常在隐秘战线,为了防止组织成员可能被俘发生不测事件导致组织体系破坏而采取的安全联络机制。单线联系机制就是一个节点只有一个上级和一个下级,不与其他任何节点发生联系。即使某个中间节点发生意外,仅需转移其上级和下级成员,就可以保证组织系统的安全。拟态防御中的单线联系机制需要保证多个执行体之间无协同作弊的途径,拟态括号与执行体之间也不应当存在双向会话或通联机制等。然而,由于单线联系需导入控制功能的分布化、控制关系的简约化和控制信息最小化等机制,使得一些原本可在同一空间集中处理或控制的服务功能需要配置额外的处理资源、存储空间或增加控制链长度等。

单线联系机制是用工程化的方法来保证系统的可信性不依赖于任何环节的绝对忠诚度，这能在很大程度上简化各个环节的安全性设计和验证。但是，单线联系这种串行工作机制的应用不可避免地会增加系统可靠性设计复杂度，需要仔细权衡为宜。

综上所述，引入拟态防御会在不同程度上增加目标系统的实现成本和性能开销。但是，相对于目标系统全生命周期使用代价而言还是具有很好的性价比的。因为拟态防御不仅仅能有效管控（无论是来自"面上还是点上"）基于目标对象漏洞后门、病毒木马等"暗功能"攻击的风险或威胁，而且可以显著地提升信息系统服务功能的健壮性和柔韧性。这一集"高可靠、高可信、高可用"鲁棒性功能为一体的架构效应是其他安全性与可靠性技术所不具备的。

11.4　需要研究解决的科学与技术问题

坦率地说，微电子技术的进步使得技术系统的设计制造成本只与市场应用规模强关联而与复杂度弱相关甚至有时看似不那么相关，带来的好处是我们可以在工程实现领域广泛采用"杀鸡用牛刀"的做法而避免专门设计带来的种种烦恼。丰富的、成熟的、功能强大的、可重用的、标准化的 COTS 级产品价格低廉，供应链、服务链、工具链等生态环境发育完整，为衍生、派生、集成等技术和产品创新奠定了坚实基础。同理，软件技术进步特别是虚拟化技术、跨平台脚本技术、中间件以及嵌入式等技术的进步使得软件的集成创新门槛降低、技术资源日臻丰富，开源社区等众创众筹模式不仅加快了软件开发速度以及产品成熟度，更是促进了多样化生态环境和多元化技术市场的发展。

然而，当代信息技术的高速进步虽然为网络空间拟态防御的工程化实现奠定了坚实的基础。但是，仍有许多挑战性的科学问题和工程技术问题亟待解决。

11.4.1　CMD 领域亟待探讨的科学问题

主要包括：

(1) 网络空间拟态防御还缺乏哪些科学认识？

(2) 为达成这些科学认识需要进行哪些研究？

(3) 实现网络空间拟态防御还面临哪些重大技术挑战？

(4) 网络空间拟态防御的发展路线图是什么？

(5) 拟态防御环境下的攻击理论与模型如何构建？

(6) 如何科学地设定拟态防御粒度及安全等级并能做到可度量？

(7) 如何根据拟态防御安全等级给出可标定度量的最简设计？

(8) 如何给出或建立拟态防御的数学原理？

(9) 拟态防御系统的测试标准和验证方法。

11.4.2　CMD 领域亟待解决的工程技术问题

1. 相异性设计与甄别理论问题

理论上说，功能等价的异构执行体之间应具有绝对意义上的相异性，即满足以下三点要求，才能保证拟态防御具有理想化的防御效果：

(1) 给定功能交集与异构冗余执行体间的最大功能交集完全匹配。

(2) 给定功能交集的实现算法完全相异。

(3) 给定功能交集的实现算法在物理空间完全独立。

然而实践上，这些要求既不可能完全满足也不需要如此严格的相异性，这可从非相似余度架构在航空航天领域的工程实践和应用历史得到印证。但是，以下的理论和工程问题也是不能回避的：

(1) 采用什么样的模型和方法才能设计出只在给定功能集上存在交集，而其他功能(包括暗功能)都没有交集的多样化或多元化的异构执行体。

（2）对于满足拟态界面功能等价性要求的多样化执行体（如COTS级产品），用什么办法可以甄别或测量出它们之间是否存在其他的交集功能（可能的暗功能）。

（3）在给定输入激励的条件下，异构执行体之间具有何种可量化程度的相异性，就可以保证多模裁决逃逸概率满足期望的要求。

（4）如果各执行体仅在输入激励的敏感部分、关键路径或核心环节做相异性设计，能够满足什么级别的安全性要求。

（5）从机理上说，"动态异构冗余空间，非配合条件下的协同一致攻击"不允许"试错"，如何从数学上证明"拒绝试错"就能"阻止协同攻击"。

2. 多元化和多样化工程问题

在拟态防御技术的实现过程中，也会面临一些多元化和多样化带来的新问题，包括：

（1）多元化执行体之间的等价功能交集虽然可以通过标准化或可归一化的界面功能的符合性和一致性测试来认定，但如何才能判断是否还存在着其他的暗功能交集。

（2）同源多样化变体之间一定存在基于本源的交集功能，但如何才能判定给定的异构软硬构件之间存在基于本源的交集功能。

（3）在非协同独立空间和同一受限激励源条件下，给定的异构执行体之间除了等价的交集功能之外，还存在其他交集功能，这些额外的交集功能如何才能被同时激活且产生相同一致的输出矢量。

（4）多样性软硬构件层次化、动态化组合配置后，漏动后门、病毒木马等"暗功能"的可利用性如何评估等。

3. 评估"同源同宗"构件的安全漏洞对DHR架构的安全影响问题

在开放开源创新模式泛在化的今天，功能等价多样性或多元性软硬构件中很可能存在相同的"基因缺陷"。如何找出这些构件中是否存在"同宗同源"的问题代码，是否具有相同的可利用条件，对相应执行体可能会产生什么样的影响，以及对 DHR 架构广义鲁棒性带来多大的副作用，可能采取的方法和措施是什么。

如果能形成有效的分析方法和技术手段，我们就不难在设计上可靠且经济地避免或弱化"同宗同源"问题代码造成的影响。

4. 如何建立系统设计参考模型问题

与非相似余度的静态性架构不同，拟态防御架构中导入动态、多样、随机性和反馈控制等属性，目的是最大限度地降低非配合条件下，各执行体受同一输入激励产生多数相同或完全一致错误输出矢量的概率。同时，基于拟态裁决的策略调度和多维动态重构负反馈机制的存在使得攻击者在"非配合盲协同"场景下"没有试错机会"。无论直观上看还是理论分析都表明，各执行体之间相异度越高，执行体之间或执行体内的动态性越强，动态变化的随机程度越高，各执行体间多数输出矢量出现相同错误的逃逸概率就越低。然而，为获得到工程设计指导原则或评测准则，在给定的经济技术条件下，如何在 DHR 架构内科学运用这些防御元素达成期望的不确定扰动抑制能力，目前还没有可量化的解决方法。

5. 如何防止待机式攻击问题

工程实践中我们注意到，拟态防御（或非相似余度）架构内各异构执行体之间的相异性并没有理论上要求的那么苛刻。首先，多元化的异构环境本身差异化就很大，例如指令系统、寻址方式、地址空间、缓存调度、工作主频、总线控制、配套芯片组等硬件环境上的差异，还有操作系统、相关支撑软件等引入了更多的算法和功能上的差异。其次，非单一来源应用程序，虽然基本功能都满足相关标准的要求，但是其实现架构和采用的方法或算法可能都不尽相同。再者，即使同一源代码通过不同版本的编译器并结合宿主操作系统产生的可执行文件，它们之间的差异其实也相当显著。例如，并行与非并行环境、堆栈与存储管理、库函数、文件系统、驱动程序甚至功耗管理等都很难说有多少共同之处，加之优化参数的设置不同等都会影响到编译器最终生成的可执行文件的结构和运行效率。上述例子中包括或未包括的差异不仅会使预期的多模输出矢量存在时间上的离散度，而且除了共同算法（等价功能）或方法存在错误（不排除蓄意设置的情况）外，很难同时得到完全或多数相同的错误输出矢量，并能满足攻击任务规划要求的拟态逃逸。然而，就目前的认知水平而言，攻击者如果能获得多数执行体的"超级特权"（例如 OS 特权），或者具有发起待机式协同攻击的能力，从机理上说就具备了破解拟态防御的可能。因此，阻止攻击者通过"超级特权"达成跨域协同攻击就成为拟态防御理论和工程上需要优先解决的问题。其中包括，如何防止多数执行体"超级特权"被稳定劫持问题，如何建立与"超级特权"无关的功能或信息保护区问题，如何扰乱攻击链"待机同步态"下的稳定性问题，如何利用多维异构动态空间瓦解待机式攻击前提条件问题，如何通过反馈控制环节的外部通道命令随机改变当前运行环境问题等。

6. 拟态裁决问题

拟态裁决是拟态防御的关键环节，通过对比多模输出矢量的一致性能够及时发现执行体的异常或异样表现，阻止可能的蓄意攻击对目标系统的进一步破坏行为。然而，拟态裁决往往不是简单的大于、小于、相等或不等运算可以处理的，这是由于多个异构执行体尽管功能等价但并不能时时保证输出矢量在语法结构甚至语义上总是相同的。例如，TCP/IP 协议栈为了提高处理效能就设计了"粘包处理"算法，即将来自同一个源的多次请求用一个"超长"包响应之，而不是严格的分次请求-响应模式；再比如，由于各执行体 TCP 起始序列号的不确定性、IP 包可选项的非强制性要求、不同算法计算精度上的差异、加密操作引入的不透明性等都会增加裁决环节的复杂度。另外，多模输出矢量在时延上存在离散性，也或多或少会给拟态裁决造成实现上的难度。因此，拟态界的设置虽然在理论上具有透明性，但在工程实践上很难做到与协议规范和语义语法完全无关，所以仍需要深入分析研究与拟态裁决实现相关的问题。从一般意义上说，引入输出代理机制可能有助于简化裁决本身的工程难度，但也会引入插入时延、附加成本和输出代理部件可靠性等新问题。

7. 拟态控制自身的防护问题

由于应用场景的不同，拟态架构的输入/输出代理、拟态裁决以及负反馈控制等环节的实现复杂度差别会很大。除了拟态裁决可能面临的技术挑战外，反馈控制的实现也会碰到许多棘手问题。例如异常执行体替换、迁移、清洗、修复、再同步、重构重组重配等功能的实现都不属于简单处理的范畴，且直接决定或影响反馈控制的收敛速度，而重构重组的质量又会涉及当前服务集执行体间的相异性程度等。如果考虑到失效率、逃逸率、不确定性三项指标的经济性折中问题，还需要在配置服务集元素时根据置信度、可靠性、兼容性和多元性等做出差别化安排或部署。此外，拟态控制环节的复杂性和重要性无疑会成为攻击者的新目标。当然，也还存在类似可信计算中"可信根是否可信"的"终极疑问"。解决途径无外乎有五条：一是利用控制和服务分离的特点，将控制部件的设计开源化，供应多元化；二是增加用户自定义功能和硬件可重构功能；三是利用目标对象内部不确定参数实现变结构处理；四是控制部件本身运用可信计算或再拟态化技术；五是控制功能完全硬化。

11.4.3 防御效果测试和评估问题

对于信息系统或控制装置，功能性能（包括功能指标和安全指标）的可测性是其能够被推广应用的前提条件。例如，防火墙的性能测试可以参考 RFC 3511 定义的基准[13]；软件定义控制器的性能可以依据 SDN 控制平面的 RFC 基准[14]。拟态防御是一种革命性的技术架构，在此之前并无基于动态异构冗余构造的技术系统，缺乏对其可量测的参考基准。其中，如何确认受测系统是拟态架构，包括如何对拟态系统的防御效果进行测试度量等都是最现实也是最急迫的问题。鉴于拟态构架的系统中，基于拟态裁决的策略调度和多维动态重构负反馈机制使得攻击表面不确定，攻击包相对目标而言可达性不能保证且攻击效果的可复现性也无法确保。因而，传统的基于漏洞探测、发现和利用的理论已经不适用于拟态系统，现有的安全检测理论和方法的有效性前提也不复存在，需要创立新的理论和方法以及指标体系。幸运的是，拟态防御效应源自 DHR 的广义鲁棒控制构造与运行机制，借助成熟的鲁棒性、可靠性评估理论以及参考模型和仿真分析工具，加之注入测试例的验证度量方法，我们可以为拟态系统的抗攻击性和可靠性等建立起相应的参考指标与测试集。但是，测试集的完备性、测试例注入的适当性和指标体系的科学性等也都存在需要进一步研究的新问题。

11.4.4　防御能力的综合运用

通常，拟态构架内存在诸如动态、多样、随机、相对性判识和反馈控制等多种"防御元素"，也包括传统的威胁感知、行为分析、特征提取以及其他主被动防御措施(例如入侵检测、入侵预防等)，还有应对不确定扰动的广义鲁棒控制手段等。如何经济地配置这些资源，合理有效地部署这些能力，形成一体化的防御效果需要综合性的考虑和安排。例如，对于以功能"致瘫"和性能"衰减"为目标的网络攻击而言，如果仅以努力缩短拟态控制环路渐进收敛时间，降低问题执行体的清洗恢复时间为单一对策，其防御代价和效果肯定不如在输入分配环节增加"问题消息"过滤功能经济有效。再比如，策略调度或动态重构如果要做到"兵来将挡，水来土掩"的适配度，或者欲提高场景资源的利用度实现"问题场景精准规避"，没有基于历史场景数据的人工智能分析与决策支持恐难以实现。

11.4.5　需要持续关注的问题

需要持续关注的研究内容主要有：拟态构造、运作机制及有效性的科学论证与概念抽象；拟态环境下漏洞可利用机制的形式化描述方法,论证拟态系统对攻击者跨域协同利用这些漏洞能力的影响;基于拟态裁决的策略调度和多维动态重构负反馈机制对于目标系统"同宗同源"暗功能的抑制作用;拟态架构内不确定性的科学描述等。

11.4.6 重视自然灵感的解决方案

自然界有很多的生物系统远比人类的网络空间系统稳健、灵活和高效。在抵御细菌和病毒入侵时,非特异性免疫与特异性免疫的分工和协同关系,对完善拟态防御"点面结合的融合式"控制机制具有重要的启迪作用,尤其是要搞清非特异性免疫的"面防御"机制和自身基因多样性改变的影响,以及特异性免疫的"点防御"机制与自然进化间存在什么样的作用机理。例如,分布式处理、病原体识别、多层保护、分散控制、多样性、信号表征、非特异选择清除的"敌我识别"和"误伤防护"等,都展示出众多具有启发意义的机制,能够成为解决网络空间安全问题的新创意。

参 考 文 献

[1] Schaller R R. Moore's law: Past, present and future. IEEE Spectrum, 1997, 34(6): 52-59.

[2] Rotem E, Engineer S P. Intel architecture, code name skylake deep dive: A new architecture to manage power performance and energy efficiency// Intel Developer Forum, 2015: 1-43.

[3] 朱小谦, 孟祥飞, 菅晓东, 等. "天河一号"大规模并行应用程序测试// 全国高性能计算学术年会, 2011: 265-269.

[4] Jajodia S, Ghosh A K, Swarup V, et al. Moving target defense: Creating asymmetric uncertainty for cyber threats. Berlin: Springer, 2011.

[5] Yeh Y C B. Triple-triple redundant 777 primary flight computer// Proceedings of Aerospace Applications Conference (AAC' 96), 1996: 293-307.

[6] Heinecke H, Schnelle K P, Fennel H, et al. Automotive open system architecture-an industry-wide initiative to manage the complexity of emerging automotive e/e-architectures. Convergence, 2004: 325-332.

[7] 段然, 樊晓桠, 高德远, 等. 可重构计算技术及其发展趋势. 计算机应用研究, 2004, 21(8):14-17.

[8] Wang L, Tao J, Kunze M, et al. Scientific cloud computing: Early definition and experience//The 10th IEEE International Conference on High Performance Computing and Communications, 2008: 825-830.

[9] Merkel D. Docker: Lightweight Linux containers for consistent development and deployment. Linux Journal, 2014(239): 2.

[10] Braun T D, Siegel H J, Beck N, et al. A comparison of eleven static heuristics for mapping a class of independent tasks onto heterogeneous distributed computing systems. Journal of Parallel and Distributed Computing, 2001, 61(6): 810-837.

[11] Armbrust M, Fox A, Griffith R, et al. A view of cloud computing. Communications of the ACM, 2010, 53(4): 50-58.

[12] Ouelhadj D, Petrovic S. A survey of dynamic scheduling in manufacturing systems. Journal of Scheduling, 2009, 12(4): 417-431.

[13] Hickman B. RFC 3511-Benchmarking methodology for firewall performance. http://www.ietf.org/rfc/rfc3511.txt. [2016-03-22].

[14] Vengainathan B, Basil A, Tassinari M, et al. Benchmarking methodology for SDN controller performance. https://tools.ietf.org/html/draft-bhuvan-bmwg-sdn-controller-benchmark-meth-00.html. [2016-03-22].

第12章

拟态原理应用举例

12.1 拟态路由器验证系统

12.1.1 威胁设计

路由器是信息网络设施的枢纽节点，通过网络路由计算决定数据包转发路径，实现数据端到端的网络传输。路由器作为网络空间的基础要素，覆盖整个网络的核心层、汇聚层和接入层，互联多种异构网络，其服务的可靠性与可信性对网络空间安全具有决定性意义。然而，路由器的安全现状并不容乐观。斯诺登称"美国国家安全局通过思科路由器监控中国网络和主机"[1]。中国国家互联网应急中心对 Cisco、Linksys、Netgear、Tenda、D-link 等主流网络设备厂商的多款路由器产品进行了分析，确认其存在预置后门漏洞[2]。这些事件充分反映了路由器安全形势的严峻。

路由器在网络中的位置和路由转发功能决定了它将是攻击者实施攻击的一个极佳切入点。一旦被攻击者控制，将会对网络空间安全产生难以估量的危害。针对主机的攻击，危害对象仅是主机自身，而针对路由器的攻击，危害的则是与路由器相连接的整个网络。众所周知，通过路由器可以方便地获取用户隐私数据、监控用户上网行为、获取账户与密码信息、篡改关键用户数据、推送传播虚假信息、扰乱网络数据流向、瘫痪网络信息交互、直接发起网络攻击等。

路由器的安全威胁，主要来自两个方面：一是系统设计与实现中的漏洞无法避免；二是使用开源代码无意带入的陷门或蓄意植入的后门。因此，漏洞和后门等带来的不确定性威胁是路由器最为严峻的安全挑战。

作为专用封闭系统，路由器的防御难点主要表现在三个方面：一是缺乏辅助安全手段，与通用系统不同，它没有防火墙、防病毒等相关安全防护手段，大多数路由器对恶意攻击基本不设防或无法设防；二是可利用漏洞更多，因为设计与实现环节的巨量代码(有的高达数千万行)决定了其潜在的漏洞众多，只是由于系统封闭使用，设计缺陷一般难以发现；三是后门隐藏更深，因为其设计、制造和应用环节的非开放性，后门甚至木马的植入几乎随心所欲且常常隐藏在正常功能中。

针对这些难题，本节根据拟态防御原理，给出一种路由器拟态防御的实现案例，以系统特有的内生安全机制，对抗基于未知漏洞、后门或病毒、木马等的不确定性威胁，从目标对象架构层面解决"有毒带菌"不可信构件带来的安全问题，彻底改变传统的"挖漏洞、堵后门、分析特征、查毒、灭马"打补丁式的被动防御模式。

12.1.2　设计思路

路由器从功能上可以划分为三个平面：数据转发平面、路由控制平面和配置管理平面。数据转发平面的功能就是对进入系统的数据进行查表，并按照查表结果将数据转发出去。路由控制平面通过运行各种不同的路由协议(如 RIP、OSPF、BGP 等)[3-5]实现路由计算，并将产生的路由表项传送给转发平面使用。而路由控制平面各个功能的运行则由配置管理平面通过配置管理规则（如 CLI、SNMP 或者 Web 等）进行配置管理。路由器系统逻辑功能简要模型如图 12.1 所示。

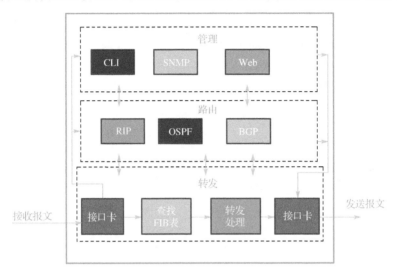

图 12.1　路由器系统逻辑功能简要模型

路由控制平面的处理流程可以归纳为：从网络中邻居节点接收路由通告，进行路由计算后生成路由表项，并向邻居节点输出本地计算的路由结果。配置管理平面的处理流程可以归纳为：接收网络管理者的管理配置请求，执行配置管理操作，输出配置管理结果。数据转发平面的处理流程可以归纳为：从接口单元获得接口输入的数据包，进行输入操作后查找本地转发表，对数据包进行匹配操作后，按照转发指示从对应接口将数据包输出。

由于路由器不同平面功能流程的差异性，各平面所面临的安全威胁也不尽相同。路由控制平面的主要威胁是：篡改路由表进行中间人攻击以及发布虚假路由信息。配置管理平面的主要威胁是：获取控制权限进行管理员操作和窃取管理配置信息。数据转发平面的主要威胁是：基于数据触发系统中的预置后门（潜伏者）、窃取用户数据、致瘫系统。

针对路由器各平面的安全威胁，设置拟态界以明确相应的防护目标。数据转发平面的拟态界设置为查表转发操作；路由控制平面的拟态界设置为路由表项信息；配置管理平面的拟态界设置为系统管理配置信息。

结合拟态界确定的防护目标，下面将路由器功能结构模型和拟态防御 DHR 理论模型相结合，设计了基于动态异构冗余的路由器拟态防御体系(DHR based router architecture for defense)模型，简称 DHR2 模型，如图 12.2 所示。该模型以 DHR 理论为指导，在配置管理平面引入多个管理执行体，在路由控制平面引入多个路由计算执行体，在数据转发平面引入多个数据负载语义变换执行体，从而在各个平面构建出异构冗余的处理单元。同时引入输入代理进行消息分发，引入拟态裁决进行输出结果裁决，通过动态调度实现各个平面执行的动态化。

图 12.2　基于动态异构冗余的路由器拟态防御体系结构模型

12.1.3　基于 DHR 的路由器拟态防御体系模型

针对系统的每一种软件功能单元可以用以下模型来描述：存在

一个功能等价的异构功能执行体池 $\overline{P} = (P_1, P_2, \cdots, P_n)$，动态地从池中选择 m 个执行体 $\overline{P}' = (P_1, P_2, \cdots, P_m)$ 进行工作。由输入代理模块将输入消息分发给 $m (m \leqslant n)$ 个执行体，由它们对同一个输入进行计算后得到 m 个输出结果，对 m 个结果进行基于某种算法的拟态裁决，得到归一化的输出结果，输出结果由输出代理操作后输出。

基于动态异构冗余的路由器防御体系结构模型，可以有效地应对拟态界内已知或未知的安全威胁。这是由该结构的三个特性决定的。

1）异构性

异构性是指功能等价的两个执行体结构组成不相同，描述的是两个执行体之间的差异性，这种差异性一般可以保证同样的攻击不会同时使两个执行体出现完全一致的失效[6-8]，当然不包含针对拟态界外诸如系统功能原理性缺陷的攻击。功能执行体的漏洞、后门通常具有特异性，思科 2600 系列路由器的 SNMP 软件功能漏洞与 6500 系列的 SNMP 漏洞就不同，与 Juniper 路由器的 SNMP 漏洞相同的概率几乎为零。因此，一种基于特定漏洞的攻击方法至多影响与之相关的功能执行体。DHR2 架构通过冗余配置多个异构功能执行体，使得攻击者的攻击行动很难在非配合条件下让多个异构执行体的输出矢量同时产生多数或完全一致的结果，即实现拟态逃逸。换句话说，凡是不能达成拟态逃逸的攻击行动都会被拟态裁决环节识别出来，进而触发清洗与恢复或传统防御机制。但是，给定执行体之间的异构程度常常无法度量，完全异构的部件在实际中是不存在的。因此，工程实现上不能仅靠异构性来保证系统安全。

2）冗余性

冗余性是指工作集中的异构执行体是多元化配置的。通常意义上认为，冗余性可以支持多模表决结果的相对正确性。异构执行体在面临同一种攻击时，其输出响应一般是不同的，通过增加当前服务集中的执行体的数量，可以非线性地提升拟态裁决环节对威胁感知的准确率，同时也能为引入动态性提供必要的条件。当然，冗余度过大，势必增加系统的实现成本和部署代价。

3）动态性

动态性是指基于时空维度的策略调度改变当前服务集中的异构执行体。动态性的作用主要体现在以下两个方面。

（1）通过非规律性地更换或重构（重组）服务集中的工作执行体，降低单位时间内特定部件或特定结构的暴露时间，增加目标对象防御行为的不可预测性，减小漏洞、后门等的可利用风险。尤其对于渐进或隐蔽式攻击，动态性的存在可以扰乱或清除攻击者的前期努力，破坏基于状态转移机制的攻击行动。

（2）动态性是在时间维度上对多样性的一种扩展，即使未感知到威胁，动态性也可以增加基于特定后门或场景攻击行动的不确定性，有效降低非配合条件下多元目标协同攻击的成功率。在感知到威胁发生时，适时地替换并隔离清洗被感染执行体，阻断或瓦解攻击者对目标系统的持续控制，保证系统功能的完整性和敏感信息的私密性。

12.1.4　系统架构设计

1. 总体框架

要依据 DHR2 模型构建内生防御机制的路由器，需要解决以下几个问题。

（1）功能执行体的异构性构建问题。对于商业公司而言，通常不会投入人力开发两套功能相同的异构软件。但是对于路由协议而言，目前已经存在几种较为成熟的开源软件包，如 XORP[9]、Quagga[10]、BIRD[11]等，它们采用不同的语言，由不同的团队采用不同的架构开发，存在相同漏洞的概率几乎为 0[12,13]。而且，一些主流路由器厂商推出了路由器仿真器，如思科的 Simulator[14]、Packet Tracer[15]、Juniper 的 Olive[16]、华为的 eNSP[17]等，以及开源仿真器 GNS3[18]、

Qemu[19]等的出现，可以使得在没有源码的情况下，基于路由器二进制文件仿真出具备等价功能的路由系统，这为异构性的构建提供了宽阔的选择条件。更进一步，即使同一款路由软件的多个实现版本之间也存在一定程度上的异构性，在修复旧版本的 bug 时，会引入新 bug。引入拟态防御机制可以采用同时使用新旧版本互补运行方式来克服上述问题。例如，Quagga 0.99.9 中引入的 bug，有30%没有在 Quagga 0.99.1 中出现[12]。这种方法可以加速新版本的成熟。

(2)功能执行体的动态调度。DHR2 模型的动态性要求功能执行体能够从执行体池中动态选择加载，对异常执行体能够下线清洗，对工作的执行体能够动态地改变其视在结构表征。利用网络功能虚拟化(Network Function Virtualization，NFV)技术来实例化异构冗余的执行体，将功能执行体通过虚拟机承载，从而可以方便和经济地实现执行体的动态调度，同时降低异构冗余引入的实现成本。

(3)消息处理路径上的分发代理和拟态裁决点的插入。传统路由器实现结构中软硬件紧耦合，内部通信接口自定义，消息处理环节自封闭，拟态防御实现难度较大且经济性欠佳。SDN 技术[20]的出现为 DHR2 模型的实现提供了良机。SDN 的南向接口将传统路由器中软硬件之间的内部消息接口标准化并开放，所有消息通过标准 OpenFlow 接口[21]承载，通过在 OpenFlow 控制器(OpenFlow Controller，OFC)上插入分发代理和拟态裁决模块，就可以实现对进出路由器的所有消息进行分发和判决处理。同时，可以基于冗余配置的异构路由执行体产生的路由表进行拟态裁决，确保系统路由计算结果的正确性。

基于上述考虑，设计的 DHR2 路由器系统架构如图 12.3 所示，分为硬件层面和软件层面。硬件层面为标准的 OpenFlow 交换机(OpenFlow Switch，OFS)，软件层面包括 OFC、代理插件、拟态裁决、异构执行体池、动态调度以及感知决策单元(这些单元统称为拟态插件)。

图 12.3　拟态路由器系统架构

OFC 基于进入消息的协议类型进行消息分发，由多个代理插件基于各自的协议机制进行有状态或者无状态处理并完成对各个执行体的消息分发；各个执行体的协议软件对收到的消息进行处理，产生流表信息和对应的输出消息；多份输出消息经拟态裁决处理后通过 OFS 发送到线路上；各个执行体产生的路由表信息经拟态裁决产生"可信"的表项下发给 OFS。拟态裁决结果触发负反馈控制机制，实现对执行体调度、清洗修复或重构重组等操作。

2．功能单元设计

本节详细介绍系统中各重要部件的功能特性和工作原理。

1）代理插件单元

代理插件单元是消息进入系统的出入口，消息包括路由协议报文、网管协议报文等。因此，代理插件单元按照代理的协议类型可以分为路由协议代理和管理协议代理等，其功能主要体现在以下几个方面。

（1）输入消息的动态复制分发。

代理插件负责将收到的外部消息复制分发给多个异构功能执行

体进行处理。但复制分发并非是简单意义上的操作，而是与所代理的协议机理有一定的关联性。这些操作可以概括为有状态的操作和无状态的操作，前者需要对复制分发的消息进行一定的修改并记录状态，后者只是简单地复制分发。像 OSPF、ISIS 等路由协议代理在进行消息分发时需要对原始报文中的某些域进行一定的修改以适配各个执行体中的协议状态机，而像 SNMP 或者 Telnet 等管理协议代理，则仅需要将传输层承载的载荷复制分发到执行体即可。

(2)非授权业务消息的识别、过滤及威胁感知。

每一个代理插件处理的消息分别具有不同的功能特性，如果代理插件处理了不属于自己功能范围的消息，可能会引入一定的安全威胁。因此，在代理插件层叠加一定的安全过滤列表，对进入各个代理的消息进行缜密的检测，可以把一定的安全威胁阻挡在功能执行体之外。

同时，代理插件作为消息进入系统的第一关口，可将执行体的抗攻击面前移。通过在此处应用传统的安全防护手段，一方面，可以将纷繁复杂的恶意流量阻挡在外，减少了内部功能执行体遭受的威胁；另一方面，又可以通过统计分析和入侵检测方法，进行威胁感知，并提前预警。

2)拟态裁决单元

拟态裁决单元是输出消息的必经通道，以多个异构执行体的输出为输入，通过比特级、载荷级、行为级甚至内容级的拟态表决，实现对系统内部功能执行体异常的感知并触发相应的后处理机制。感知决策单元依据安全等级要求指定该单元所采用的拟态裁决算法，例如，择多判决、权重判决、随机判决等。尽管拟态裁决能够发现哪个执行体发生了异常并能将其屏蔽，但并不能准确判断异构执行体内究竟发生了什么样的异常。例如，路由器转发表的某个表项更改，当且仅当多数协议执行体输出结果完全一致的情况下才能实现更改操作。否则仅仅一个执行体发出与众不同的路由表项修改请求将被拟态裁决环节阻断。同时，该判决单元会提取多维度的拟态裁决信息，反馈给感知决策单元，为决策单元对执行体的可信评估提供必要信息。

拟态裁决的方法与拟态界内保护的对象有关。对于路由控制平面，通过比对多个执行体产生的路由表是否一致来实现。由于路由表规模很大，可以采用增量哈希整个路由表的方法来实现快速的比对裁决。对于配置管理平面，则通过比对多个执行体针对同一个输入产生响应消息的不同来进行比对裁决。在语义无关的情况下，可以通过比对多个执行体的外连行为来进行比对裁决。

拟态裁决的基本假设就是不同执行体不会存在相同的漏洞/后门，也就是说相同的外部触发条件不会导致多数异构执行体产生完全一致的错误输出矢量。当然，也存在某些特殊情况，例如，攻击者通过触发多个执行体的不同异常，来使多模输出矢量同时出现完全相同的错误结果，这是一种动态冗余空间非配合条件下多元目标协同一致的"超级攻击"，DHR 机制可以控制这种攻击的成功概率但无法根本解决这种攻击问题。其实，对于攻击者而言，要达成这种攻击条件，需要获知内部若干个执行体的漏洞/后门情况，明确系统内部工作机制，并在合适的时机发起协同一致的攻击，在 DHR 架构下，这是相当困难的。所以，系统的异构冗余程度越高，裁决内容越丰富，协同化攻击的难度就越大。

3) 动态调度单元

动态调度单元的主要功能是管理异构执行体池及其功能子池内执行体的运行，按照决策单元指定的调度策略，调度多个异构功能执行体，实现功能执行体的动态性和多样性，增加攻击者扫描发现和探测的难度，干扰未知漏洞、后门、病毒、木马等的可见性或可达性，破坏非配合条件下的协同一致攻击的任何努力。动态调度单元设计的关键环节是执行体的调度策略。下面给出一种基于执行体可信度的随机调度策略。

异构执行体池中的每一个执行体都有一个可信度的属性值，调度单元依据可信度的大小，采用基于可信度权重的随机调度方法，即可信度越高，被优先调度的可能性越大。系统初始状态时，将各个执行体设置为相同的可信度值，当某个执行体被检测出工作异常时，其可信度会急剧下降，依据实践经验和七个执行体的工程实现约束，设定连续出现四次异常，便将执行体置为不可用；同时，随着执行体持续正常工作时间的增加，其可信度会缓慢地提升，可信度的增长率与当前信用值和基准调度时间间隔有关，基本原则是保证下一个调度时刻，执行体的可信度值不会增长到最大信用值。即一旦执行体出现异常，它在下一个调度时刻被调度的概率将小于其他正常执行体。调度时以执行体可信值为权重，采用基于权重的随机调度方法，权重越大，被调度概率就越大。

4) 异构执行体池

异构执行体池中存储了具有不同元功能的异构执行体单元软硬件实体或虚体或 FPGA 可定义码表等。异构执行体池的多样性，增大了攻击者分析漏洞和利用后门的难度，使整个路由系统具有强大的入侵容忍能力。功能等价的异构执行体被划分为不同的子网，彼此之间相互隔离，不能通信。处于同一个子网的异构执行体属于不同的功能面。由代理插件确保不同子网内执行体数据和状态机的一致性与完整性。

理想状态下，每一种功能对应一个异构执行体池，通过灵活组装功能执行体的方法构建出一个具备全路由器功能集的路由软件实例，例如，一种路由器软件实例可以使用 Quagga 0.99.9 的 OSPF 功能执行体、XORP 1.8.5 的 BGP 功能执行体、Cisco c7200 的 SNMP 功能执行体和 Juniper M10i 的 Telnet 功能执行体等。但由于功能执行体之间缺乏标准的接口，这种组装方案难以实施。实际工程中，采用粒度较粗的方法实现异构冗余，即将一个团队开发的适用于一种路由器型号的一个版本的整套软硬件实体或虚体环境视为一个全功能的异构执行体，例如，Quagga 0.99.9 是一个异构执行体，Cisco 的 c2600-i-mz.120-3.T3.bin 视为另一种异构执行体。动态调度和感知决策的对象也是整个套件环境，如果检测到 Quagga 0.99.9 实例中的 BGP 存在异常，则 Quagga 0.99.9 整个套件环境被认定存在问题而被调度下线，而不是仅仅调度操作 Quagga 0.99.9 中的 BGP 软件。虽然这种执行体的异构性的构建粒度较粗，但由于开发团队、操作系统、开发工具、运行环境等均存在较大差异，漏洞、后门等的非一致性要求通常还能够满足，各执行体发生共模问题的可能性可控。

5）感知决策单元

感知决策单元主要负责统管代理插件、拟态裁决、异构执行体池、动态调度等单元，它定义了代理插件的消息分发方法、拟态裁决单元的裁决算法、动态调度单元的策略调度方法等。它负责从多方面收集系统运行过程中的各类异常和状态信息，进行系统环境感知，并在此基础上，基于拟态裁决结果，甄别异常执行体，据此主动调整运行参数，使其自主跳变，主动防御。与此同时，对不可信的功能执行体进行下线清洗和初始状态回滚，或触发传统安全机制进行精确检查和清理。

对异常执行体的数据清洗和回卷操作，是保证执行体尽快恢复到正常待机态所必需的。清洗过程分为三步。

（1）将关联执行体产生的路由信息清洗掉。首先确定当前使用的路由表为异常执行体产生的，然后撤销对应的路由转发表，最后重新计算新的转发表并完成更新。

（2）将关联执行体通告的路由信息撤销。首先确定当前异常执行体产生并向邻居通告了哪些路由信息，并重新通告新的路由信息。

（3）将关联的执行体关闭，并重新进行启动引导、初始化内存、进程、任务，重新加载初始化配置文件，使得整个系统进入一个全新的初始状态。状态回卷则使得被清洗的执行体从初始状态恢复到之前相同的工作状态。回卷操作要基于本地缓冲的路由数据池，依据不同的路由协议采用不同的回卷方式。对于 OSPF 协议而言，利用状态机复制的方式，将外部的链路状态数据库(LSDB)信息同步到本地。对于边界网关协议(BGP)而言，可以采用路由刷新技术以及平滑重启技术实现路由信息的同步。

6) 负载语义变换

从后门触发角度讲，利用负载特征进行后门触发并加以利用具有很强的隐匿性。负载语义变换单元利用负载语义变换控制器、报文封装、入口负载语义变换和出口负载恢复等方法，对负载数据进行可逆变换，消除隐藏在报文载荷中的安全后门启动指令语义，实现了对具有安全缺陷的网络节点的防护，而且能够根据管理策略动态地选择负载语义变换方法，使得外来攻击难以预测本系统使用的报文负载语义变换方法，提高了系统的安全特性。

图 12.4 给出了一种负载语义拟态隐匿流程示意图，按照负载语义变换控制器设定的变换方法对进入节点的报文载荷进行语义变换，负载语义变换方法包括对载荷进行扰码处理以及其他数据可逆变换；对载荷语义变换后的报文进行重新封装，重新封装包括报文长度、校验和等的重新计算；在节点内部根据报文头部处理该报文，具体地，查表转发模块提取报文头部，对报文进行路由、转发等操

图 12.4　负载语义拟态隐匿流程

作；在节点出口处对报文进行逆变换，恢复载荷信息；对恢复载荷信息的报文重新封装。负载语义变换控制器可以控制负载语义变换机制，从而在通信过程中在对数据负载语义进行拟态隐匿的同时，对负载语义变换方法进行动态改变，从而极大地降低基于载荷特性的数据平面漏洞、后门、病毒、木马等的触发概率。

12.1.5　既有网络的拟态化改造

基于 DHR 的路由器拟态防御体系模型，通过多个虚拟化异构执行体来实现动态异构冗余架构。实际上，还可以利用网络中路由器的多样性和异构性，通过网络的拟态化改造方法实现路由拟态防御。可以采用以下两种方案实现网络拟态化改造。

第一种方案是将传统网络中路由器自我约束机制改变为互相监督机制，通过路由器软件平滑升级实现。具体机制是在利用路由器进行组网部署时，保证邻居路由器的异构性。邻居路由器之间通过新增信息通道，交互各自的路由信息，每台路由器完成自身和邻居的路由计算与共享，最后每台路由器动态选择自己和多个邻居路由器的路由器计算结果，通过拟态裁决机制后产生最终转发表项。

第二种方案是在传统网络中将路由器异构化集群，增加路由监督机制，通过在集群中增量部署路由拟态裁决器实现。具体机制是将拓扑中 n 台路由器汇聚为 1 个节点，通过组网部署保证汇聚点路由器异构性，汇聚点部署拟态裁决器，负责对各路由器的路由计算结果进行拟态裁决后产生最终转发表项。

12.1.6　可行性及安全性分析

本节以拟态防御机制为指导，利用软件定义网络(SDN)和网络功能虚拟化(NFV)技术，设计了一种路由器的动态异构冗余实现架构，给出了该架构的验证系统实现与测试评估方法，并进一步探讨了网络的拟态化改造方法。

就技术可行性而言，SDN 和 NFV 技术为路由器拟态防御系统的工程实现提供了更好的机遇，第一，拟态插件易于添加。随着 SDN 和 NFV 技术的发展，专用设备逐渐开放内部结构，统一和标准化模块接口，为拟态插件的添加提供了便利。第二，异构性易于满足。SDN 技术解耦了软硬件模块之间的依赖性，使得各模块独立发展，丰富了执行体的物种，为异构性提供了基础。第三，冗余性成本可控。NFV 技术使得网络功能可虚拟化实现，进而执行体的数量不会明显影响系统成本，为冗余性提供了条件。

就成本可行性而言，路由器拟态防御系统成本增加主要来自于拟态插件，其中输入代理模块、拟态裁决模块、动态调度模块以及异构冗余执行体均基于虚拟化技术软件实现，负载语义变换模块通过硬件逻辑实现。对于中低端路由器，总体成本增加量可以控制在 10%以内。对于高端路由器而言，成本增加量应当不超过 2%。

就安全性能而言，路由器在引入 DHR 机制后，提升了攻击者扫描探测漏洞的难度，使得目标对象内部的漏洞、后门、病毒、木马很难被锁定，更难以触发，即使能被触发也几乎不可能实现拟态逃逸。基于 DHR 架构的路由器，客观上在没有修补或无法发现问题的情况下，容忍系统在"有毒带菌"环境中继续提供正常的服务功能，这一特点是 DHR 内生安全机制所决定的，将极大地降低安全维护的实时性要求和频繁升级的代价。由于拟态插件，并不对通过的信息进行语法语义解释与操作，对攻击者是透明的，理论上具有攻击的不可达性。因此，拟态插件的引入不会额外增加系统的风险系数。

实践证明，在路由器中引入 DHR 机制，技术可行，成本可控。既不影响路由器功能，也不会降低系统性能，可以显著地提升路由器对抗已知安全风险或未知安全威胁的能力。

12.2　网络存储验证系统

12.2.1　总体方案

网络存储拟态原理验证系统是对 COST 级的文件系统的一种拟态化改造，改造的原则是：采用拟态防御技术，引入动态异构冗余存储架构，对存储系统中的硬件平台、本地文件系统、节点操作系统等进行拟态化处理，增加系统的异构性、多样性、动态性、随机性，解决当前存储系统中基础组件的相似性、单一性、静态性问题，创造动态、异构、冗余的存储环境，从而提升存储系统中未知漏洞、后门、病毒、木马等的利用难度，防控未知风险和未知威胁，提高整个集群存储系统的安全性。

网络存储拟态原理验证系统的总体方案如图 12.5 所示。

图 12.5　验证系统总体架构

网络存储拟态原理验证系统由元数据服务器（Meta Data Server，MDS）、对象存储设备（Object based Storage Device，OSD，

也称数据服务器)、仲裁器、客户端等组成。元数据服务器用于管理整个网络存储系统中的元数据，包括文件控制块 inode、目录树等。数据服务器用于存储文件数据的片段。客户端生成的文件分别存储在元数据服务器和数据服务器中，其中文件的管理信息存储在元数据服务器中，文件数据被策略性地切分成片段，分别存储在不同的数据服务器中。系统中的元数据服务器至少应由三台功能等价的异构服务器组成。仲裁器将来自客户端的请求转发给至少三台元数据服务器。元数据服务器各自独立工作，将处理结果分别返还给仲裁器。仲裁器对各元数据服务器的处理结果进行拟态裁决，从中选择一个结果返回给客户端。仲裁器还可以在发现异常的元数据服务器及其异常行为时触发后处理机制。

元数据服务器和数据服务器都是独立的计算处理系统，其中包含硬件平台、操作系统、本地文件系统、管理程序等。系统的硬件平台选用 Intel、ARM、龙芯等多种型号的处理器，增加了 VMware、VirtualBox、Hyper-V、KVM 等虚拟机监控器，从而可以将一台物理的硬件平台转化成多台虚拟机，每台虚拟机中都可以安装 Ubuntu、CentOS、Kylin、FreeBSD 等操作系统，并可支持 Ext4、XFS、Btrfs、UFS、ZFS 等文件系统，因而元数据服务器和数据服务器可以有多种组合方式，大大提升了系统的异构性。

操作系统、本地文件系统等的组合方式如图 12.6 所示。

操作系统等的组合									
UFS	ZFS	Ext4	XFS	Btrfs	UFS	ZFS	Ext4	XFS	Btrfs
FreeBSD		Ubuntu、CentOS、Kylin、Oracle Linux			FreeBSD		Ubuntu、CentOS、Kylin、Oracle Linux		
VMware		VirtualBox		Hyper-V	VMware		KVM		
Windows					CentOS				

图 12.6　操作系统、本地文件系统等的组合方式

网络存储拟态原理验证系统的工作流程如图 12.7 所示。在操作已存在的文件之前(如读写文件中的数据)，客户端必须先请求元数

据服务器解析文件路径名，以便获得文件的元数据（控制信息）。在创建文件之时，客户端也需要先请求元数据服务器创建文件的管理结构（如 inode，并将其插入指定的目录中）并获得文件的元数据。在获得文件元数据之后，客户端根据元数据和要读写的数据块在文件中的位置，算出数据块所在的数据服务器及其存储位置，然后直接向数据服务器发出数据块的读写请求，从而将数据块从系统中读出或将数据块写入系统。

图 12.7　验证系统工作流程

12.2.2　仲裁器

在网络存储拟态原理验证系统中，仲裁器位于客户端和元数据服务器之间，相当于一个网关。在客户机看来，仲裁器就是一台独立的元数据服务器，它屏蔽了系统中的真实元数据服务器。客户机将请求发给仲裁器，并等待从仲裁器获得处理结果。在元数据服务器看来，仲裁器就是客户机，元数据服务器接收并处理来自仲裁器的请求，将处理结果返还给仲裁器。躲在仲裁器背后的元数据服务器独立运行，每台元数据服务器都认为自己是系统中唯一的元数据服务器，不知道其他元数据服务器的存在与否。

当需要查询文件元数据时，客户端将查询请求递交给仲裁器。仲裁器将来自客户端的请求转发到至少三台异构的元数据服务器。当收到来自元数据服务器集群中的第 1 个返回结果时，仲裁器立刻将结果返回给客户端。在收到来自所有元数据服务器的返回结果后，仲裁器对各元数据服务器节点的返回结果进行一致性对比，并记录各元数据服务器节点的异常情况。如果经过多轮结果比对后发现某一元数据服务器节点的异常记录超标，则将该元数据服务器节点的信息记录到系统警告日志中，同时停止该元数据服务器节点的服务工作，将其状态改为备用，并启动清洗程序对异常的元数据服务器进行清洗或触发后处理机制。

12.2.3　元数据服务器集群

网络存储拟态原理验证系统中配备有多台元数据服务器，构成元数据服务器集群。集群中的各元数据服务器具有不同的组成结构，如不同的硬件平台、不同的虚拟机监控器、不同的操作系统和本地文件系统等，以保证各元数据服务器中的安全问题尽可能不一致。集群中的各元数据服务器可以工作在三种不同的状态，分别是运行状态、就绪状态和备用状态。新加入集群的元数据服务器处于备用状态，被仲裁器确定为异常的元数据服务器会从运行状态切换到备用状态。进入备用状态的元数据服务器必须经历清理程序和后处理工序。只有在清理工作完成之后，元数据服务器才能进入就绪状态。

元数据服务器的清理程序会随机选择一种软件组合，包括虚拟机监控器、操作系统、文件系统、应用软件等，并用该组合对元数据服务器进行重新安装。

不管是否出现异常，运行一个清理周期之后，元数据服务器都会自动转入备用状态，以便对其进行常规的清理工作。

在运行之初，系统按照随机、异构的原则，从集群中的多台处于就绪状态的元数据服务器中至少选择三台服务器，将其转化为运行状态，启动并运行它们。在运行过程中，一旦有元数据服务器进入备用状态，系统会再随机启动一台就绪状态的服务器，从而保证同时处于运行状态的元数据服务器的数量不少于三台。

12.2.4　分布式数据服务器

网络存储拟态原理验证系统中配置有多台数据服务器，构成分布式数据服务器集群。集群中的各数据服务器具有不同的组成结构，如不同的硬件平台、不同的操作系统和本地文件系统等，以保证各数据服务器中的设计缺陷或安全问题不至于完全一致。数据服务器用于存储来自客户端的数据片段。为了提高存储系统的可靠性，数据服务器集群自动为其中的数据片段生成数目不等的冗余片段，并将它们分别存储在不同的数据服务器中。任意一个数据服务器看到的都是来自不同客户的、大小不等的数据片段，并不了解它们的来源及全景意义。

系统中的客户端和元数据服务器把数据服务器集群看作一个单一的对象存储池，其中的每个对象都可存储一个数据片段。在数据服务器上，一个对象表现为一个独立的本地文件，各对象文件采用统一的命名方式，整个数据服务器集群拥有统一的命名空间。当需要向数据服务器写入数据时，客户端或元数据服务器首先根据数据所属文件的元数据信息对数据进行切片，然后用一个 Hash 函数 SmartSection 算出各数据片段的存储位置（目的数据服务器及目录）及对象文件的名称，最后将数据片段直接交给目的数据服务器，由数据服务器将其转化成本地文件，以指定的名称存储在指定的目录中。函数 SmartSection 是一个伪随机的数据分布函数，用于生成存储服务器列表 SmartSection Map。这种方法有两个关键性的优势：一是完全分布，便于任何一端（客户端、存储服务器或元数据服务器）独立计算任何一段数据片段的存储位置；二是 Map 很少被更新，实际上排除了和分布有关的元数据的交换。SmartSection 同时解决了数据分布和数据定位问题。

函数 SmartSection 的计算依据是数据片段的 OID，即数据所属文件的 inode+数据的片段号，因而数据片段的分布方式不依赖于前端的应用服务器，也不依赖于元数据服务器，这一机制增加了存储系统的随机性和安全性。

出于可靠性和安全性考虑，网络存储拟态原理验证系统为每个数据片段创建一到多个副本，并自动将副本复制到不同的数据服务器中。副本的创建由数据服务器负责，其名称与存储位置和正本相同，所不同的仅是存储它们的数据服务器。

12.2.5　客户端

在网络存储拟态原理验证系统中，客户端是存储系统的用户。客户端将文件保存在存储系统中，并在需要时将其读出。

客户端在将文件数据保存到存储服务器之前，会根据从元数据服务器中查询到的文件元数据随机选择一种切片方式和片段大小，然后对文件数据进行切片。切片后的数据片段分别存储在不同的数据服务器中。数据片段的大小是随机选择的，范围为 1~4MB。如果数据的实际长度小于片段的大小，则用随机的内容对其进行填充。

客户端在将文件片段存入数据服务器之前还要对其进行加密处理，存储在数据服务器中的文件片段都是密文。片段加密的方法是可配置的，包括如下几种方式。

(1)统一静态加密。所有保存到存储服务器中的文件片段，无论大小和存放目录，主本都使用统一的加密方法及密钥，副本使用另一种统一的加密方法及密钥，如图 12.8 所示。

(2)基于目录的静态加密。为存储系统中的每个 1 级目录配置一种加密算法及密钥。在该方式下，当同一文件存入不同的目录时，其片段的加密方法会不同，如图 12.9 所示。

图 12.8　统一静态加密

图 12.9　基于目录的静态加密

（3）基于文件大小的静态加密。根据文件切片后的大小配置不同的加密算法及密钥。

（4）动态加密。所有存入系统的文件被切片后，按切片为其动态选择加密算法及密钥。

文件存入时的切片与动态加密流程如图 12.10 所示。

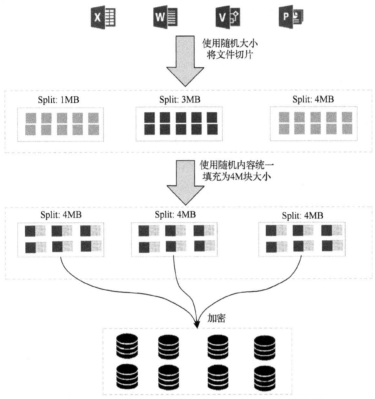

图 12.10　文件存入时进行动态切片及加密的流程

客户端的数据在经过切片、加密处理之后才存储到数据服务器中。在数据服务器上看到的是来自不同客户端、不同数据文件的不同的切片，且经过了加密处理，数据服务器自身无法了解存储在其中的各数据片段的意义。

12.2.6　系统安全性测试及结果分析

我们对网络存储拟态原理验证系统进行了安全性测试。通过对测试结果的分析，可得出以下测试结论。

（1）系统具备存储所需的所有功能，包括文件接口、块接口、对象接口、虚拟化专用接口。

（2）系统能够通过通信仲裁器实施对所有子系统的监控与比对，及时发现对元数据和对文件数据的非正常访问。

（3）系统可发现利用已知漏洞、未知漏洞、预置后门等的单执行体攻击，阻止攻击导致的窃情、致乱、致瘫行为，并自动替换被攻击的异常执行体。

（4）系统可发现利用已知漏洞、未知漏洞、预置后门等的多执行体攻击，阻止攻击导致的窃情、致乱、致瘫行为，并实施预置的安全防护策略(按照预置的顺序、策略性地动态替换正在被攻击的工作执行体)。

（5）系统可发现从数据平面、管理平面、控制平面发起的针对单个执行体、所有执行体的网络攻击，并实施预置的安全防护策略(按照预置的顺序、策略性地动态替换正在被攻击的工作执行体)。

（6）实践证明拟态防御机制对系统服务功能和性能没有任何影响。

12.3　拟态 Web 服务器验证系统

12.3.1　威胁分析

系统漏洞的存在是不可避免的，这是信息系统受到安全威胁的根本原因，因而提高安全性的根本在于对漏洞(广义上的"漏洞")的防护。在网络空间攻击与防御的长期博弈中，攻击方一直占据主动地位，而防御方处于被动的劣势地位。对于攻击者而言，只要发现并成功利用一个漏洞就可能造成系统瘫痪、服务失效；而对于防御者而言，无法检测并修复所有漏洞，只能在遭受到攻击后对系统进行修复。另一方面，打补丁的过程也可能引入新的漏洞，因而防御者处于一个极为不利的地位。

Web 服务器由于服务器中所存储的文档、所支持的业务以及对受害机构造成的有形损失与无形损失而成为网络攻击的主要目标。作为当前最重要的互联网服务承载和提供方式，Web 服务器是政府、企业以及个人在互联网上的虚拟代表，如政府、企业的门户网站，个人主页、博客等，都是现实实体在互联网上的虚拟表示。Web 服务日趋复杂、Web 应用质量良莠不齐，绝大多数网络攻击都是以 Web 服务器作为攻击的发起点，其安全性和可用性已成为网络空间安全领域的焦点问题。

当前 Web 服务器的软件栈，自上而下的构成主要包括应用软件层、服务器软件层、操作系统层以及虚拟化层，大部分漏洞存在于各种各样的 Web 应用中，然而危害程度较高的漏洞往往存在于服务器软件层和操作系统层，同时由于这两层的基础地位，也时常成为新型攻击的主要目标。位于服务器软件层和操作系统层的漏洞危害程度高、危害范围广、危害能力强，是 Web 服务器面临的严重威胁；Web 应用层虽然漏洞百出，然而该层的漏洞分布广、危害范围小、危害能力弱，因而虽然其漏洞数量大，但是严重程度上不及底层漏洞。

针对我国国情而言，信息化起步晚于西方国家。鉴于互联网络的开放性，而且我国自有信息技术推广缓慢，不得不依赖于国外的技术和设备，这种现状对我国关键部门的信息化建设是一种潜在的威胁，导致我国的通信和服务设施处于"被后门、被透明、被制网、主权失控"的状态，给整个国家的信息安全造成了极大的隐患。为了避免处于被后门的危险状态，需要构建基于不安全的组件的 Web 服务器，使其能够在漏洞和后门存在的情况下，仍能提供安全可靠的服务。基于以上原因，本原理验证系统在研究了传统 Web 服务器及其经常面临的安全威胁的基础上，结合拟态防御的基本思想研制而成。

12.3.2　设计思路

拟态 Web 服务器原理验证系统设计思路是：依据拟态防御原理，构建功能等价的、多样化的、动态化的非相似 Web 虚拟机池，采用多余度表决、动态执行体调度、数据库指令异构化等技术，阻断攻击链，增大漏洞后门或病毒木马等的利用难度，保证 Web 服务的可用性和安全性。

图 12.11 给出了原理验证系统在硬件、操作系统、数据库、虚拟化、虚拟机操作系统、数据库指令、服务器软件、应用脚本等层面的逻辑结构。可以看出在软件栈的多个层面采用了多样性设计，这种多样性设计为拟态防御机制的实现提供了基础。其中动态、异构和冗余特性体现在：

图 12.11　原理系统逻辑结构

(1)异构性。在不同层面部署不同种类的异构的软件和硬件，如在虚拟操作系统层有 Redhat、Ubuntu 等。

(2)冗余。对同一请求，采用多个不同的软件和硬件同时执行该请求并对结果表决，实现冗余执行。

(3)动态性。根据调度策略或者来自威胁感知的反馈，主动更换当前服务集中的异构执行体，增加系统的不确定性。

12.3.3　系统架构设计

依据第 7 章所介绍的 DHR 模型(见图 7.1)设计了拟态 Web 服务

器原理验证系统。拟态 Web 服务器原理验证系统是由请求分发均衡模块、响应多余度表决器、动态执行体调度器、非相似 Web 虚拟机池、中心调度器、数据库指令异构化等模块组成，系统结构如图 12.12 所示。

图 12.12　拟态 Web 服务器系统架构图

请求分发均衡模块（Request Dispatching and Balancing Module，RDB）的参考依据是图 7.1 中的输入代理和输出代理，是用户请求的真实入口，将用户访问请求按照资源异构性最大化策略，动态分发至非相似 Web 虚拟机池中的多个互相独立且隔离的 Web 服务执行体（也是动态调度的对象），是实现执行体动态、多样和异构性的前提。

响应多余度表决器（Dissimilar Redundant Responses Voter，DRRV）的参考依据是图 7.1 中的多模裁决，是服务器响应的真实出口，根据安全等级要求，采用同/异步自适应大数表决算法对同一请求的多个异构执行体响应进行交叉判决，从中滤除不一致信息，保证输出结果的一致性，并将裁决结果传送到中心调度器的负反馈控制模块，是拟态 Web 服务器最为关键的组成部分。

动态执行体调度器（Dynamiclly Executing Scheduler，DES）是非相似 Web 服务子池内执行体状态的控制管理单元。通过执行体在线/离线状态切换（二级动态性调度），减小执行体持续暴露时间，提高了 Web 服务执行体的安全性；接收中心调度器的负反馈控制模块传输裁决结果，通过认知裁决结果，决定采用事件或定时触发策略进行执行体的清洗或回滚，保证了 Web 服务执行体的完整性；通过对子池内执行体进行拟态 Web 服务器二级异构性调度，进一步增强参与同一次多余度表决的执行体间的差异性，最终使得系统收敛于稳定状态。

非相似 Web 虚拟机池（Dissimilar Virtual Web Server Pool，DVSP）的参考依据是图 7.1 中的多个可重构执行体，是 Web 服务的真实提供者，由异构的、多样的、冗余的 Web 服务执行体组成。依据异构性最大化原则，将所有 Web 服务执行体聚合为物理上彼此独立且隔离的子池（也是异构组合的对象）。多个隶属不同子池的执行体非协同地处理来自请求分发均衡模块复制后的同一个 Web 服务请求，并将各自的响应信息返回给响应多余度表决器。Web 服务执行体的异构性和多样性、子池间的独立性和隔离性是拟态 Web 服务器的实现基础。

中心调度器（Primary Controller，PCON）的参考依据是图 7.1 中的负反馈控制器，监测其他功能模块运行状态，保证系统拥有足够的资源，同时使系统各个模块单元松耦合，避免系统单点故障而引起系统无法正常运行现象；其中的负反馈控制模块负责接收响应多余度表决器的裁决结果，并将结果传送到动态执行体调度器。

数据库指令异构化模块（Database Instruction Labelling Module，DIL）包含三个子模块：SQL 保留字指纹化模块、注入指令过滤模块、数据库一致性离线表决器。SQL 保留字指纹化模块对 Web 应用程序中 SQL 保留字进行指纹化处理，实现了 Web 应用程序 SQL 指令的特征化；注入指令过滤模块依据指纹对数据库读写操作指令进行过滤，剔除攻击者注入的非法指令；数据库一致性离线表决器对不一致的数据库进行表决恢复，对出现故障的数据库进行还原保护，保证了数据库的一致性。

12.3.4 功能单元设计

1. 请求分发均衡模块

请求分发均衡模块主要功能如下。

（1）动态流量复制。用户请求被复制成多份发送至后端非相似 Web 虚拟机池中，增加系统的不确定性，增大攻击者扫描漏洞的难度，保证了系统能够提供性能稳定的 Web 服务。

（2）子网隔离。复制后的用户请求被转发至不同子网中的异构资源池，不同子网中的虚拟机资源互不影响、独立运行，避免了单点故障而影响系统的正常响应，增强系统的鲁棒性。

RDB 通过划分子网隔离了后端非相似 Web 虚拟机池，保证非相似 Web 虚拟机池相互独立，增加攻击者探测的难度。RDB 作为反向代理接收用户请求，复制 3 份，分别转发至不同子网内的在线状态 Web 服务器。利用多网卡转发用户请求提高了系统性能和自适应性。承载 RDB 的物理服务器采用 VLAN 技术或多网卡技术至少支持 4 个网卡，本方案采用 4 个独立的网卡实现请求分发均衡，一个网卡用于提供外部访问的 IP 和端口，其他用于反向代理转发请求，使请求流量通过不同网卡发送至不同子网内的功能等价的异构 Web 服务器，这样可以减小单一网卡承受的流量压力。设计的难点是用户请求动态复制转发实现和一对多复制对系统性能的损耗。由于 RDB 是 DRRV 的实现基础，RDB 和 DRRV 的设计模型如图 12.13 所示。

RDB 使 DRRV 具备表决异构 Web 服务器对同一请求的异构响应的条件，保证处理同一请求的服务器之间的异构性，同时增大攻击者探测 Web 服务器真实 Banner 信息的不确定性。

图 12.13   RDB 和 DRRV 的设计模型

RDB 和 DRRV 是 Web 服务器原理验证系统中最重要的部分，是系统阻断攻击者通信链条的关键组件。RDB 将攻击者的攻击行为在后端异构冗余的 Web 服务器执行体上共同执行，进而对大多数环境依赖的攻击行为产生不一致的执行结果，DRRV 通过对执行结果的表决发现异常响应，阻断攻击行为。

2．响应多余度表决器

响应多余度表决器的功能是对同一个请求的多个响应按照特定算法投票选择，选择投票后的结果返回用户，使系统具备入侵容忍能力，保证响应数据的正确性；能够及时发现异常虚拟机，触发异常处理机制。

响应多余度表决器是拟态 Web 服务器原理验证系统的关键技术。通过表决算法对异构 Web 服务器响应进行择多判决，选择正确的响应返回用户，否则把异常（"警告"或者说是"响应"）按照异常类型封装成特定格式，发送至中心调度器。主要功能是防止网页篡改和关键信息泄露。

3．动态执行体调度器

动态执行体调度器的主要功能是管理非相似 Web 虚拟机池中虚拟机的运行，监测虚拟机状态、策略性调度、接收中心调度器推送的异常，及时处理异常虚拟机，阻断利用漏洞、后门、病毒、木马等的攻击链。动态执行体调度器按照预定策略完成非相似 Web 虚拟机池中虚拟机启动、清洗等调度工作；根据中心调度器广播的异常Web 服务信息，执行查杀清洗任务。动态执行体调度器结构如图 12.14所示。动态执行体调度器由监测系统、执行器、分发器组成。

图 12.14　动态执行体调度器结构

动态执行体调度器设计的关键环节是虚拟机调度策略。虚拟机调度方法采用非相似 Web 虚拟机子池独立调度，并由中心调度器通过跨平台消息传递机制实现远程协助调度，这可以降低虚拟机管理复杂性和动态执行体调度器调度的独立性。虚拟机调度方案基于可视化的编程脚本，完成非相似 Web 虚拟机池中虚拟机的启动、停止、快照恢复等调度任务并记录虚拟机的各个运行状态存储到数据库中。拟态 Web 服务器原理验证系统中采用的两种虚拟机状态切换方式如图 12.15、图 12.16 所示。

动态执行体调度器主要的功能是保证 Web 服务器的多样性和周期性或以事件驱动形式清洗回滚可能存在漏洞的 Web 服务器。动态执行体调度器缩短了攻击者探测某一台 Web 服务器的时间，增大了探测结果的不确定性，扰乱攻击者视线，使其无法确定攻击对象。

图 12.15　虚拟机的状态切换方案 1

图 12.16　虚拟机的状态切换方案 2

更为重要的是，显著增加了非配合条件下多元目标协同一致攻击的难度。

4．非相似 Web 虚拟机池

非相似 Web 虚拟机池即异构资源池，功能是构成了异构多余度虚拟 Web 服务资源池，具有异构性、冗余性、多样性和动态性。非相似 Web 虚拟机池保证了漏洞扫描工具的输出结果的多样性，增大了攻击者分析漏洞和利用后门的难度，使系统具有入侵容忍能力和自恢复能力。不同的非相似 Web 虚拟机池子池划分在不同子网中，彼此之间不能直接通信，每个子网拥有一个数据库代理，子网内共享数据库。不同子网内数据库通过数据库多余度表决器实时同步。

数据库隔离和数据库实时同步机制保证了数据库数据的一致性和安全性，单点数据库故障不影响整体系统运行。

异构 Web 服务器构成了拟态 Web 服务器系统的核心。这些服务器提供相同的 Web 服务，但应用程序、操作系统、硬件等存在相异性，这就减小了异构平台服务器共模故障发生的可能性，目的是尽可能保证异构平台服务器中漏洞、后门、病毒、木马等的不一致性。因此，可以认为在一次入侵行为中，很难同时触发所有异构服务器中的所有漏洞并能产生完全一致的错误输出。拟态 Web 服务系统中，基于异构平台的 Web 服务的调度选择算法非常重要。调度过程中选择异构资源的标准如下：

(1)保证系统的功能集不变。

(2)尽可能减小系统漏洞交集。

在非相似 Web 虚拟机池中，有多个功能等价的异构 Web 服务器，在线 Web 服务器是动态变化的。虚拟机 Web 服务在动态 Web 执行体调度器的控制下，按照特定策略进行调度。如表 12.1 给出了非相似 Web 虚拟机池中软件栈的多样性配置。

表 12.1　非相似 Web 虚拟机池详细信息列表

编号	IP：PORT	软件栈组成	快照名称
1	192.168.10.211	Ubuntu12.04+Apache+PHP	SnapUbuntuApachePHP
2	192.168.10.212	Ubuntu 12.04+Nginx +PHP	SnapUbuntuNginxPHP
3	192.168.10.213	CentOS 6.6+Apache+ PHP	SnapCentOSApachePHP
4	192.168.10.214	CentOS 6.6 +Nginx+PHP	SnapCentOSNginxPHP
5	192.168.10.215	Windows XP+Apache+PHP	SnapWindowsXPApachePHP
6	192.168.10.216	Windows XP +Nginx+PHP	SnapWindowsXPNginxPHP
7	192.168.10.217	Windows 7+Apache +PHP	SnapWindows7ApachePHP
8	192.168.10.218	Windows 7+Nginx +PHP	SnapWindows7NginxPHP
9	192.168.10.64	Windows Server 2003+Light+PHP	SnapWinServer2003LightPHP
10	192.168.10.65	Windows Server 2003+IIS+PHP	SnapWinServer2003IISPHP
11	192.168.10.66	Windows Server 2008+Apache+PHP	SnapWinServer2008ApachePHP
12	192.168.10.67	Windows Server 2008+IIS+PHP	SnapWinServer2008IISPHP

续表

编号	IP：PORT	软件栈组成	快照名称
13	192.168.10.68	Windows Server 2008+Light+PHP	SnapWinServer2008LighttpdPHP
14	192.168.10.69	Windows Server 2008+Nginx+PHP	SnapWinServer2008NginxPHP
15	192.168.10.81	Debian+Nginx+PHP	SnapDebianNginxPHP
16	192.168.10.82	Debian+Apache+PHP	SnapDebianApachePHP
17	192.168.10.83	Red Hat+Nginx+PHP	SnapRedHatNginxPHP
18	192.168.10.84	Red Hat+Apache+PHP	SnapRedHatApachePHP

5. 中心调度器

中心调度器的主要功能是监测其他功能模块的运行状态，保证系统拥有足够的资源，同时使系统各个模块单元松耦合，避免系统单点故障而引起系统无法正常运行现象，系统具有可扩展性，降低管理复杂性。

中心调度器收集响应多余度表决器、数据库指令异构化模块等检测出的异常信息，综合处理后发送至动态执行体调度器，使动态执行体调度器根据异常信息执行虚拟机调度任务。此外，中心调度器还能监测响应多余度表决器、数据库指令异构化模块、动态执行体调度器等的运行状态。中心调度器结构如图 12.17 所示。

图 12.17　动态 Web 中心调度器结构图

中心调度器监测响应多余度表决器、动态执行体调度器、数据库指令异构化模块的运行状态，为合理分配可利用资源提供方便，使系统灵活多变，可扩展性与可管理性强。

6. 数据库指令异构化模块

数据库指令异构化模块的功能如下：

（1）Web 应用程序 SQL 指令的特征化。

（2）依据指纹对数据库读写操作指令进行过滤，剔除攻击者注入的非法指令。

（3）通过表决判断异常数据库，对出现故障的数据库进行还原保护。

数据库指令异构化模块包含三个子模块：SQL 保留字指纹化模块、注入指令过滤模块、数据库一致性离线表决器。SQL 保留字指纹化模块对 Web 应用程序中的 SQL 保留字进行指纹化处理，数据库多余度表决器的主要功能是防止恶意篡改数据库，保证数据库存储数据的正确性，通过同步机制保证非相似 Web 虚拟机池中数据库的一致性。

同一非相似 Web 虚拟机子池中的 Web 应用通过 SQL 保留字指纹特征模块处理，以至于不同的非相似 Web 虚拟机子池中的 Web 应用中 SQL 保留字异构。异构虚拟机子池中的注入指令过滤模块对 Web 应用的数据库访问 SQL 保留字进行过滤和去指纹化。子池间 SQL 指纹差异化，池内 SQL 过滤和特定去指纹方法，保证了数据库访问的安全性。数据库一致性离线表决器是为了同步不同非相似 Web 虚拟机子池内的数据库，对表决不一致的数据库表信息进行恢复，对出现故障的数据库进行还原，保证数据库的数据正确性。数据库指令异构化模块功能结构如图 12.18 所示。

图 12.18　数据库指令异构化模块功能结构

为了降低误报，数据库多余度表决器采用基于时间间隔的异常阈值双重判决机制。

12.3.5 攻击难度评估

如图 12.19(b)所示，拟态 Web 服务等效为一个基于 I【P】O 模型的 DHR 软件协议栈。图 12.19(a)是假定的攻击链，且约定攻击操作一旦被拦截则攻击链将被复位。

(a)　　　　　　　　　(b)

图 12.19　DHR 软件协议栈与攻击链

图 12.20 是攻击链的状态转移图。

图 12.20　攻击链的状态转移图

图 12.21 是带有成功拦截条件的状态转移图。

图 12.21　带有成功拦截条件的状态转移图

为了突出重点的表达，假定非拟态条件下各阶段的攻击成功率 P_i，P_{A_i} 表示执行体 A 在 i 阶段被攻击成功的概率。表决器比对各执行体的返回值时，若返回值完全相同，V_i 的取值为"1"，否则为"0"。于是，拟态条件下的阶段性攻击成功率 P_i' 可以表述如图 12.22 所示。

$$P_i' = P_{Ai} \times P_{Bi} \times P_{Ci} \times V_i$$

(a)　　　　　　　　　　(b)

图 12.22　拟态条件下的阶段性攻击成功率

由于攻击不同阶段的攻击难度不一样，所以可能出现图 12.23

所示结果。说明如下：其中第 4 步"提权"操作的难度远大于第 7 步"木马回连"，P_4 远小于 P_7。而在拟态防御条件下，第 4 步三个执行体返回信息很容易一致，V_4 为 1，而第 7 步却由于受到整个系统异构性的影响很难一致，V_7 只能为 0。因此，拟态防御条件下，第 7 步反而更难被攻击者突破。

图 12.23　攻击不同阶段的攻击难度

进一步，假设完成整个攻击链的成功概率为 P''。如图 12.24 所示，由于在黑盒情况下，一个完整的攻击可能会多次触发攻击预警，从而触发系统的动态清洗机制，攻击者需要多次反复遍历攻击链，因此完

$$P = \prod_{i=1}^{N} P_i$$

$$P' = \prod_{i=1}^{N} P_{Ai} \times P_{Bi} \times P_{Ci} \times V_i$$

$$P'' = \prod_{i=1}^{N} (P_{Ai} \times P_{Bi} \times P_{Ci} \times V_i)^{ni}$$

$$(\exists i)(V_i = 0) \rightarrow (P'' = 0)$$

图 12.24　攻击任务成功率计算

成完整攻击的概率将是各阶段概率的乘积。在这种反复尝试的过程中，只要有一个步骤不能产生一致性的输出，理论上整个完整的攻击链就不可能完成。

得出推论：越是构造精巧，即环境依赖程度高的攻击行为越容易被拟态防御机制所防御，这就是拟态防御能够应对未知威胁的原因。

12.3.6　成本分析

在保证功能和性能的前提下，典型的拟态 Web 服务器采用了 3 余度异构方案，其初始购置成本约等于 3 台普通 Web 服务器。但是这种增加的成本除了带来传统安全防御技术无法达到的针对后门和漏洞的防御能力之外，还增加了 Web 服务器的可靠性和可用性，在增强服务健壮性的同时也降低了日常维护的技术难度和人力开销。总体而言，拟态防御 Web 服务器是一个集高安全、高可靠、易维护三种特性为一体的整体解决方案，其全生命周期的性价比远高于现有的 Web 服务器与安全设施分开部署的方案。

对于商用环境下的 Web 服务器而言，为保证可用性，大多采用多机热备技术，其购置成本基本上接近于拟态 Web 服务器。为了保证安全性，需要购置和部署各种安全防御设备或系统，例如防火墙、病毒查杀、入侵检测等，其投入将反超拟态 Web 服务器，而其对未知漏洞和后门的防御能力却远不及拟态 Web 服务器。进一步考虑运维难度，由于拟态防御技术原生的针对未知漏洞和后门的防御能力，对于频发的 0day 漏洞无需立即响应和修补，其运维难度和人力开销将远低于现有安全防御技术方案。

另一方面，在面向中小企业的普通商用环境中，可以采用简化的拟态防御实现方案，采用 2 余度表决来进一步降低成本。而在云服务环境中，甚至可以采用单执行体的方法(如单路冗余执行 PHP 脚本、单路冗余执行 SQL 脚本)，在不增加成本的情况下实现部分关键软件栈层面的拟态防御。

12.4　云化服务平台应用设想

近些年来云化服务平台发展迅速，正在从 IT-PaaS 模式向 ICT-PaaS 模式发展，带来服务敏捷、资源高效利用、用户可定制等诸多益处的同时，安全可信问题成为焦点。各种软硬件技术设备生产开发厂商不同，使用了不同的软硬器件、构件、组件、部件甚至中间件、IP 核，设计链、生产链、工具链、供应链、服务链等全球化开放，APP 平台向云端的迁移以及开源模式泛在化发展等，这一切变化都为基于信息系统脆弱性和可信性不能确保的供应链中的不端行为等的攻击提供了高价值目标和难得的战场环境。随着不同领域、不同层面、不同应用的云端化进程的加快，相应的漏洞、后门、病毒、木马等向云端集中的步伐也在加快，传统业务环境下的安全边界和保障模式都在发生深刻变化，业务的开放性、用户的自定义和资源的可视化应用给云平台的安全可信带来前所未有的挑战。

拟态防御可能不失为解决上述难题的新途径。因为云平台中的资源来自多元化市场，具有天然的异构性，资源的配置体系毫无疑问是冗余的，池化资源与虚拟化技术的使用又必定伴随着动态性或某种不确定性，而这些特性正是拟态防御所需的基本特性。按照拟态防御的思想将这些特性进行综合利用，在资源分配、进程任务管理、虚拟容器使用、池化资源配置等调度管理环节导入策略性的动态机制，有意识地转移或改变服务环境，随机地利用一些功能等价的异构资源，即使在不使用拟态裁决机制的情况下也能给攻击链的构建与稳定带来难以克服的障碍。如果在云平台中能够层次化、协同化地部署拟态防御机制，并融合使用其他的一些安全技术，有希望破解云化服务的安全困局。

实际上，拟态防御思想适用于绝大多数存在动态、异构、冗余要素的应用场合。

12.5 软件设计上的应用考虑

动态异构冗余架构也可以应用到高可靠、高安全性的软件设计中，尽管无法保证处理空间的物理隔离，但通过以下措施仍然能够增强软件自身的抗攻击能力，降低软件设计缺陷可能带来的可靠性和安全性问题。

12.5.1 随机调用移动攻击表面效应

通过系统内部随机（如当前进程数、处理器占用率、剩余存储空间等）参数动态调用这些异构冗余模块，使软件运行规律的不确定性增加，从而增加了这些模块设计缺陷的外部可利用难度。例如，在配置了多种 printer 函数的软件中，每次系统调用时使用的函数都不确定，即使这些函数设计中可能存在未知的漏洞或已被植入了后门，但由于随机调用使静态攻击表面变成了移动攻击表面，攻击包的可达性转变为不确定性问题。当然，移动攻击表面效应的取得是以该软件的设计者不存在蓄意安插后门或恶意代码为前提的。

12.5.2 防范第三方安全隐患

当前集成使用第三方软件模块或委托第三方开发的模式在业界已经非常普遍，如何在委托开发构件可信性不能确保的情况下保证网络服务安全正成为十分严峻的挑战。例如，2017 年 2 月 28 日，百度公司接到举报，当用户从百度旗下的 http://www.skycn.net/和 http://soft.hao123.com/这两个网站下载软件时，会被植入恶意代码。接到举报后，百度安全部门通过紧急排查，对举报材料中的事实进行了认定，并于 3 月 3 日发出《关于"百度旗下网站暗藏恶意代码"事件的调查说明》，声明表示，事件中两个网址所提供的 hao123 软件下载器为第三方外包团队开发，其目的在于利用私自植入存在风险的驱动程序，以劫持用户流量，从百度联盟中骗取分成。倘若采用拟态架构，按照功能等价前提，使用多个可信性不能确保的第三方软硬构件就能够从构造机理上有效规避这一风险，尽管初始代价会增加一些，但综合成本优势却是显而易见的。

12.5.3 经典拟态防御效应

一个调用请求在逻辑上同时激活多个异构冗余模块，通过多模裁决机制选择完全相同或多数相同的处理结果作为调用输出。这就使存在于这些模块中的设计缺陷或从外部注入的恶意代码无法发挥作用，从而能同时满足高安全性和高可靠性应用场合的需要。但是，逻辑上的"同时激活"需转化为物理上的"分别激活"，这意味着需要以额外的性能开销为代价。值得庆幸的是，在"廉价多核、众核处理器时代"，采用多核或众核并行计算方式，同时调度运行多个异构冗余模块可以显著地弱化这个问题。

需要特别指出的是，在软件设计者无蓄意安插后门的前提下，复杂软件系统设计无法规避的设计缺陷甚至被植入陷门的问题，可以通过拟态架构的应用从机理层面得到有效改善，这是安全技术的一大进步，对于基础软件、核心软件、工具软件和重要应用与管理软件等具有普遍的意义。

12.5.4 将后门转化为陷门的处理

拟态架构具有相对独立性。在不改变已有软件或运行环境的前提下，通过增加独立空间处理的一对多输入分配器和多路汇聚输出裁决或代理部件，以及多样化的变体软件及执行体的方式，可以有效防范隐匿在已有软件（或变体）中的蓄意后门或恶意功能的影响。当然，分配器或裁决器或代理部件中不存在蓄意后门（漏洞除外），还要保证从内部或外部都不存在可植入后门或利用漏洞的途径。由于这些处理环节不必知道输入/输出内容的语义语法解释，即具有透明性，逻辑实现也十分简约，几乎不存在可以利用的攻击表面或者攻击不可达（基于社会工程学的攻击除外）。

12.6 系统级应用共性归纳

从以上典型应用中不难看出拟态防御系统级应用有以下共性：

(1)符合 I【P】O 模型。

(2)具有一对多的输入分配器(可静态、动态指配)。

(3)存在多元化或多样化异构冗余配置软硬部件或虚拟构件的条件。

(4)能够汇聚多路输出并具有处理空间独立的多模裁决输出机制。

(5)都利用了基于多模裁决的策略调度和多维动态重构负反馈机制。

(6)都是为了防范系统内部未知漏洞或陷门甚至后门可能带来的安全威胁。

参 考 文 献

[1] 邵泽宇, 皎丽丽. "棱镜门"折射我国工业软件何去何从. 中国信息：E 制造, 2013, 11:24-33.

[2] CERT. 关于多款路由器设备存在预置后门漏洞的情况通报. http://www.cert.org. cn/publish/main/9/2014/20140429121938383684464/20140429121938383684464_.html. [2016-12-12].

[3] Rekhter Y, Li T. A Border Gateway Protocol 4 (BGP-4). RFC 4271, 2006.

[4] Moy J. OSPF Version 2. RFC 2328, 1998.

[5] Malkin G. RIP Version 2. RFC 2453, 1998

[6] Chun B G, Maniatis P, Shenker S. Diverse replication for single-machine byzantine-fault tolerance. Usenix Technical Conference, Boston, 2008:287-292.

[7] Junqueira F, Bhgwan R, Hevia A, et al. Surviving Internet catastrophes. Usenix Technical Conference, Anaheim, 2005:45-60.

[8] Zhang Y, Dao S, Vin H, et al. Heterogeneous networking: A new survivability paradigm.

Workshop on New Security Paradigms, 2001:33-39.

[9]　Xorp, inc. http://xorp.org. [2016-03-22].

[10]　Quagga. Quagga software routing suite. http://www.quagga.net. [2016-03-22].

[11]　BIRD. The BIRD Internet Routing Daemon. http://bird.network.cz. [2016-03-22].

[12]　Keller E, Yu M, Caesar M, et al. Virtually eliminating router bugs. ACM Conference on Emerging Networking Experiments and Technology, Rome, 2009:13-24.

[13]　Knight J, Leveson N. A reply to the criticisms of the Knight & Leveson experiment. ACM SIGSOFT Software Engineering Notes, 1990, 15(1):24-35.

[14]　Cisco 7200 simulator. software to run Cisco IOS images on desktop PCs. http://www.ipflow.utc.fr/index.php/Cisco_7200_ Simulator.[2016-03-22].

[15]　Packet Tracer. http://www.cisco.com/web/learning/netacad/ course_catalog/ PacketTracer.html. [2016-03-22].

[16]　Olive. software to run Juniper OS images on desktop PCs. http://juniper. cluepon.net/ index.php/Olive. [2016-03-22].

[17]　Huawei. eNSP：Enterprise Network Simulation Platform. http://support. huawei.com/ enterprise/toolNewInfoAction!toToolDetail?contentId=TL1000000015&productLineId=7919710 [2016-03-22].

[18]　GNS3. GNS3 Technologies Inc. https://www.gns3.com. [2016-03-22].

[19]　QEMU. http://wiki.qemu.org. [2016-03-22].

[20]　Casado M, Freedman M J, Pettit J, et al. Ethane: Taking control of the enterprise. ACM Sigcomm Computer Communication Review, 2007, 37(4):1-12.

[21]　Goransson P, Black C. The OpenFlow specification. Software Defined Networks, 2014:81-118.

第13章

拟态原理验证系统测试评估

13.1 路由器环境下的拟态原理验证测试

13.1.1 拟态路由器测试方法设计

对传统路由器的测试至少包括功能测试和性能测试，此外还有稳定性测试、可靠性测试、一致性测试和互操作性测试等。其中，功能测试主要用于评估路由器的接口功能、通信协议功能、数据包转发功能、路由信息维护功能、管理控制功能、安全功能。性能测试主要考查路由器的吞吐量、时延、丢包率、背靠背帧数、系统恢复时间等性能指标。虽然针对传统路由器的测试方法能对路由器的功能、性能、可靠性等指标做出评判，但在评估路由器抵御网络攻击能力方面仍然没有较好的解决方法，而且传统的测试方法也无法对拟态防御机制在路由器中的实施过程进行验证。

为此测试组设计了针对拟态防御机制的测试方法以及对防御效果的测试方法，这两种方法综合利用开放内部模块接口、结果对照分析等手段，分别从实现过程和实现效果两个角度对被测对象的防御能力进行评估。按照这一测试思路，可将测试内容分为以下三个部分[1]。

（1）路由器基础性能测试。主要目的是检测拟态路由器在其架构中加入用于实现拟态防御机制的相关单元和模块后，是否会对系统的转发性能和路由计算等基础能力产生影响。

（2）拟态防御机制测试。主要目的是测试实现拟态防御机制的相关模块是否能够按照设计要求正常运行，并能有效地实现拟态防御机制。

（3）防御效果测试。主要目的是测试在不消除路由器固有漏洞或后门的前提下，被测系统是否能够：①改变固有漏洞或者后门的呈现性质；②扰乱漏洞或后门的可锁定性与攻击链路通达性。③大幅增加系统视在漏洞或后门的可利用难度。

测试的整体构架如图 13.1 所示。

图 13.1　测试架构设计

测试方法可以分为两类：符合型测试和开放配合型测试[2]。对于有标准或设计规范可遵循的内容，按照符合型测试方法，测试被测对象与相关标准、理论框架、设计要求等的一致性[3]。而对于网络攻击，攻击链前一环节的成功是后续环节开展的前提，为突破这一限制，覆盖攻击链的所有环节，评估拟态机制对斩断攻击链各个环节的效果，采用开放配合型测试方法。其具体方法为：公开系统实现结构，设置内部观测点、植入后门、关闭拟态机制等。

测试的主要依据是拟态防御理论，同时参考了如下标准：

(1) GB/18018—2007《信息安全技术路由器安全技术要求》。

(2) YD/T1156—2001《路由器测试规范》。

(3) GB/T 20984—2007《信息安全技术信息系统风险评估规范》。

(4) GB/T 14394—2008《计算机软件可靠性和可维护性管理》。

测试环境设置如图 13.2 所示，被测系统的一个接口与互联网进行连接，接收来自外部网络的攻击，另外 3 个接口与思博伦测试仪构建的虚拟网络相连，虚拟网络中虚拟了视频服务器、邮件服务器、终端等业务节点，也包括用于实施攻击的虚拟节点。拟态路由器验证系统

图 13.2 测试拓扑环境

所有相关测试均在此拓扑环境下进行测试与分析。测试工具包括思博伦测试仪 TestCenter、Wireshark[4]、Nmap[5]、Nessus[6]、Metasploit[7]等。

13.1.2　路由器基础功能与性能测试

本节测试的目的是为了验证在路由器中引入拟态防御机制后，系统的功能符合性和操作一致性是否得到保证，这是进行安全性测试的前提。基础性能测试主要包括路由协议功能测试和转发性能测试两部分内容。测试采用思博伦测试仪 TestCenter 完成协议功能测试和性能测试。

1．路由协议功能测试

该测试的目的是验证系统实现的路由协议功能是否符合标准协议规范。测试的对象设为 OSPF（open short path first）协议[8]。测试方法是，通过思博伦测试仪向被测系统发送特定数据包，依据 OSPF 协议标准进行符合性测试。测试结果如表 13.1 所示。

表 13.1　OSPF 协议功能测试结果

测试编号	测试项	测试结果
1	OSPF 报文头合法性检查	通过
2	HELLO 报文头合法性检查	通过
3	各种接口发送的 HELLO 报文	通过
4	接收 HELLO 报文	通过
5	数据库同步过程中的主/从关系的确定	通过
6	发送和接收数据库描述报文	通过
7	接收非法数据库描述报文	通过
8	对各种链路状态广告的数据库同步	通过
9	发送和接收链路状态请求报文以及链路状态更新报文和链路状态确认报文	通过
10	链路状态更新报文合法性检查	通过
11	路由传播	通过
12	最短路径优先算法	通过

从测试结果可以看出，拟态路由器所实现的 OSPF 协议符合 RFC 标准，可以认为拟态防御机制的引入不影响路由器原有的路由协议功能。

2. 转发性能对比测试

该测试的目的是对比系统在引入拟态防御机制前后转发性能的变化，从而比较拟态防御机制对于路由器基础转发性能的影响。测试方法是，第一步，关闭系统的拟态防御功能(此时系统等价为一台传统路由器)，测试系统的转发性能，作为性能对比的基准；第二步，分别测试在单独开启系统的数据变换或动态调度功能的条件下，系统的转发性能；第三步，在同时开启数据变换和动态调度功能(即开启系统的全部拟态功能)的条件下，测试系统的转发性能。采用测试仪的 GE 接口与被测系统对接，在 1000Mbit/s 速率下测试系统的转发性能指标。在丢包率和时延抖动均为 0 的条件下，选取系统的吞吐率和时延作为转发性能的评价指标。每一步测试的帧大小包括 64，128，256，512，1024，1280 和 1518 字节。测试结果如表 13.2 所示。

表 13.2　转发性能对比测试结果

测试条件	平均吞吐率/%	平均时延/ms
基准(关闭拟态功能)	85.7	0.35
仅开启数据变换	83.7	0.35
仅开启动态调度	84.2	0.38
开启数据变换和动态调度	85.4	0.39

从测试结果来看，拟态路由器在部分或者全部开启拟态防御功能的情况下，其转发性能(吞吐率和时延)与基准转发性能相比，并无明显下降，因此可以认为，拟态防御机制的引入对路由器的基本转发性能并无明显影响。

综上所述，拟态路由器在引入拟态防御机制后，仍然能够保证其作为路由器的基本功能，且性能指标无明显下降。

13.1.3　拟态防御机制测试及结果分析

为了实现拟态防御的目标，拟态路由器在其体系架构中加入了数据变换机制、数据流指纹生成机制、执行体动态调度机制、多模裁决机制和负反馈控制机制等。而要评测拟态防御机制的防御效果之前，首要测试拟态路由器是否实现了声称的拟态防御机制，确定这些机制能够按照设计要求完成其预定的功能。

在数据层面，针对数据变换机制、数据流指纹生成机制的两项测试，需要构造相应的测试数据包，并在系统外部和内部设立多个流量监测点，通过对不同观测点上的数据进行对比，判断相应的功能是否被实现。数据变换机制、数据流指纹生成机制的功能主要是在输入输出代理模块中实现。数据监测点的设置如图 13.3 所示。

图 13.3　数据监测点设置方案

1. 数据变换功能测试

该测试的目的是验证系统是否能对输入的数据报文执行数据变换操作，并且在数据报文离开系统前执行逆变换，从而防止利用数据平面数据流触发后门/漏洞，导致路由器工作异常或者瘫痪。测试方法是，在某一线路上向被测系统发送多个数据包，其中部分数据包具有特定的负载，其他线路不发送任何数据。然后在发送数据的线路上的监测点记录所有流经的数据包，同时在其他监测点监测线路上的数据包流经情况，一旦发现有数据包通过，则将这些数据包与其他监测点上截获的流量进行比对，从而判断数据变换功能是否正常实现。该过程重复三次，每次测试数据由不同的线路输入。测试结果如表 13.3、表 13.4 和表 13.5 所示。

表 13.3　数据变换功能测试结果（监测点 1 输入）

监测点编号	是否有流量经过	负载比对结果
1	有	与监测点 3 相同，与监测点 5、6 不同
2	无	—
3	有	与监测点 1 相同，与监测点 5、6 不同
4	无	—
5	有	与监测点 6 相同，与监测点 1、3 不同
6	有	与监测点 5 相同，与监测点 1、3 不同

表 13.4　数据变换功能测试结果（监测点 2 输入）

监测点编号	是否有流量经过	负载比对结果
1	有	与监测点 2 相同，与监测点 4、5 不同
2	有	与监测点 1 相同，与监测点 4、5 不同
3	无	—
4	有	与监测点 5 相同，与监测点 1、2 不同
5	有	与监测点 4 相同，与监测点 1、2 不同
6	无	—

表 13.5　数据变换功能测试结果（监测点 3 输入）

监测点编号	是否有流量经过	负载比对结果
1	无	—
2	有	与监测点 3 相同，与监测点 4、6 不同
3	有	与监测点 2 相同，与监测点 4、6 不同
4	有	与监测点 6 相同，与监测点 2、3 不同
5	无	—
6	有	与监测点 4 相同，与监测点 2、3 不同

从测试结果来看，数据包进入被测系统内部，其负载会被输入输出代理进行编码变换处理，而在送出被测系统后，该数据又会被实施逆变换，从而与输入的数据负载保持一致。数据在被测系统内部成功实施数据变换。

2．数据流指纹功能测试

该测试的目的是验证系统对于进入系统的数据报文是否能正常施行添加数据流指纹操作，在离开拟态路由器前执行去数据流指纹功能，防止攻击者利用数据平面功能组件进行数据包篡改或转移。测试方法是在某一线路上向被测系统发送多个数据包，其他线路不发送任何数据。然后在发送数据的线路上的监测点上记录所有流经的数据包，同时在其他监测点上检查流经的数据包里是否被插入字符串指纹，从而判断数据流指纹功能是否正常实现。该过程重复三次，每次测试数据由不同的线路输入。测试数据如表 13.6、表 13.7 和表 13.8 所示。

表 13.6　数据流指纹功能测试结果（监测点 1 输入）

监测点编号	是否有流量经过	是否发现字符串指纹
1	有	否
2	无	—
3	有	否
4	无	—
5	有	是
6	有	是

表 13.7　数据流指纹功能测试结果（监测点 2 输入）

监测点编号	是否有流量经过	是否发现字符串指纹
1	有	否
2	有	否
3	无	—
4	有	是
5	有	是
6	无	—

表 13.8　数据流指纹功能测试结果（监测点 3 输入）

监测点编号	是否有流量经过	是否发现字符串指纹
1	无	—
2	有	否
3	有	否
4	有	是
5	无	—
6	有	是

从测试结果来看，对于进入系统的数据报文，输入输出代理依据算法执行对每个数据包执行了加指纹操作；在离开系统前，输入输出代理执行了删除指纹操作。数据流指纹功能正常实现。

3. 协议执行体随机呈现测试

该测试的目的是验证被测系统是否能正常完成执行体的选取和动态切换，从而在完成正常的路由计算等功能的同时，对外随机呈现。测试方法是启动执行体的切换功能后，每隔 10 分钟记录正在对外呈现的执行体的编号，也就是 worker 执行体的编号，同时向被测系统中注入路由表项，然后通过测试仪不间断地向被测系统输入测试数据流，在出口处监测数据流是否中断，同时观测路由协议的更新数据包是否正常发送。worker 执行体的默认切换时间为 5～15 分钟之间的随机值，为了便于测试，将切换时间设为固定值 10 分钟；路由协议采用 OSPF，注入 4 条路由。7 个执行体编号为 A～G，同一时间处于在线状态的 inspector 执行体设为 5 个，这 5 个在线的执行体将按照编号顺序依次从 7 个执行体中选取，观测时间以系统初始化完成的时间为起点进行记录。

测试开始后，各个观测时间点的执行体对外呈现情况如表 13.9 所示，可以看出系统每个周期对外呈现的 worker 执行体都与前一个观测周期呈现的不一样，且调度顺序随机。在向执行体注入路由以后，各个监测点也捕获到 OSPF 协议发送的 LSA 通告。在注入测试数据流以后，在出端口能够观测到流量，且没有出现流量中断情况。

表 13.9　协议执行体对外呈现观测结果

观测时间/min	worker 执行体编号	inspector 执行体编号
5	E	A、B、C、D、E
15	C	B、C、D、E、F
25	F	C、D、E、F、G
35	A	A、D、E、F、G
45	B	A、B、E、F、G
55	A	A、B、C、F、G
65	G	A、B、C、D、G
75	D	A、B、C、D、E

测试结果显示，拟态路由器能够实现在线执行体的动态随机调度，且流量转发和路由协议运行不受调度操作的影响。

4. 协议执行体路由异常监测与处理测试

该测试的目的是验证系统是否能依据设定规则通过多模裁决机制判断异常反馈，切换异常执行体。测试方法是启动执行体的切换功能后，通过测试仪模拟邻居路由器，向被测系统中注入路由表项，同时，通过测试仪不间断地向被测系统输入测试数据流。接下来模拟 worker 执行体被恶意入侵并修改路由，方法是不通过中央控制器下发，而直接向在线的执行体写入一条静态虚假路由。同时观测执行体的调度和测试流的转发情况。该过程在不同时间点重复 3 次。观测时间以系统初始化完成的时间为起点进行记录。

由表 13.10 的测试结果可以看出，每次向在线的执行体注入虚假路由以后，系统的多模裁决点立刻发现了路由表异常，并进行了工作执行体的切换操作，新呈现的执行体的路由表中不含有被注入的虚假路由表项。当执行体 B 被切换下线之后再次被调度到呈现状态时，由于被测系统已经对其进行了数据清洗，所以其路由表中不再含有被注入的虚假路由。测试过程中没有出现流量中断或流向被干扰情况。

表 13.10 协议执行体动态变换测试结果

时间/min	操　作	观测结果
3	观测执行体呈现情况	执行体 B 为 worker
4	注入虚假路由	虚假路由被注入到执行体 B 的路由表中
5	观测执行体呈现情况	执行体 D 为 worker，路由表不包括虚假路由
7	注入虚假路由	虚假路由被注入到执行体 D 的路由表中
9	观测执行体呈现情况	执行体 C 为 worker，路由表不包括虚假路由
14	观测执行体呈现情况	执行体 C 为 worker，路由表不包括虚假路由
15	注入虚假路由	虚假路由被注入到执行体 C 的路由表中
17	观测执行体呈现情况	执行体 F 为 worker，路由表不包括虚假路由

测试结果表明：被测系统能够及时检测出路由表的异常表项，并实施执行体调度切换操作，切换后异常路由表项将被清除。

5．内生流量拦截测试

该测试的主要目的是验证系统的多模裁决点是否能阻断由异常执行体主动对外发送的异常流量。测试方法是：假设 worker 执行体已经被攻击者恶意控制，测试人员通过 worker 自身的网管其向发送命令，使 worker 主动对外发起 TFTP(Trivial File Transfer Protocol)服务请求，从而模拟漏洞或后门被触发以后路由器主动向攻击者建立连接并发送数据的过程。然后在多模裁决点两侧设立监测点，检查该请求是否被拦截。为了进行对比，第二次测试通过网管同时向 worker 和 3 个 inspector 执行体下发对外建立 TFTP 连接命令(目的 IP 地址相同)，并通过监测点观察 TFTP 请求是否被发送出去。监测点的部署方案如图 13.4 所示。

图 13.4　内生流量拦截测试的监测点部署方案

测试结果为：第一次测试中，在监测点 1 监测到 TFTP 请求的数据报文，在监测点 2 则没有监测到 TFTP 数据报文。在第二次测试中，在监测点 1 和监测点 2 都监测到了 TFTP 请求的数据报文。

通过测试结果可以看出，当只有 1 个执行体向外建立连接时，则多模裁决点会将其视为异常行为，并拦截建立连接的请求包。当有大部分 inspector 执行体同时向外部发起连接请求时，多模裁决点会认为这是正常行为，并对 worker 的请求予以放行。

测试结果表明，被测系统的多模裁决机制能够有效阻止单个执行体的漏洞和后门被触发后对外发送异常报文的行为。

13.1.4 防御效果测试及结果分析

针对路由器的攻击主要分为两类[9]：一类是针对路由协议自身机制缺陷进行的攻击，这类攻击使得路由协议无法收敛或者产生错误的路由输出。此类攻击的目标是协议机制，不属于被测系统的防御范围，所以，对此类攻击场景不进行测试。另一类攻击是针对路由器实现过程中引入的漏洞或者有目的地植入后门而发起的攻击行为。此类攻击将以获得目标控制权，窃取情报信息、致乱或者致瘫目标系统为攻击目标，是被测系统的主要防御对象，防御效果测试主要围绕此类攻击场景展开。

实现过程中引入的漏洞或者后门，对于被测系统而言，依据其产生位置，可以分为两类。一类位于各个执行体，一类位于拟态插件（为实现拟态机制而引入的功能部件，包括输入输出代理、多模裁决、动态调度等模块）。对于拟态插件而言，其中动态调度模块单方向连接执行体，攻击消息不可达。输入输出代理负责消息匹配转发，多模裁决处理对象为比特流，它们都不对数据内容或者语义做处理。因此，无法构建针对拟态插件的攻击。同时拟态插件由于功能简单、单一，功能代码量远小于执行体的功能代码量，可以采用代码审计的方法进行安全评估与测试。因此，本节主要针对执行体上存在的漏洞或者后门进行防御效果测试。

1. 攻击模型与测试场景

依据被测系统的防御目标，攻击者利用漏洞对路由器发起攻击的一般性攻击链如图 13.5 所示。攻击者首先通过扫描探测的方法，确认目标路由器的相关信息，例如，设备型号、操作系统版本、周围网络拓扑情况、开放端口号、启动的网络服务等信息。基于扫描探测信息识别目标路由器上存在的漏洞，然后利用漏洞进行权限提升。在提权后，可以修改路由器的 ACL(access control list)规则等，打开恶意流量进入内部网络大门；也可以修改路由表、部署隐蔽通道，对经过路由器的所有数据实施嗅探和中间人攻击。更进一步，可以在路由器系统上设置后门，进行长期持续的隐蔽控制。

图 13.5　路由器漏洞利用攻击链

分析上述攻击链，可以看出攻击链前一环节的成功是后续环节开展的前提。为了覆盖攻击链的所有环节，评估拟态机制对斩断攻击链各个环节的效果，本节采用开放配合型测试方法对拟态路由器的防御效果进行测试分析，即分别对攻击链每一环节进行逐项测试，每个环节的测试假定攻击者已经完成该环节在攻击链中的前序步骤。

2. 系统信息扫描测试

系统信息扫描是攻击者进行网络攻击所进行的第一步操作，检测目标系统开放的端口、启动的服务以及操作系统版本等信息，决定后续攻击所采用的方法手段和工具。该测试的目的是验证系统对于攻击链第一步的防御能力。测试方法是采用 Nmap 工具对系统进行 10 次扫描，每次扫描的开始时间是随机选定的，从扫描开始一直到返回扫描结果视为一次扫描。在扫描过程中系统执行体采用随机调度方法进行调度切换。

由于这 10 次得到的结果基本类似，选择其中一次扫描结果进行分析。扫描结果如图 13.6 所示，这次扫描持续了 904 秒，通过开放的端口号、端口上的服务来确定这是一台路由设备，型号为 ZXR10 路由器。通过查看目标系统的调度日志得知，在扫描过程中共有三个执行体轮流上线，依次为中兴执行体、思科执行体和 Quagga 执行体。因此，Nmap 扫描得到的最后的测试结果实际上不是对同一个目标进行扫描探测得到结果，基于这些结果做出的测试结论必然是不准确的。汇总这 10 次扫描结果，每次得到的结果都是不一致的，也就是说扫描测试结果具有不可预测性。

```
PROTOCOL STATE         SERVICE
1        open          icmp
2        open|filtered igmp
4        open|filtered ipv4
6        open          tcp
17       open          udp
41       open|filtered ipv6
46       open|filtered rsvp
47       open|filtered gre
89       open|filtered ospfigp
103      open|filtered pim
112      open|filtered vrrp

PORT     STATE         SERVICE VERSION
23/tcp   open          telnet
161/udp  open          snmp     SNMPv1 server; nil SNMPv3 server (public)
| snmp-sysdescr: ZXR10 ROS Version V4.6.03b GER Software,
| Version V2.6.03b41 Copyright (c) 2000-2005 by ZTE Corporation Compiled Jul
520/udp  open|filtered route
1701/udp open|filtered L2TP
Network Distance: 1 hop
Service Info: Host: ZXR10
```

图 13.6　系统信息扫描探测结果

拟态路由器的工作机制决定了它同时运行多个执行体，并进行随机调度对外呈现，使得系统对外呈现的信息发生了跳变，仅仅凭借一两次扫描探测难以准确识别目标系统的相关信息。为了获得准确的目标信息，攻击者将不得不增加扫描探测的次数和频度，这将明显增加攻击成本。如果扫描探测频次过高，就很容易被安全检测设备或者通过日志分析发现。所以，在扫描探测阶段，拟态防御机制可以有效地迷惑攻击者，明显降低攻击者获取目标系统信息的准确度，增加扫描探测花费的时间，显著提升了攻击者获取目标系统信息的难度。

3. 系统漏洞发现测试

前一测试过程中，通过 Nmap 扫描探测并未确定目标系统的具体信息，但是可以基本明确系统开放了哪些端口，运行了哪些服务协议。本测试目的是在上节系统信息扫描的基础上，对这些开放的服务做进一步的漏洞扫描，测试验证系统中固有漏洞或者后门的呈现性质。测试方法是采用 Nessus 工具对目标系统的几个服务进行漏洞扫描，共进行 10 次扫描。

测试结果仅 1 次发现了目标系统存在高危脆弱点，结果如表 13.11 所示。该高危脆弱点为 SNMP 协议的 public 团体字。这是因为系统中有一个执行体使用了 public 团体字。由于系统动态性的存在，其他执行体并没有采用这种易猜的团体字，所以，在 10 次扫描过程中仅有 1 次发现目标系统存在该脆弱点。

表 13.11　漏洞扫描结果

漏洞级别	漏洞数量	漏洞明细
Critical	0	—
High	1	SNMP Agent Default Community
Medium	0	—
Low	1	Unencrypted Telnet Server

漏洞扫描是攻击者实施攻击第二步，该阶段的结果将决定了后续攻击手段、工具和攻击的难易程度。如果扫描到目标系统存在漏洞，那么攻击成功的概率将会大增。系统通过随机调度机制，多个执行体以跳变的形式对外呈现，使得漏洞扫描工具面向变化的目标，很难在短时间内准确得到目标系统的漏洞信息。因此，拟态防御机制可以在不消除系统漏洞或脆弱点前提下改变漏洞或系统脆弱点的呈现特性。

4．系统漏洞利用难度测试

本测试目的是评估验证系统中视在漏洞的利用难度。跳过攻击链的前序环节，我们直接假定攻击者已经获知目标系统存在一个可利用漏洞，在此基础上，利用该漏洞发起攻击，验证系统的防御效果。测试选用思科 IOS 的 SNMP 漏洞，该漏洞存在于系统的思科执行体上，该漏洞被利用后会启动 TFTP 服务，允许攻击者通过 TFTP 下载目标系统的配置文件。测试方法是，首先暂停系统的动态调度和多模裁决机制，即关闭系统的拟态防御机制，并设定思科执行体为 worker，此时可以认为系统等价于一台思科路由器，在该条件下验证漏洞的可利用情况。然后恢复系统的动态调度和多模裁决机制，即启用拟态防御，再次验证该漏洞的可利用情况。

测试结果如下：关闭拟态机制的情况下，利用 Metasploit 工具对系统进行渗透攻击，得到结果如图 13.7 所示，可以看到该漏洞可被成功利用，利用该漏洞可以获得目标系统的 enable 口令，以及相应的系统配置文件。在 60 分钟内，每隔 180 秒，发起一次上述攻击，均得到相同结果。

```
msf auxiliary(cisco_config_tftp) > exploit
[*] Starting TFTP server...
[*] Scanning for vulnerable targets...
[*] Trying to acquire configuration from 1.1.1.66...
[*] Scanned 1 of 1 hosts (100% complete)
[*] Providing some time for transfers to complete...
[*] Incoming file from 1.1.1.66 - 1.1.1.66.txt 860 bytes
[*] Saved configuration file to /home/1.1.1.66.txt
[+] 1.1.1.66:161 Unencrypted Enable Password: !qaz@wsx
[*] Collecting :!qaz@wsx
[+] 1.1.1.66:161 Username 'nmgdcy' with Password: n@Qos$mpls
[*] Collecting nmgdcy:n@Qos$mpls
[+] 1.1.1.66:161 SNMP Community (RO): nmgdcy@demaxiya
[*] Collecting :nmgdcy@demaxiya
[+] 1.1.1.66:161 SNMP Community (RW): public
[*] Collecting :public
[*] Shutting down the TFTP service...
[*] Auxiliary module execution completed
```

图 13.7　关闭拟态机制时的漏洞利用结果

开启拟态机制的情况下，重复上述过程，发现漏洞始终无法被成功利用。这是由于拟态路由器采用的多模裁决机制，攻击者通过漏洞触发的 TFTP 数据流是个体行为(针对同一个 TFTP 输入仅有一个执行体进行响应)，与其他执行体的响应行为不一致，因此无法通过裁决点，漏洞利用失败。

漏洞的触发利用是攻击者实施攻击的核心步骤，可以说，漏洞能否被成功触发是评价一个系统安全性的最终指标。因此，拟态防御机制能够在不消除系统漏洞前提下，大幅增加系统视在漏洞的可利用难度。

5．系统后门利用难度测试

本测试目的是评估系统中后门的利用难度，测试拟态防御机制对于后门攻击的防御能力。从保障信息系统安全角度来说，可以利用后门进行系统致瘫以破坏可用性、信息获取以破坏机密性、系统致乱以破坏完整性。所以，测试例分别围绕这三个方面进行设置。测试前在系统执行体中内置后门，测试方法与系统漏洞利用难度测试类似，首先关闭系统的拟态防御机制，并将后门所在执行体设定为 worker，在该条件下验证后门的可利用情况；然后启用系统拟态防御，再次验证该后门的可利用情况。

1）致乱后门

为了验证对致乱后门的防御效果，在执行体上进行了后门设置，该后门特征为：如果收到的 OSPF 协议 hello 报文中 Neighbor 字段含有 0x5a5a5a02 值，则后门被触发，执行体自动增加一条到 A.B.C.D 的缺省路由，并使得其他路由无效，其中 A.B.C.D 由 hello 报文中的 Designated Router 字段指定。

在关闭拟态机制条件下，测试仪发向路由器接口 1 的数据被从接口 2 正确转出。测试方通过接口 4 发送后门触发报文，触发后门，原本从接口 2 发出的数据，被修改为从接口 3 转出。通过 SNMP 可以查看到执行体中被自动添加了一条下一跳为 192.168.3.100 的默认路由，如图 13.8 所示。说明后门被成功触发并被利用。在开启拟态机制后，重复上述后门触发操作，通过 SNMP 仍然可以看到后门执行体生成了默认路由，说明执行体后门已被触发。但是，并未发现数据流向的改变。这说明系统后门可被触发，但未被成功利用。

图 13.8   关闭拟态机制时路由表篡改后门的利用结果

分析测试结果，拟态防御机制启动以后，路由表篡改的后门无法成功利用。这是由于拟态防御机制的多模裁决特性决定的。攻击者通过触发后门修改的路由表只存在单个执行体上，与其他在线执行体的路由表不一致，因此无法通过裁决点，路由表篡改失败。

2) 窃情后门

为了验证对窃情后门的防御效果，在执行体上进行了后门设置，该后门特征为：执行体收到特定的 SNMP 触发报文后，自动将内部路由表信息每隔 30 秒以 UDP 报文发送给指定 IP 地址，该 IP 地址由 SNMP 触发报文指定。

在关闭拟态机制条件下，测试方通过接口 4 发送后门触发报文，之后测试仪在接口 3 上收到了原目端口号为 8993 的 UDP 报文，如图 13.9 所示。经查验其载荷部分携带的信息与执行体的路由表一致。说明后门被成功触发并被利用。在开启拟态机制后，重复上述后门触发操作，测试仪在接口 3 上一直未收到原目端口号为 8993 的 UDP 报文，这说明拟态机制使得后门无法被成功利用。

图 13.9　关闭拟态机制时窃情后门利用结果

从测试结果可以看出，拟态防御机制启动以后，窃情后门无法被成功利用，与路由表篡改后门相同，这也得益于多模裁决特性，后门所在执行体向外部发送的 UDP 报文同样是个体行为，会在裁决点被发现，无法送出。

3）致瘫后门

为了验证对致瘫后门的防御效果，在数据转发平面人为植入后门，该后门特征为：当收到源、目的端口号为 66535 且载荷为全 F 的 UDP 报文后，系统瘫痪，转发功能失效。

在关闭拟态机制条件下，测试仪发向路由器接口 1 的背景流量数据被从接口 2 正确转出。之后，在接口 1 上叠加发送后门触发报文，发现测试仪的接口 2 收不到任何报文。通过串口查看转发单元，发现其对任何命令均没有响应。说明后门被成功触发并被利用。在开启拟态机制后，重复上述后门触发操作，测试仪在接口 2 上一直能够收到背景流量和后门触发报文，这说明拟态机制使得后门无法被成功利用。

从测试结果可以看出，拟态防御机制启动以后，致瘫后门无法被成功利用，这得益于转发平面的负载语义变换功能，通过对进入到转发平面的数据负载进行动态变换，使得基于特殊比特流进行硬件逻辑触发的后门无法工作。

通过对上述三个测试例的测试结果分析，可以得出以下结论，拟态防御通过引入动态异构冗余以及多模裁决机制，能够在不消除系统后门的前提下，大幅提升基于后门的攻击难度。

13.1.5　拟态路由器测试小结

路由器是网络空间中最为重要的基础核心设备，由于其封闭性，导致存在大量未知漏洞和后门，使其成为攻击者的重要攻击目标。拟态路由器采用动态异构冗余架构设计，为路由器安全研究提供了新的思路。拟态路由器原理验证系统测试结果表明，系统在不影响基础功能和性能的前提下，实现了拟态防御机制的核心功能，并对基于未知漏洞或后门的攻击进行有效阻断和防御，极大增加了攻击难度，大幅提升了自身的安全防护能力，证明了拟态防御机制的有效性。拟态路由器原理验证系统的测试方法和手段，对拟态机制测试规范或标准的制定具有一定的参考价值。

13.2　Web 服务器环境下的拟态原理验证测试

13.2.1　拟态 Web 服务器测试方法设计

Web 服务器环境下的拟态原理验证测试的目的是为了评估拟态防御理论的有效性及工程实现的可行性。因此，此次测试评估重点不只是判断目标对象内部是否存在漏洞后门、病毒木马，而是要检验基于这些漏洞后门、病毒木马等的攻击能否获得成功以及攻击成果是否可持续利用的问题，即是否能达成"有漏洞不一定可利用，可利用不一定能持续有效"的拟态防御目标。

1. 测试过程设计

测试组设计了针对 Web 服务器拟态防御原理验证系统的测试方法，分别从 Web 服务器基础功能与兼容性测试、拟态防御机制测试、防御效果测试以及 Web 服务器性能测试展开[10]。具体内容为以下四个部分[11]：

1）Web 服务器基础功能测试与兼容性测试

主要目的是测试在 Web 服务器中引入拟态防御机制后，系统的功能符合性和页面兼容性是否得到保证，是否符合 HTTP 协议功能，是否影响用户的正常使用。

2）拟态防御机制测试

主要目的是测试实现拟态防御机制的相关模块是否能够按照设计要求正常运行，并能有效地实现拟态防御机制。

3）防御效果测试

主要目的是测试 Web 服务器拟态防御原理验证系统能够允许漏洞和后门存在的情况下，仍能提供安全可靠的服务；并且从根本上改变传统网络安全防御方法，阻断利用漏洞或后门的攻击链；达到能够有效防御未知后门和漏洞的效果。

基于拟态防御原理的 Web 服务器作为新型的 Web 安全防御手段，为验证其防御效果有效性，保证测试结果的完整性和客观性，测试过程中制定以下原则：

（1）被测系统开发人员不得进行增量开发。

（2）被测系统不采用现有的安全防护手段，例如防火墙、入侵检测系统等。

（3）因为利用未知漏洞和后门发动未知攻击的测试场景无法构造，所以在不采取已有安全防护手段的情况下，部署已知漏洞和后门，来模拟未知漏洞和后门。

测试方法完全模拟黑客可能使用的漏洞发现技术和攻击技术，对目标 Web 服务系统的安全防御能力做深入的测试，将受测设备暴露在更真实的使用环境中。采用可控的方法和手段发现目标服务器、Web 应用程序和网络配置中存在的弱点，其中包括黑盒测试、注入测试和基于让步规则的灰盒测试，最终本阶段测试根据测试人员模拟黑客的攻击效果来验证 Web 服务器拟态防御原理验证系统的防御效果。

测试的主要依据是拟态防御理论，同时参考了如下标准及文献：

(1) GB/18336—2008《信息技术安全性评估准则》。

(2) GB/T 30279—2013《信息安全技术安全漏洞等级划分指南》。

(3) GB/T 20984—2007《信息安全技术信息系统风险评估规范》。

(4) GB/T 14394—2008《计算机软件可靠性和可维护性管理》。

4) Web 服务器性能测试

主要目的是在保证安全防御有效性的基础上，进行性能测试，验证拟态防御机制是否影响了系统的性能、是否在工程实现中引入了性能瓶颈。

2. 测试环境设置

为避免 Web 服务器硬件差异给测试结果带来误差，测试中采用统一的 Web 服务器硬件配置，如表 13.12 所示。

表 13.12　Web 服务器硬件配置表

类　　型	配置信息
CPU 型号	Intel Xeon(R) CPU E5-2620 v3 @ 2.40GHz (1224 线程)
主板	GIGABYTE MD30-RS0
显卡	ASPEED，16MB
磁盘驱动器	LSI MR9260-8i SCSI Disk Device
内存	LSI MegaRAID SAS 9260-8i (32GB)
网卡 1	Broadcom BCM57810 NetXtreme II 10 Gige
网卡 2	Intel(R) I210 Gigabit Network Connection

13.2.2　Web 服务器基础功能测试与兼容性测试

本节测试的目的是为了验证在 Web 服务器中引入拟态防御机制后，系统的功能符合性和页面兼容性是否得到保证，是否符合

HTTP 协议功能，是否影响用户的正常使用。这是 Web 服务器提供服务的根本保证，是系统所有测试的基本前提。

1. HTTP 协议功能测试

HTTP 协议是 Web 服务器遵循的基本协议[12]，其最新版本为 1.1 版。HTTP 协议定义了客户端与服务器交互的几种不同的方式，其中最基本的通信方式有 4 种，分别是 GET、POST、PUT、DELETE[13]。在本次测试中，为了保证测试的完整性，依据 HTTP/1.1 协议对系统开展全面的 HTTP 1.1 通信协议测试[14]，测试内容如表 13.13 所示。

测试全部通过，具体测试流程与结果参看《Web 服务器拟态防御原理验证系统联合测试报告》的 4.2　HTTP1.1 协议一致性测试、4.6.6 持久性连接测试和 4.6.7 非持久性连接测试。

表 13.13　HTTP 通信协议测试内容

序号	名　称	测试内容	测试结果
1	GET 请求测试	使用 HTTP 协议测试工具对 Web 服务器拟态防御原理验证系统发送 GET 请求，查看是否服务器会返回响应信息(Header 和 Body)	可以接收 GET 请求并返回正确的响应信息
2	POST 请求测试	1 号样例同理，发送 POST 请求	可以接收 POST 请求并返回正确的响应信息
3	PUT 请求测试	1 号样例同理，发送 PUT 请求	可以接收 PUT 请求并返回正确的响应信息
4	DELETE 请求测试	1 号样例同理，发送 DELETE 请求	可以接收 DELETE 请求并返回正确的响应信息
5	HEAD 请求测试	1 号样例同理，发送 HEAD 请求	可以接收 HEAD 请求并返回正确的响应信息
6	OPTIONS 请求测试	1 号样例同理，发送 OPTIONS 请求	可以接收 OPTIONS 请求并返回正确的响应信息
7	TRACE 请求测试	1 号样例同理，发送 TRACE 请求	可以接收 TRACE 请求并返回正确的响应信息
8	持久性连接测试	通过测试仪向网页发起请求，并观察 TCP 连接情况	支持 HTTP1.1 持久性连接
9	非持久连接测试	通过测试仪向网页发起请求，并观察 TCP 连接情况	支持 HTTP1.1 非持久性连接

测试结果显示，Web 服务器拟态防御原理验证系统完全支持

HTTP 协议功能，引入的拟态防御机制不会影响 Web 服务器的正常协议功能。

2．页面兼容对比测试

用户体验是 Web 服务器着重考虑的因素，由于主流浏览器的不断扩充（包括 IE、Firefox、Chrome 等），显示器设备的不断丰富，使得 Web 服务器系统需要兼容各种用户环境。在本节中，设计测试案例对比 Web 服务器拟态防御原理验证系统与普通服务器提供的 Web 页面，判断是否存在页面显示完整性、页面排版布局、网页功能、JS 兼容性、不同分辨率下网页布局方面的差异，测试内容如表 13.14 所示。

表 13.14　兼容性测试内容与结果

序号	测试内容	测试环境	测试结果
1	页面显示完整性测试	操作系统+浏览器： Linux+Chrome、Win8+Chrome、Win7+Chrome、Win10+Chrome、Linux+Firefox、Win8+Firefox、Win7+Firefox、Win XP+Firefox、Win7+IE、Win8+IE、Win XP+IE	系统页面显示完整性方面与普通 Web 服务器表现一致
2	网页功能完整性测试	操作系统+浏览器： Linux+Chrome、Win8+Chrome、Win7+Chrome、Win10+Chrome、Linux+Firefox、Win8+Firefox、Win7+Firefox、Win XP+Firefox、Win7+IE、Win8+IE、Win XP+IE	系统页面功能完整性方面与普通 Web 服务器表现一致
3	JS 脚本兼容测试	操作系统+浏览器： Linux+Chrome 、 Win8+Chrome 、 Win7+Chrome 、 Linux+Firefox 、 Win8+Firefox 、 Win7+Firefox 、 Win XP+Firefox、Win7+IE、Win8+IE、Win XP+IE	系统 JS 脚本兼容性与普通 Web 服务器表现一致
4	排版布局测试	操作系统+浏览器： Linux+Chrome、Win8+Chrome、Win7+Chrome、Win XP+Chrome、Linux+Firefox、Win8+Firefox、Win7+Firefox、Win XP+Firefox、Win7+IE、Win8+IE、Win XP+IE	系统网页排版布局与普通 Web 服务器表现一致
5	不同分辨率下的网页布局	操作系统+浏览器+分辨率： Linux+Chrome+w-800 h-600 、 Linux+Chrome+w-1280 h-720、Linux+Chrome+w-1855 h-1056、Linux+Firefox+w-800 h-600 、 Linux+Firefox+w-1280 h-720 、 Linux+Firefox+w-1855 h-1056、Win7+Firefox+w-800 h-600、Win7+Firefox+w-1280 h-720 、 Win7+Firefox+w-1920 h-1080、Win7+Firefox+w-1928 h-1044、Win7+IE+ w-800 h-600 、 Win7+IE+w-1280 h-720 、 Win7+IE+ w-1920 h-1080、Win7+IE+w-1928 h-1044	系统在不同分辨率下网页布局与普通 Web 服务器表现一致

测试全部通过，具体测试流程与结果参看《Web 服务器拟态防御原理验证系统联合测试报告》的 4.6 兼容一致性测试。

测试结果显示，Web 服务器拟态防御原理验证系统引入拟态防御机制后不会影响网页兼容性，不会影响用户的访问效果。

13.2.3　拟态防御机制测试及结果分析

Web 服务器拟态防御原理验证系统是由请求分发均衡模块、响应多余度表决器、动态执行体调度器、中心调度器、数据库指令异构化模块等组成。评测系统的防御效果之前，首要测试系统的组成模块是否实现了预期设计的拟态防御机制，确定这些机制能够按照设计要求完成其预定的功能，测试内容如表 13.15 所示。

表 13.15　拟态防御原理功能测试内容

序号	测试对象	测试方法	测试结果
1	请求分发均衡模块	抓取前端出口数据，观察数据目的地址及内容	输出到每个虚拟机服务器池的数据包相同
2	响应多余度表决器	在三个在线虚拟机服务器池中，更改其中一个池中的网页，观察变化	网站正常提供服务，并且服务器控制端返回错误信息
3	动态执行体调度器	限定虚拟机服务器池中有 5 台设备，且全部处于在线状态，更改其中某台在线服务器的网页，观察变化	基于异常事件驱动，更改过的服务器被清洗恢复
4	中心调度器	切换不同的调度策略，观察系统是否能正常运行	系统正常运行
5	数据库指令异构化模块	是否有指令指纹异构能力、指令离线判决能力、维持数据库一致性能力	测试能力全部通过
6	中心调度器应急处置能力测试	某虚拟机服务器池故障断电	系统正常运行

测试全部通过，具体测试流程与结果参看《Web 服务器拟态防御原理验证系统联合测试报告》的 4.1 功能测试。

测试结果显示，Web 服务器拟态防御原理验证系统中各模块功能均符合拟态防御原理。

13.2.4　防御效果测试及结果分析

Web 服务器拟态防御原理验证系统的防御效果测试流程完全模拟黑客攻击流程。从黑客攻击 Web 的角度出发，此阶段测试人员进行了扫描探测测试、操作系统安全测试、数据安全测试、抗病毒木马测试和 Web 应用攻击测试[15-17]。对比 Web 服务器拟态防御原理验证系统与普通服务器的测试结果，分析发挥防御作用的拟态防御机理，确定拟态防御机理发挥作用后系统漏洞或后门的状态（在线/离线），来评测 Web 服务器拟态防御原理验证系统的防御有效性。

测试全部通过，具体测试流程与结果参看《Web 服务器拟态防御原理验证系统联合测试报告》的 4.3 安全测试和《Web 服务器拟态防御原理验证系统互联网渗透测试报告》。

1．扫描探测测试

恶意攻击者通过扫描探测，可以获取目标系统的关键信息，从而制定攻击方案。若 Web 服务系统能够抵御恶意攻击者的扫描探测行为，则会大大提升 Web 服务系统的安全防护能力，从而削弱恶意攻击者的破坏能力，扰乱其攻击计划。在扫描探测测试中，根据获取目标系统的信息类别划分为指纹信息扫描测试和漏洞信息扫描测试，测试内容如表 13.16 所示。

表 13.16　扫描探测测试内容

测试内容	测试类别	防御机理				漏洞或后门状态	测试结果
		异构	冗余	动态	清洗		
扫描探测测试	指纹信息扫描测试	√	√	√		在线	测试通过，执行体间组成异构导致指纹信息不一致，输出结果无法通过表决
	漏洞信息扫描测试	√	√	√		在线	测试通过，执行体间间组成异构漏洞信息不一致，输出结果无法通过表决

测试结果显示，Web 服务器拟态防御原理验证系统利用异构、

冗余、动态特性扰乱攻击者的判断，起到了隐蔽作用，从而迫使攻击者面临攻击发起难的障碍，提高了攻击门槛。

2. 操作系统安全测试

操作系统作为较底层的软件栈，承载着上层软件栈的稳定运行和正常使用，若 Web 服务器操作系统被恶意攻击，将带来巨大的安全威胁。在操作系统安全测试中，根据常见的攻击类型分为操作系统提权测试、操作系统控制测试、操作系统文件目录泄露测试和操作系统致瘫测试，测试内容如表 13.17 所示。

表 13.17　操作系统安全测试内容

测试内容	测试类别	防御机理				漏洞或后门状态	测试结果
		异构	冗余	动态	清洗		
操作系统安全测试	操作系统提权测试	√	√		√	离线	测试通过，执行体操作系统不一致，并非所有执行体存在提权漏洞，且提权方法不一致，攻击无法在全部执行体中成功执行
	操作系统控制测试	√	√		√	离线	测试通过，执行体操作系统不一致，系统控制程序依赖系统环境，且控制方法不一致，攻击无法在全部执行体中成功执行
	操作系统文件目录泄露测试	√		√		离线	测试通过，文件目录中生成随机数据，造成文件目录信息不一致，输出结果无法通过表决
	操作系统致瘫测试	√	√		√	离线	测试通过，执行体操作系统不一致，并非所有执行体存在致瘫漏洞，且致瘫方法不一致，攻击无法在全部执行体中成功执行

测试结果显示，Web 服务器拟态防御原理验证系统采用了异构的操作系统，非相似 Web 虚拟机池中功能等价的异构 Web 服务执

行体间几乎不存在一致的操作系统漏洞，利用多余度表决技术及时发现异常，斩断被攻击目标的输出；又利用清洗机制及时调度执行体，清理隔绝被攻击目标，阻断了攻击的持续尝试。因此，Web 服务器拟态防御原理验证系统具有抵御操作系统层攻击的能力。

3. 数据安全测试

数据作为恶意攻击者的重要获取目标，如何保护数据安全也是 Web 服务系统面临的重要安全问题。在数据安全测试中，根据获取或破坏数据的不同方式分为传输节点嗅探测试、传输节点致瘫测试、网站目录提取测试、SQL 指令指纹破坏测试[18]和表决器逻辑逃逸测试，测试内容如表 13.18 所示。

表 13.18　数据安全测试内容

| 测试内容 | 测试类别 | 防御机理 | | | | 漏洞或后门状态 | 测试结果 |
		异构	冗余	动态	清洗		
数据安全测试	传输节点嗅探测试		√	√		在线	测试通过，信息碎片随机化传输模块中数据进行节点随机化传输，单一节点嗅探无法得到全部信息
	传输节点致瘫测试		√	√		在线	测试通过，信息碎片随机化传输模块中数据进行节点随机化传输，单一节点致瘫不影响信息传输
	网站目录提取测试	√		√		在线	测试通过，网站目录中生成随机数据，造成网站目录信息不一致，输出结果无法通过表决
	SQL 指令指纹破坏测试	√		√		在线	测试通过，SQL 指令动态随机切换，被破坏执行体被清洗还原
	表决器逻辑逃逸测试		√	√		在线	测试通过，执行体动态切换，无法发起可靠、持续的协同逃逸攻击

测试结果显示，Web 服务器拟态防御原理验证系统在数据层面利用随机化技术构造拟态防御特性，其中包括数据传输的动态性、

数据操作指令的异构性和数据存储的异构性，利用多余度表决技术及时发现异常，斩断被攻击目标的输出；针对表决器逻辑，执行体的动态切换使得攻击者无法发起可靠、持续的协同逃逸攻击。因此，Web 服务器拟态防御原理验证系统具有抵御数据层攻击的能力。

4. 抗病毒木马测试

病毒、木马作为恶意攻击者的有力武器，危害大、变种多、涉及范围广。若 Web 服务系统能够抵御病毒木马的攻击行为，则强有力地遏制了大部分攻击的发生。在抗病毒木马测试中，根据病毒木马的攻击方式类别划分为木马连接测试、木马执行测试、恶意弹窗致资源耗尽病毒测试、服务器信息泄露病毒测试、系统致瘫测试和网站内容篡改测试等，测试内容如表 13.19 所示。

表 13.19　抗病毒木马测试内容

测试内容	测试类别	防御机理				漏洞或后门状态	测试结果
		异构	冗余	动态	清洗		
病毒木马测试	木马连接测试	√	√		√	离线	测试通过，执行体间操作系统不一致，连接信息无法通过表决
	木马执行测试	√	√		√	离线	测试通过，执行体间操作系统不一致，执行结果无法通过表决
	恶意弹窗致资源耗尽病毒测试	√	√		√	离线	测试通过，执行体间操作系统不一致，病毒无法在全部执行体中成功执行
	服务器信息泄露病毒测试	√	√		√	离线	测试通过，执行体间服务器信息不一致，输出结果无法通过表决
	系统致瘫病毒测试	√	√		√	离线	测试通过，执行体间操作系统不一致，病毒无法在全部执行体中成功执行
	网站内容篡改病毒测试	√	√		√	离线	测试通过，执行体间操作系统不一致，病毒无法在全部执行体中成功执行

测试结果显示，Web 服务器拟态防御原理验证系统在非相似 Web 虚拟机池中功能等价的异构 Web 服务器间采用了不同的软硬件结构，又因为病毒木马的执行强依赖于系统环境，同一病毒木马几

乎不能在异构的执行环境中触发，利用多余度表决技术及时发现异常，斩断被攻击目标的输出；同时利用清洗机制及时调度执行体，清理隔绝被攻击目标，阻断了攻击的持续尝试。因此，Web 服务器拟态防御原理验证系统具有抵御病毒木马攻击的能力。

5．Web 应用攻击测试

Web 应用作为 Web 服务系统提供给用户最重要的内容，直接暴露给用户。正因为此，Web 应用成为恶意攻击者最直接的攻击目标。同时，Web 应用开发时由于开发人员的疏漏，或多或少会存在安全漏洞。若 Web 服务系统能够抵御针对 Web 应用的攻击，则建立起了 Web 服务系统的第一道安全屏障。在 Web 应用攻击测试中，根据常见的攻击类型分为目录配置漏洞测试、SQL 注入测试、解析漏洞测试、文件包含测试和 DoS 漏洞测试，测试内容如表 13.20 所示。

表 13.20　Web 应用攻击测试内容

测试内容	测试类别	防御机理				漏洞或后门状态	测试结果
		异构	冗余	动态	清洗		
Web 应用攻击测试	目录配置漏洞测试	√	√		√	离线	测试通过，执行体间服务器软件不一致，并非所有执行体存在目录配置漏洞，攻击无法在全部执行体中成功执行
	SQL 注入测试	√	√	√	√	在线	测试通过，执行体间 SQL 指纹不一致，攻击无法在全部执行体中成功执行
	解析漏洞测试	√	√		√	离线	测试通过，执行体间服务器软件不一致，并非所有执行体存在解析漏洞，攻击无法在全部执行体中成功执行
	上传漏洞测试	√	√		√	在线	测试通过，执行体操作系统、服务器软件等层次存在不一致，无法通过上传的脚本发动攻击
	文件包含测试	√	√		√	在线	测试通过，执行体操作系统、服务器软件等层次存在不一致，无法通过包含执行的脚本发动攻击
	DoS 漏洞测试	√	√		√	离线	测试通过，执行体间服务器软件不一致，并非所有执行体存在 DoS 漏洞，攻击无法在全部执行体中成功执行

测试结果显示，Web 服务器拟态防御原理验证系统在非相似 Web 虚拟机池中功能等价的异构 Web 服务器间采用了不同的软硬件结构，又因为 Web 应用的运行同样强依赖于系统环境，底层的异构环境可以阻断上层应用的漏洞利用攻击，利用多余度表决技术及时发现异常，斩断被攻击目标的输出；同时利用清洗机制及时调度执行体，清洗隔绝被攻击目标，阻断了攻击的持续尝试。因此，Web 服务器拟态防御原理验证系统具有抵御 Web 应用攻击的能力。

13.2.5　Web 服务器性能测试

本节测试的目的是为了验证在 Web 服务器中引入拟态防御机制，且验证了拟态防御机制的安全防御有效性后，系统的性能是否受到较大影响，这是衡量 Web 服务器拟态防御原理验证系统具有实际应用价值的重要保证。 测试采用思博伦测试仪 Spirent Avalance 3100B 完成。

评价 Web 服务器性能的指标包括四个主要方面：最大 TCP 并发连接数(Max Concurrent TCP Connection Capacity，MCTCC)、吞吐量(throughput)、平均响应时间(Average Response Time，RTT)、每秒事务处理次数(Transactions Per Second，TPS)[19]。

1)最大 TCP 并发连接数

IETF 2647 中指出，该指标为穿过网关的主机之间或主机与网关之间能同时建立的最大 TCP 连接数[20]。

2)吞吐量

该指标主要体现网络设备的数据包转发能力，通常表现为网络设备在不丢包前提下的数据转发能力，其度量单位为字节，单位一般使用 kbps[21]。

3)平均响应时间

响应时间为服务器端对客户端的请求作出响应所需要的时间，该指标为服务器端在运行稳定后平均完成一个用户端请求的时长。

4) 每秒事务处理次数

一个事务是指客户端向服务器端发送请求，然后服务器端作出响应的过程。该指标体现服务器每秒事务处理的次数，确定服务器的事务负载能力。

具体测试流程与结果参看《Web 服务器拟态防御原理验证系统联合测试报告》的 4.5 性能测试。

1. 基准 Web 服务器性能测试

Web 服务器拟态防御原理验证系统由基本的 Web 服务器搭建而成，且系统中的 RDB、DRRV 等模块均基于反向代理服务器及其中间件进行研发，故需要设计测试样例，为 Web 服务器拟态原理系统整体性能对比和相应模块性能对比提供基准参考依据，测试内容如表 13.21 所示。

表 13.21　基准 Web 服务器性能测试内容

序号	测试内容	服务器配置	测试结果
1	单台 Web 服务器访问性能测试	虚拟机软件：VMware CPU：双核双线程 内存：2GB 页面：1kb 静态页面(吞吐量测试时采用 32kb 静态网页)	TPS:5114 MCTCC:186652 吞吐量(kbps):472144 RTT(ms):0.58
2	单台 Web 服务器访问性能测试	虚拟机软件：VMware CPU：双核双线程 内存：2GB 页面：1kb 动态页面(吞吐量测试时采用 32kb 动态网页)	TPS:4362 MCTCC:179230 吞吐量(kbps):465716 RTT(ms):4.766
3	单台 Web 虚拟机服务器+挂载数据库访问性能测试	虚拟机软件：VMware 数据库软件：MySQL CPU：双核双线程 内存：2GB 页面：1kb 动态页面(吞吐量测试时采用 32kb 动态网页)	TPS:708 MCTCC:29984 吞吐量(kbps):135665 RTT(ms):58.814

2. DIL 模块性能测试

Web 服务器拟态防御原理验证系统中部署了数据库和数据库代理，并基于数据库代理开发了系统的 DIL 模块，故需要设计测试案例，为测试数据库、数据库代理和 DIL 模块对系统整体性能的影响，测试内容如表 13.22 所示。

表 13.22 DIL 模块性能测试内容与结果

序号	测试内容	服务器配置	测试结果
1	单台 Web 虚拟机服务器+数据库代理+挂载数据库访问性能测试	虚拟机软件: VMware 数据库软件: MySQL 数据库代理: Amoeba CPU: 双核双线程 内存: 2GB 页面: 1kb 动态页面(吞吐量测试时采用 32kb 动态网页)	TPS:612 MCTCC:26375 吞吐量(kbps):110012 RTT(ms):55.67
2	单台 Web 虚拟机服务器+数据库代理+挂载数据库+DIL 模块访问性能测试	虚拟机软件: VMware 数据库软件: MySQL 数据库代理: Amoeba CPU: 双核双线程 内存: 2GB 页面: 1kb 动态页面(吞吐量测试时采用 32kb 动态网页)	TPS:480 MCTCC:24002 吞吐量(kbps):109343 RTT(ms):61.592

测试结果显示，其中 DIL 模块的应用会使得每秒事务处理数变化明显，下降 21.56%，说明 SQL 指令的异构化处理与执行带来了少部分性能损耗，DIL 模块在设计实现中仍需要优化。

3. 系统整体性能测试

对 Web 虚拟机服务器拟态原理系统整体性能进行测试，测试对象为 RDB+DRRV+DIL+三台 Web 虚拟机服务器挂载数据库与数据库代理，测试内容如表 13.23 所示。

表 13.23 系统整体性能测试内容与结果

序号	测试内容	服务器配置	测试结果
1	RDB 模块+DRRV 模块+三台 Web 虚拟机服务器+数据库代理+挂载数据库+DIL 模块访问性能测试	虚拟机软件: VMware 数据库软件: MySQL 数据库代理: Amoeba CPU: 双核双线程 内存: 2GB 页面: 1kb 动态页面(吞吐量测试时采用 32kb 动态网页)	TPS:488 MCTCC:23139 吞吐量(kbps):109458 RTT(ms):109.246

对比测试结果，Web 拟态防御原理验证系统的每秒事务处理数

和响应时间变化明显，分别下降 20.26%，增加 96.23%。然而由 DIL 模块性能测试结果可知每秒事务处理数值的下降主要因为 DIL 模块的应用，响应时间的拖长则是因为 RDB 模块和 DRRV 模块的应用。测试结果显示来看，与无任何防护的基准虚拟 Web 服务器相比，Web 服务器拟态防御原理验证系统具有一定的性能损耗，但毫秒级的响应时间并不会给用户的使用体验带来影响，在可接受范围内。

13.2.6　Web 原理验证系统测试小结

综合测试结果来看，Web 服务器拟态防御原理验证系统在满足通用 Web 服务器功能、性能标准的同时，能够抵御动态异构冗余结构中基于漏洞、后门等的已知风险和未知威胁，改变漏洞或后门的呈现形式，阻断大多数针对 Web 服务器漏洞或后门攻击的响应链，其叠加与迭代效应能够非线性地增加攻击难度[22]。除此之外，因为动态性、冗余性的防御作用，在动态异构冗余结构中实现可靠的、持续的协同逃逸攻击变得几乎不可能。总之，该系统能够达到"有漏洞不一定可利用，可利用不一定能持续有效"的拟态防御目标。

13.3　测试结论与展望

国家科技部委托上海市科学技术委员会组织针对拟态防御原理验证系统的联合测试验证评估，由中国科学院信息工程研究所、国家信息技术安全研究中心、中国信息通信研究院、中央军委装备发展部第 61 研究所、上海交通大学、浙江大学、北京奇虎科技有限公司、启明星辰信息安全技术有限公司和安天科技股份有限公司等十余家单位组成的联合测试组，根据国家相关技术标准和规范及拟态防御原理制定了详细的测试验证方案，并分别对"Web 服务器拟态防御原理验证系统(以下简称拟态 Web 服务器)"和"路由器拟态防御原理验证系统(以下简称拟态路由器)"进行了"黑盒"联合测试和"注入"渗透测试。测试历时 6 个月，先后有 21 名院士和 110 余名同行专家参与不同阶段的测评工作。测试评估专家组认为：测试组织严谨，测试方案合理，测试手段多样，测试记录详尽，测试结果真实，圆满达到了测试评估"拟态防御理论的有效性及工程实现的可行性"的预期目标。

测试评估结论如下：

（1）"拟态 Web 服务器和拟态路由器"是拟态防御理论与方法的成功实践。在满足"Web 服务器"、"路由器"功能和性能指标要求的同时，实现了基于异构冗余多维动态重构的主动防御机制，即拟态防御机制。能够独立且有效地应对和抵御基于目标对象漏洞后门、病毒木马等的已知风险与不确定威胁，其叠加或迭代效应能够非线性地增加目标对象的攻击难度。测试验证结果完全符合拟态防御理论预期。

（2）拟态防御是网络空间一种原创性的主动防御理论与方法，其体制机制能在不依赖传统安全手段和设施的情况下，对于拟态界内基于未知漏洞后门、病毒木马等的各种安全威胁具有普遍而显著的防范和抵御功效。"黑盒、灰盒、注入"测试和综合验证分析表明，现有的扫描探测、漏洞利用、后门设置或者注入病毒、植入木马乃至高级持续攻击（APT）等攻击手段和方法，对拟态防御没有预期的作用和可靠的效力。该理论与方法有可能逆转网络空间目前"攻防不对称"的战略预势，颠覆"软硬件代码漏洞攻击时代"的防御理念。

（3）拟态防御在机理上允许拟态界内部件、模块或子系统等软硬构件带有未知漏洞后门，容忍界内运行环境中存在未知的病毒木马等。"注入"渗透测试验证结果表明，基于拟态界内软硬构件漏洞后门的攻击，在异构冗余多维动态重构机制作用下，难以从拟态裁决环节实现精准、可靠、持续的协同逃逸。从而可极大地降低全生命周期内，系统安全防护实时性要求和版本升级频度与代价。在全球化的生态环境中，使得利用"有毒带菌"的商业级或开源模式软硬构件实现可管可控信息系统成为可能。同时，也可以有效制衡基于"后门工程和隐匿漏洞"的"卖方市场"优势。对"改变网络空间游戏规则"具有革命性的意义。

(4)测试验证结果还表明,拟态防御并非只是纯粹用于安全防护的专门技术,而是一种集"安全防护、可靠性保障、服务提供"三位一体的、具有普适意义的信息系统架构技术。既能为高可靠、高可信应用场景提供所期望的服务功能,又能自然地接纳信息领域现有技术或新技术,以及融合网络空间已有的或未来的安全技术。可为国家"自主可控"战略开辟一条基于系统架构优势克服瓶颈问题的新途径,对全球化环境下实现网络安全和信息化领域"一体两翼、双轮驱动"总目标,具有不可或缺的现实意义和广泛的战略影响。

(5)理论预期和测试验证显示,非拟态界内的安全问题,例如基于网络协议、服务功能实现算法、统计复用机理等原始设计缺陷,或利用社会工程学方法和手段实施的攻击,拟态防御亦有安全增益但效果不确定。

通过本次测试,验证了拟态防御原理的有效性,并为基于拟态防御原理实现的网络设备与信息系统提供了参考测试规范,有力推动了拟态防御理论的研究与应用。

尽管拟态防御原理具有普适性,但是不同应用领域还需要因地制宜的理论和技术再创新,包括具体测试技术和方法的创新。

创新的概念总是要在技术和应用的创新中才能逐渐修成正果,拟态防御不能也不可能例外。

最后,需要着重指出的是,拟态防御原理与技术源于可靠性理论和方法,同样具有可标定、可设计、可度量、可验证的基本属性,应当可以通过类似可靠性试验、验证的方式进行量化测试和评估。换句话说,正如三角形在欧几里得空间的几何稳定性可以通过测试三个内角之和是否等于$180°$来判定那样,拟态防御系统的功能和性能既然取决于动态异构冗余构造效应就一定能够通过"白盒"测试方式来度量。仅此而言,拟态防御实现了迄今为止绝大多数安全防御技术所无法企及的目标。

参 考 文 献

[1] 马海龙, 江逸茗, 白冰, 等. 路由器拟态防御能力测试与分析. 信息安全学报, 2017, 2(1):29-42.

[2] 李宁, 李战怀. 基于黑盒测试的软件测试策略研究与实践. 计算机应用研究, 2009, 26(3):33-37.

[3] 张智轶, 陈振宇, 徐宝文. 测试用例演化研究进展. 软件学报, 2013, 24(4):663-674.

[4] Wireshark. https://www.wireshark.org. [2016-10-15].

[5] Lyon G. Nmap security scanner. http://namp.org. [2016-10-15].

[6] Nessus. Tenable network security. http://www.tenable.com/ products/nessus-vulnerability-scanner[2016-10-15].

[7] Metasploit. https://www.metasploit.com. [2016-10-15].

[8] Moy J. OSPF Version 2. STD 54, RFC 2328, DOI 10.17487/RFC2328. http://www.rfc-editor.org/info/rfc2328. [2016-10-15].

[9] Andrew A V, Konstantin V G, Janis N V. 思科网络黑客大曝光. 许鸿飞, 孙学涛, 邓琦皓, 译. 北京: 清华大学出版社, 2008.

[10] 卢伟涛. Web 应用系统的测试与分析. 北京: 北京交通大学, 2011.

[11] 张铮, 马博林, 邬江兴. Web 服务器拟态防御原理验证系统测试与分析. 信息安全学报, 2017, 2(1):13-28.

[12] Berners-Lee T, Masinter L, Mccahill M. Uniform Resource Locators (URL). RFC, 1994.

[13] 刘武. 基于报文类型的 WSP 协议和 HTTP 协议转换研究. 长沙: 国防科学技术大学, 2004.

[14] Fielding R. RFC 2616: Hypertext Transfer Protocol-HTTP/1.1. http://www.w3.org/ Protocols. [2016-10-15].

[15] Aroms E. NIST Special Publication 800-115 Technical Guide to Information Security Testing and Assessment. CreateSpace, 2012.

[16] Okhravi H, Hobson T, Bigelow D, et al. Finding focus in the blur of moving-target techniques. IEEE Security & Privacy, 2014, 12(2):16-26.

[17] Ron D, Shamir A. Quantitative analysis of the full bitcoin transaction graph// Financial Cryptography and Data Security. Berlin: Springer, 2013:6-24.

[18] 张卓. SQL 注入攻击技术及防范措施研究. 上海: 上海交通大学, 2007.

[19] Avritzer A, Weyuker E J. The role of modeling in the performance testing of e-commerce applications. IEEE Transactions on Software Engineering, 2005, 30(12):1072-1083.

[20] Newman D. Benchmarking Terminology for Firewall Performance. RFC Editor, 1999.

[21] 孙红兵, 陈沫, 蔡一兵, 等. IPv4/IPv6 转换网关性能测试方法研究. 计算机工程, 2006, 32(24):93-95.

[22] 仝青, 张铮, 张为华, 等. 拟态防御 Web 服务器设计与实现. 软件学报, 2017, 28(4):883-897.

第14章

典型架构抗攻击性与可靠性分析

14.1 引言

众所周知,网络空间信息系统抗攻击性缺少有效的定量分析方法。原因是针对信息系统的攻击通常不是独立发生的随机性事件,其攻击效果由于目标对象的静态性、确定性、相似性和"单向透明"等原因往往是确定的,在数学意义上表现为布尔量而非概率值,这使得抗攻击性的定量分析很难借助可靠性理论和随机过程工具来描述。但是,对于带有多模表决机制的异构冗余目标系统而言,"相对正确"公理首先能将针对执行体漏洞后门、病毒木马等的确定或不确定性攻击在系统效果层面变换为某种分布形式的概率事件,其次通过调整执行体的配置数量、输出矢量语义丰度、裁决策略以及变化执行体的实现算法或构造相异度,可以改变攻击效果在系统层面的概率大小和分布形态。换言之,当目标系统采用多模表决机制的异构冗余构造时,无论是针对执行体个体的攻击事件还是执行体构件产生的随机性故障都可以在系统层面被归一化为具有概率性质的可靠性问题,从而使原本无法度量的抗攻击性场景可以借用成熟的可靠性理论和方法来分析。本章试图建立一种基于可靠性理论进行异构冗余系统抗攻击性定量分析的普适性方法，针对非冗余、非相似余度和拟态防御三种典型信息系统架构，以及特异性和非特异性攻击，通过广义随机 Petri 网理论建立统一模型，分析系统抗攻击性与可靠性指标，主要是用于抗攻击性分析的稳态可用概率、稳态逃逸概率和稳态非特异性感知概率，以及用于可靠性分析的稳态可用概率、可靠度 $R(t)$、首次故障前平均时间和降级概率，为实现可设计、可标定、可验证、可度量的安全可靠信息系统提供理论依据。

非冗余架构（Non-redundant Architecture，NRA），容易出现单点故障，而且由于静态性、相似性和确定性的固有属性难以杜绝基于漏洞后门等攻击。虽然已经发展出以入侵检测、入侵预防、入侵隔离等为代表的一系列防御技术和方法，但解决问题的基本思路仍停留在基于威胁特征和攻击行为特征感知的主被动防御层面，难以有效抵御利用软硬件漏洞和后门等发起的不确定性攻击、难以有效应对诸如高级持续性威胁（Advanced Persistent Threat，APT）等的持续渗透式网络入侵。

为了改善非冗余架构的可靠性和抗攻击性，先后发展了容错技术和可生存技术。其中，容错系统以同构/异构冗余架构技术为基础，包括相似余度架构（主备用、M+N 备份）和非相似余度架构（Dissimilar Redundant Architecture，DRA），能够有效应对软硬件随机性故障导致的可靠性问题，大幅提升了系统可靠性，例如基于 3×3 非相似余度架构的波音 777 飞控计算机系统[1]其可靠性降级概率已经达到 $1.2×10^{-11}$ 的惊人水准[2]。对于可生存技术，美国卡内基梅隆大学（Carnegie Mellon University，CMU）软件工程研究所（Software Engineering Institute，SEI）研究小组给出了可生存性定义[3]：指系统在遭受外界非法攻击、自身故障或者事故对自身所产生的一些可逆、不可逆影响时，仍然能够及时完成分配的关键任务以及外界的服务请求的能力的度量值。目前用于开发可生存系统的技术主要包括：

自适应重新配置，多样性冗余，实时入侵监控、检测和响应，入侵容忍，以性能和功能折中换取安全性，增强型内核，访问控制，隔离控制等。容错和可生存防御建立在对攻击特征感知的全面性和及时性基础之上，对于利用目标对象软硬件未知漏洞后门等发起的不确定性攻击，无法获得与时间无关的防御性能。

拟态防御架构(CMD Architecture，CMDA)[4]具有不依赖先验知识的非特异性威胁感知、攻击事件抵抗以及可靠性故障容忍等的能力，以不排斥传统入侵检测、入侵预防等安全手段为前提，以功能等价条件下的动态异构冗余架构为基础，以基于拟态裁决的策略调度和多维动态重构负反馈机制为核心，以目标对象服务功能与其外在的结构表征间导入不确定性关系为手段，用内生的"测不准"效应形成"双向防御迷雾"，造成攻击者认知困境并显著降低非配合条件下的攻击成功概率，是一种集"服务提供、可靠性保障、安全防护"三位一体、新一代鲁棒性信息系统基础架构。

本章安排是,首先基于广义随机 Petri 网(General Stochastic Petri Net，GSPN)建立非冗余架构、非相似余度架构和拟态防御架构这三类典型信息系统架构的抗攻击性和可靠性模型，然后利用 GSPN 模型的可达图与连续时间马尔可夫链(Continuous-Time Markov Chain，CTMC)同构特性，量化分析系统的稳态概率，最后通过基于 MATLAB 的仿真方法，进一步验证拟态防御架构在抗攻击性和可靠性方面的非线性增益。在评价指标方面，提出基于稳态可用概率、稳态逃逸概率和稳态非特异性感知概率这三种参量综合刻画目标架构的抗攻击性，用稳态可用概率、在$(0, t]$时间区间内正常工作概率即可靠度 $R(t)$、首次故障前平均时间(Mean Time To Fault，MTTF)和降级概率刻画目标架构的可靠性。本章给出的模型和方法能够用来分析信息系统架构的鲁棒性、可靠性、可用性和抗攻击性，相关分析结论有助于指导高可靠、高可用、高可信的鲁棒性信息系统的设计。

本章结构如下，14.1 节是引言，14.2 节给出目标架构抗攻击性和可靠性的建模及分析方法，14.3 节针对一般和特殊攻击，具体分析了非冗余系统、非相似余度系统和拟态防御系统的抗攻击性，14.4 节分析了上述三种系统的可靠性，14.5 节给出了本章小结和下一步研究工作。

14.2　基础理论和模型

14.2.1　分析方法

为了对系统的可靠性和抗攻击性进行定量与定性分析，人们提出了许多方法，这些分析方法主要可以归结为两种，即组合法（Combinatorial Models）和状态法（State Space Methods）[5]。

1) 组合法

(1) 可靠性框图法（Reliability Block Diagrams，RBD）[6]：用不间断的网络构架框图表现系统应该实现的功能，可清楚看出系统组成元件之间的逻辑关系，能描述系统随时间的线性变化情况，其运算步骤也相对简单，适合于由相互独立且可修复元件组成的整体，常被用来建立系统可靠性和可用性模型。

(2) 故障树分析法（Fault Trees Analysis，FTA）[7]：故障树分析法就是在装备系统设计过程中，通过对可能造成系统故障的各种因素（包括硬件、软件、环境、人为因素等）进行分析，用各种逻辑门组成的树状结构来表示基本器件与系统之间故障的逻辑关系（即故障树），从而确定系统故障原因的各种可能组合方式及其发生概率，采取相应的纠正措施，以提高系统可靠性的一种设计方法。FTA 方法在复杂装备系统可靠性、安全性分析和风险评估上得到了广泛应用，但难以反映信息系统动态特性和余度管理中的排序过程。

(3) 故障模式与效应分析法（Fault Mode Effect Analysis，FMEA）[8]：

这是一种"自下向上"由因到果的逻辑归纳法,是一种定性的分析方法。它首先分析系统的元器件的各种故障模式及其发生的概率,然后分析它们对于部件状态的影响,进而分析部件对子系统状态的影响,最后分析子系统对系统状态的影响。实际上是一种通过分析系统单元故障模式对系统产生影响及程度大小的方法。

2)状态法

(1)马尔可夫回报模型(Markov Reward Model,MRM)[9]分析法:它可以通过将连续时间马尔可夫链状态之间的转移赋以回报率来定义。马尔可夫链(Markov Chain,MC)在可靠性计算中被广泛地应用于串联系统、冗余系统、n 中取 k 系统、n 中连续取 k 系统、退化和可修复系统。假定构成系统各部件的寿命分布和故障后的修理时间分布及其他所有出现的有关时间分布均为指数分布时,可定义适当的系统状态,用马尔可夫过程来描述这样的系统。但直接使用该模型时,当系统动态变化时模型的扩展比较困难。

(2)马尔可夫更新过程(Markov Renewal Process,MRP)[10]分析法:通过在马尔可夫过程,以及在半马尔可夫过程中选择合适的再生点,使得研究系统可靠性、可用性等比较简便。

(3)补充变量分析方法(Supplementary Variable Analysis,SVS)[11]:研究非马尔可夫型可修复系统的一种重要方法,通过引进补充变量,使要讨论的问题变为一个广义的马尔可夫过程;然后,利用初始条件建立微分方程,从而求出有关指标。

(4)随机进程代数(Stochastic Process Algebra,SPA)[12]:为性能评价提供了非常特殊的解决方案:它将组件进行的活动抽象为一个进程,通过等价定理自动化减状态空间,它主要用来描述和研究资源共享系统的可信性。SPA 方法的理论基础与传统形式化方法不同,这种方法有待于进一步完善。

(5)基于随机 Petri 网 (Stochastic Petri Net,SPN)[13]的方法:Petri 网是一种具有严密理论基础的数学模型,通过适当的扩展,能与矩阵方法结合在一起建立系统状态方程、代数方程，能与随机过程论、信息论方法结合在一起描述和分析系统运行的不确定性或随机性。通过广义随机 Petri 网模型的可达图与连续时间马尔可夫链是同构的特性，可以量化求解冗余系统的稳态概率。

组合模型的方法对随机行为的表达能力有限，基于状态的随机方法可以表达更为复杂的模型关系。状态法比组合法的描述能力强，但模型结构较为复杂，计算量也较大；组合法的约束条件要求基本事件之间应在统计意义上独立且基本事件间的逻辑关系确定；状态法没有独立约束条件限制，但需已知系统各状态迁移的时间分布（一般为指数分布）。

我们知道，在一定条件下必然发生的现象称之为确定性现象。在个别试验中其结果呈现出不确定性，在大量重复试验中其结果又具有统计规律的现象称之为随机现象。概率论与数理统计是研究和揭示随机现象统计规律性的一门数学学科。在网络安全评估、系统脆弱性评估和网络可信赖性评估中，为便于分析，一般直接假设平均攻击成功时间符合指数分布。但对于异构冗余架构中的某些功能等价部件而言，基于已知漏洞或后门的攻击一般是确定性现象，不具有随机属性，使得应用概率论与数理统计方法失去必要的前提。幸运的是，根据第 6 章所述，"相对正确"公理能将基于目标对象执行体漏洞后门、病毒木马等的不确定性"差模攻击"首先转变为系统层面攻击效果可以确定的概率事件，其次能将针对相关执行体确定性攻击事件变换为系统层面概率可控的可靠性问题，这使得利用概率论与数理统计方法进行系统抗攻击性分析成为可能。

按照"相对正确"公理，假如我们把有着这样那样缺点的成员个体以上述功能等价冗余配置的异构执行体代之，并设置简单的大数表决机制。那么，在这样的目标系统中随机性故障与不确定性威胁都可归一化为同构的可靠性问题来处理。这意味着网络空间基于目标对象漏洞后门等确定或不确定威胁的感知问题，能被功能等价条件下的异构冗余机制转化为时空维度上出现多数或一致性错误的可控概率问题,即用相对多数结果作为错误与否的判据(尽管理论上存在很小概率的误判情形),这就为裁决界内不依赖先验知识的威胁感知性能,以及与具体攻击特征和行为信息无关的防御性能的标定、度量奠定了可数学分析的基础。

非相似余度架构和拟态防御架构的基本原理均源自于"相对正确"公理,因为无需知道攻击的具体特征和行为信息,两者都具有不依赖于攻击特征的非特异性防御属性。根据"相对正确"公理可以导出,非相似余度架构和拟态防御架构能在缺乏先验知识的情况下将目标对象确定或不确定"差模威胁"的感知问题,通过裁决机制转化为异构执行体对同源输入的多模输出矢量间出现多数或一致性错误的概率问题。进一步有,拟态防御架构借助 DHR 架构和负反馈闭环控制机制既可控制单一拟态场景下攻击逃逸事件的概率,也能控制连续拟态场景下攻击逃逸事件的概率,攻击行动途经拟态界的频度越高则攻击失败的可能性就越高。因此,利用概率论与数理统计工具进行异构冗余系统的抗攻击性分析,能够得到与实际情况相符合的分析结论。

本章主要采用 Petri 网理论进行分析研究,并利用广义随机 Petri 网模型的可达图与连续时间马尔可夫链具有同构性的特点,得到目标系统抗攻击性和可靠性的定量分析结论。本章试图为非冗余、非相似余度和拟态防御三种典型信息系统架构建立一种基于 GSPN 的普适性分析方法,使用 3 个抗攻击性指标(稳态可用概率、稳态逃逸概率和稳态非特异性感知概率)、4 个可靠性指标(稳态可用概率、可靠度、首次故障前平均时间和降级概率)和 3 类参数(故障速率 λ、输出矢量相异度参数 σ 和恢复速率 μ)对目标架构的抗攻击性和可靠性进行归一化建模和分析,相关结论与方法能够用来指导高可靠、高可信、高可用的鲁棒性信息系统的设计。

下面对 Petri 网理论的基本概念进行说明。

德国学者 Petri 在 20 世纪 60 年代提出了 Petri 网(Petri Net，PN)的概念[14]，Petri 网在逻辑层次上适用于对离散事件动态系统进行建模和分析。Petri 网可用来描述系统中进程或部件的顺序、并发、冲突以及同步等关系。经过多年的发展，经典 Petri 网及 Petri 网扩展模型的研究都有了长足的进步，已形成具有严密数学基础、多种抽象层次的通用网论，并在许多领域都得到了应用，如通信协议、系统性能评估、自动控制、柔性制造系统、分布式数据库和决策建模等，已逐渐成为相关各学科的"通用语言"。Petri 网采用位置(Place)、变迁(Transition)、弧(Arc)的连接来表示系统的静态功能和结构，同时，在随机 Petri 网模型中自含执行控制机制，它通过变迁的实施和标记(Token)在位置中分布的改变来描述系统的动态行为。只要满足给定的条件或约束，其模型将会自动地进行状态转换，这种因果关系作用下的推演过程正好体现了系统的动态行为特征。

在一个 PN 模型中，标记在位置中的动态变化能表示出系统不同的状态。假如一个位置表达一个条件，那么它能包含或不包括标记，当一个标记出现在该位置，条件为真；否则，为假；假如一个位置表达一个状态，那么在该位置中的标记个数规定了该状态。PN 模型中动态行为的实施规则如下：

(1)当某个变迁的输入位置(通过弧连接到这个变迁，且弧的方向指向变迁)至少包括一个标记时，该变迁可能会实施，即变迁为可实施变迁。

(2)一个可实施变迁的实施将导致它所有的输入位置中的标记都减少一个，且它的所有输出位置(通过弧连接到此变迁，且弧的方向指向位置)中会增加一个标记。

(3)当弧的弧权值大于 1 时，变迁的实施需要在变迁所有输入位置中都要包括至少等于连接弧权的标记个数，且变迁的实施会根据相连接的弧权，在所有的输出位置中产生相应的标记个数。

根据 PN 的基本结构和动态行为实施规则，PN 系统的定义如下：

(1)(S,T,F) 为一个网，S 为位置/状态，T 为变迁，F 为弧。

(2)K：$S{\rightarrow}N+\cup\{\infty\}$ 是位置容量函数。

(3)W：$F{\rightarrow}N+$ 是弧权函数。

(4)M_0：$S{\rightarrow}N$ 是初始状态，满足 $\forall s{\in}S$：$M_0(s){\leqslant}K(s)$。

在不断的研究过程中，随机 Petri 网得到了很大的发展和扩充。其中，广义随机 Petri 网可以简化系统状态空间[15]，被广泛用于系统可靠性、可用性和安全性分析。其定义为 GSPN=$(S, T, F, K, W, M_0, \Lambda)$，其中 (S, T, F, K, W, M_0) 是一个 Petri 网系统，Λ 为平均实施速率。F 中允许有禁止弧，禁止弧所连接位置的可实施条件变为不可实施。GSPN 中的变迁分为两个子集：时间变迁集 $T_t=\{t_1,t_2,\cdots,t_k\}$，瞬时变迁集 $T_s=\{t_{k+1},t_{k+2},\cdots,t_n\}$，瞬时变迁实施延迟为 0，与时间变迁相关联的平均实施速率集合为 $\Lambda=(\lambda_1,\lambda_2,\cdots,\lambda_k)$。当一个标识 M 含有多个瞬态变迁时需确定其选择概率。

14.2.2　抗攻击性考虑

人们总是期望信息系统架构的故障概率足够低，以满足其应用和服务需求，即架构的可用程度应该达到人们要求的水平。我们认为信息系统架构的抗攻击性和可靠性是可归一化设计的，其行为及结果是可以通过对其模型的求解来预期的，从而做到性能可设计、等级可标定、效果可验证、行为状态可监测、行为结果可度量、异常行为可控制。

如图 14.1 所示，拟态防御架构在 DHR 基础上，导入拟态伪装机制加强攻防博弈的主动性，应用博弈策略驱动多维动态重构机制达成目标对象防御部署或行为"测不准"效果，利用动态异构冗余机制对确定或不确定性威胁提供"面防御"功能，根据多模裁决的相异性统计结果触发"点清除"机制，基于拟态防御的体系化效应达成多模输出矢量非一致性表达概率最小化的目标。需要强调指出的是，拟态防御架构首先是依据"相对正确"公理将基于目标对象执行体漏洞后门、病毒木马等的不确定性攻击转变为系统层面攻击效果可用概率表述的事件，其次将确定或不确定"差模和共模攻击"和随机性差模故障归一化为可靠性问题，再者要能通过基于拟态裁决的策略调度和多维动态重构负反馈机制极大地丰富应对非协同攻击的拟态防御场景，从而能够将稳态可用概率、稳态逃逸概率和稳态非特异性感知概率控制在一个合理水平。上述转变步骤之间的相互关系是，针对异构执行体个体的攻击效果越是确定，系统层面协同攻击成功概率就越低，两者之间满足非线性关系；输出矢量的时空内涵越丰富，多模裁决的指向性越具体，协同逃逸可能性就越低，基本关系也是非线性的。为简化分析，我们将优先级、掩码、正则、语义等多种可动态选择的拟态裁决方法在建模分析时简化，只选择了一种"择多"表决方法，并将执行体重启、重构、重组合、重配置等各种多维动态重构手段归一化为一种执行体"恢复"手段，同时各目标架构中也不添加入侵检测、防火墙等特异性故障感知和加密认证等传统"点"防御手段，在这种假设情况下可以得到拟态防御架构抗攻击性的下限值。实际应用系统中往往会添加或融合上述的相关方法或手段，等效意义上可以增加拟态系统的相异度，从而能够指数级地提高拟态防御架构的抗攻击性。换句话说，拟态防御架构的实际抗攻击性能应当远远高于假设分析所得的下限值。

由于非冗余架构无法将对防御者而言的不确定性/确定性攻击转变为概率问题，为满足随机性故障分析前提，只能将其假设视为可靠性问题；以此假设得到的非冗余架构的抗攻击性只是最理想的情况，即上限值，而其实际抗攻击性能远远低于该上限值。非相似余度架构具有一定的容侵属性，可以在随机攻击的假设前提下，在某一时间范围内能够将不确定性攻击转变为系统层面的概率性事件，因而在此期间可以归一化为可靠性问题来处理；但对于基于已知共模漏洞的攻击而言，由于其静态结构使其无法再被视作随机事件，因此在上述假设条件下得到的非相似余度架构抗攻击性也只能是上限值，即其抗攻击性的最好情况。

图 14.1　采用拟态裁决策略调度和多维动态重构负反馈机制的拟态防御架构

脆弱性是信息系统中任何能够被用来作为攻击前提的特性，其中由漏洞/后门所引起的脆弱性是网络空间泛在安全威胁的重要原因。关于"脆弱性"的概念描述有很多，较权威的定义[16]是从计算机系统状态迁移的角度给出状态定义的。计算机系统是由一系列描述构成计算机系统的实体的当前配置的状态（States）组成，系统通过应用状态变换（State Transitions）实现计算。从给定的初始状态，使用一组状态变换，可以到达的所有状态最终分为由安全策略定义的两类状态，已授权（Authorized）状态和未授权（Unauthorized）状态。那么，脆弱（Vulnerable）状态是指那些从已授权状态能够使用变换最终到达未授权状态的状态；受损（Compromised）状态是指通过上述变换方法所能到达的状态；成功攻击（Attack）是指以从已授权状态开始并以受损状态结束的变换序列；脆弱性（Vulnerability）是指脆弱状态区别于非脆弱状态的具体特征。

通过最终能够到达脆弱状态的变换，攻击可以导致信息系统故障、错误或降级。攻击者可以利用系统中广泛存在的脆弱性达到自己的目的，如获取系统权限以及用户重要信息、使目标系统瘫痪等。根据攻击者能力，我们将攻击分为一般攻击和特殊攻击两类。其中，一般攻击指攻击者能力一般的攻击，即 T 时刻的攻击 a_k 对 $T+X$ 时刻的攻击 a_{k+n} 无协同累积影响的攻击，如常见的差模和共模攻击。所述特殊攻击是指一种攻击者具有超强能力的攻击，即 T 时刻的攻击 a_k 对 $T+X$ 时刻的攻击 a_{k+n} 有协同累积影响的攻击，如可以导致目标执行体逐个停机的攻击，以及在多模裁决环节无法通过多模输出矢量感知的待机式协同攻击等。

对属于特殊攻击的停机攻击和待机式协同攻击的具体说明如下：

1）停机攻击

停机攻击是指假定攻击者具有足够的资源，了解和掌握拟态防御界面内所有（或多数）功能等价执行体或全部变体的"杀手锏"漏洞，利用这些漏洞可以造成目标执行体停止正常服务的攻击。然而，这种假设情况需要动用包括社会工程学意义上的各种资源和手段，具有极高的攻击成本。不用说一般的黑客难有作为，即使非常强悍的黑客组织或者有政府背景的专业机构，甚至一个国家的有计划行动都很难实现。

2）待机式协同攻击

待机式协同攻击指假定攻击者掌握目标对象各执行体中的"超级"漏洞，能够在不改变执行体输出矢量的前提下，利用这些漏洞逐个获得执行体最高控制权的"超级能力"。在满足上述假设前提下，攻击者只需利用共享输入通道和正常的协议消息发送预先设计好的协同攻击指令，各受控执行体再"统一行动"向拟态界发出预先准备好的输出矢量，就能够实现拟态逃逸。尽管这个假设理论上似乎可以成立，但要付诸实践还是极具挑战性的，是极其复杂和困难的任务且面临太多的不确定性因素。

我们将攻击所导致的故障分为两类，一类是降级/失效故障，另一类是逃逸故障。信息系统每个余度被称之为一个执行体或通道。对于降级/失效故障，在非冗余系统中通常只有一种固定实现场景，当单个执行体失效时系统也失效，即发生失效故障；对于 3 余度非相似余度系统，当存在 2 个及以上执行体同时失效时系统才会失效，即发生失效故障；对于 3 余度拟态防御系统，由于基于拟态裁决的策略调度和多维动态重构负反馈机制的作用使得系统不会永久失效，并且只当拟态裁决出现 3 个执行体输出矢量完全不一致时系统需要启用相关再裁决策略才能产生置信度下降的输出，即发生降级故障。对于逃逸故障，是指攻击方通过控制系统中的多数执行体，并在裁决后造成多数执行体输出矢量一致错误的故障，此时系统输出错误结果。

为简化分析以及验证架构本身的抗攻击性，在上述系统的执行体中均不添加入侵检测、防火墙等特异性故障感知和加密认证等面防御手段，也不考虑各种故障感知和防御机制的故障检测率、误警率和漏警率因素，也不将系统的软硬件分离且不考虑其相互影响。为了便于量化分析，我们将攻击者能力、网络脆弱性、网络环境和防御者能力等因素归一化为攻击和防御时间代价，其中，攻击时间代价指的是攻击者成功发动一次攻击所需要的平均攻击时间（Average Time of Attack，ATA），防御时间代价指的是防御者成功防御攻击并进行恢复所需要的平均防御时间（Average Time of Defense，ATD）。基于攻击时间代价可将攻击场景分为如下几类：弱攻击场景，需花费较长的时间（平均 10 小时）才能成功突破单个执行体的防御；中等攻击场景，需花费较短时间（平均 10 分钟）就可以成功攻击单个执行体；强攻击场景，需花费很短时间（平均 10 秒）就可以成功攻击单个执行体。针对不同的架构和防御场景，防御时间代价的具体数值将在本章第 3 节中进行详细说明。

本章假定在满足"相对正确"公理的前提下，基于目标对象漏洞后门的威胁问题能够被防御系统构造效应合理归一化为可靠性问题，同时还假设执行体攻击成功和恢复时间都服从指数分布，以便能够借助 GSPN 模型进行架构抗攻击性分析。由上述假设前提可知，对非冗余架构而言，在不考虑传统防御机制时，攻击威胁的实际效果远比假设情况要严峻得多，因为只要攻击成功就可以持续复制或继承该经验，最坏情况下非冗余系统的持续可用时间可能趋于零。对于非相似余度系统而言，即使平均攻击成功时间服从指数分布，但实际抗攻击效果可能远比期望值低得多，因为系统构架和运行机制的静态性或确定性使得攻击者一旦发现可以突防的规律后，就能够不受约束的利用这一规律达成与时间无关的攻击效果，此时非相似余度系统将完全失去抗攻击性能。对于拟态防御架构而言，因为基于拟态裁决的策略调度和多维动态重构负反馈机制导致的"测不准"效应，使得攻击者难以用试错或排除等尝试性的手段实现攻击逃逸，即攻击经验难以继承，T时刻成功的攻击场景无法在$T+X$时刻复现，故而拟态防御架构的实际抗攻击性能往往会优于假设分析所给出的下限值。

14.2.3　抗攻击性建模

抗攻击性是系统在受到外部攻击出现故障时，连续提供有效服务并在规定时间内恢复所有服务的能力。关于抗攻击性模型的假设如下：

假设1　非冗余架构目标系统是1余度的静态系统(简称非冗余系统)，执行体中未附加入侵检测、防火墙等特异性故障感知和防御手段，也不具有故障恢复机制；当单个执行体故障时系统降级；执行体攻击成功时间服从指数分布。

假设2　非相似余度架构目标系统是3余度的静态异构冗余系统(简称非相似余度系统)，执行体中不包括入侵检测、防火墙等特异性感知和防御手段，通过多模裁决机制可以检测发现由于一般攻击和停机攻击导致故障的执行体(其输出矢量与多数执行体不同)，可以对其(少于执行体总数的一半时，3余度时为单个执行体)进行恢复；当多数执行体故障时系统降级；执行体攻击成功与恢复时间服从指数分布。

假设3　拟态防御架构目标系统是3余度动态异构冗余系统(简称拟态防御系统)，执行体中不包括入侵检测、防火墙等特异性感知和防御手段，通过拟态裁决机制可以发现由于一般攻击和停机攻击导致故障的故障执行体(其输出矢量与多数执行体不同)，并能够对其进行包括动态重构等在内的恢复操作；对于拟态裁决机制未能发现的潜在错误或攻击逃逸，系统仍然能以一定的概率进行定期或不定期恢复；执行体攻击成功与恢复时间服从指数分布。

各系统的抗攻击性 GSPN 模型定义如下：

定义 14.1　非冗余系统攻击故障情况下的 GSPN 模型

$$\mathrm{GSPN_N} = (S_N, T_N, F_N, K_N, W_N, M_{N0}, \Lambda_N)$$

其中，$S_N = \{P_{N1}, P_{N2}, P_{N3}\}$；$T_N = \{T_{N1}, T_{N2}\}$；$F_N$ 为模型的弧集合；$K_N = \{1,1,1\}$ 定义了 S_N 中各元素的容量；W_N 是弧权集合，各弧的权重为 1；$M_{N0} = \{1,0,0\}$ 定义了模型的初始状态；$\Lambda_N = \{\lambda_{N1}, \lambda_{N1}\}$ 定义了与时间变迁相关联的平均实施速率集合。

定义 14.2　非相似余度系统攻击故障情况下的 GSPN 模型

$$\mathrm{GSPN_D} = (S_D, T_D, F_D, K_D, W_D, M_{N0}, \Lambda_D)$$

其中，$S_D = \{P_{D1}, P_{D2}, \cdots, P_{D24}\}$；$T_D = \{T_{D1}, T_{D2}, \cdots, T_{D33}\}$；$F_D$ 为模型的弧集合；$K_D = \{1,1,\cdots,1\}$ 定义了 S_D 中各元素的容量；W_D 是弧权集合，各弧的权重为 1；$M_{D0} = \{1,1,1,0,\cdots,0\}$ 定义了模型的初始状态；$\Lambda_D = \{\lambda_{D1}, \lambda_{D2}, \cdots, \lambda_{D6}\}$ 定义了与时间变迁相关联的平均实施速率集合。

定义 14.3　拟态防御系统攻击故障情况下的 GSPN 模型

$$\mathrm{GSPN_C} = (S_C, T_C, F_C, K_C, W_C, M_{C0}, \Lambda_C)$$

其中，$S_C = \{P_{C1}, P_{C2}, \cdots, P_{C24}\}$；$T_C = \{T_{C1}, T_{C2}, \cdots, T_{C42}\}$；$F_C$ 为模型的弧集合；$K_C = \{1,1,\cdots,1\}$ 定义了 S_C 中各元素的容量；W_C 是弧权集合，各弧的权重为 1；$M_{C0} = \{1,1,1,0,\cdots,0\}$ 定义了模型的初始状态；$\Lambda_C = \{\lambda_{C1}, \lambda_{C2}, \cdots, \lambda_{C15}\}$ 定义了与时间变迁相关联的平均实施速率集合。

用于评价系统抗攻击性的概率指标包括可用概率、逃逸概率、非特异性感知概率、漏洞后门休眠状态概率和降级概率，各概率的定义如下。

定义 14.4　可用概率（Availability Probabilities, AP）：系统处于正常服务状态的概率。非冗余系统中，可用概率指系统全部执行体处于漏洞休眠态的概率；3 余度非相似余度系统中，可用概率是指系统全部执行体处于漏洞休眠状态或单个执行体处于故障状态的概率；3余度拟态防御系统中，可用概率是指系统全部执行体处于漏洞休眠状态或单个执行体处于故障状态的概率。

定义 14.5 逃逸概率（Escape Probabilities, EP）：系统处于输出错误输出矢量状态的概率，原因是攻击者通过控制多数执行体，从而导致系统裁决后输出一致但错误的输出矢量。

定义 14.6 非特异性感知概率（Nonspecific Awareness Probabilities，NSAP）：系统处于通过裁决发现部分执行体与其他执行体有不一致输出矢量状态的概率。

定义 14.7 漏洞后门休眠状态概率（Dormancy Probabilities, DP）：系统的漏洞后门未能被攻击者利用，处于休眠状态的概率。

定义 14.8 降级概率（Failure Probabilities, FP）：在抗攻击性方面，指系统处于无输出状态的概率，包括执行体部分或全部故障导致系统无输出，或者全部执行体输出矢量不一致导致系统无输出等情况；在可靠性方面，指系统因为部分或全部执行体发生可靠性随机故障而使得系统无法正常工作的概率。

14.2.4 可靠性建模

可靠性是指一个元件、设备或系统在预定时间内，在规定的条件下完成规定功能的能力。关于可靠性模型的假设如下：

假设 4 非冗余系统不具有故障恢复机制；当单个执行体故障时系统降级；执行体发生可靠性随机故障时间服从指数分布。

假设 5 非相似余度系统通过多模裁决机制可以发现产生随机性故障执行体并对其输出进行抑制，能够对故障执行体（少于执行体总数的一半时，3 余度时为单个执行体）进行恢复；当多数执行体故障时系统降级；执行体发生可靠性随机故障与恢复时间服从指数分布。

假设 6 拟态防御系统通过拟态裁决机制可以发现产生随机性

故障的执行体，并能够对故障执行体进行恢复；执行体可靠性随机故障与恢复时间服从指数分布。

上述系统的可靠性 GSPN 模型定义如下：

定义 14.9 非冗余系统可靠性故障情况下的 GSPN 模型
$$GSPN'_N = (S'_N, T'_N, F'_N, K'_N, W'_N, M'_{N0}, \Lambda'_N)$$

其中，$S'_N = \{P_{N1}, P_{N2}\}$；$T'_N = \{T_{N1}\}$；$F'_N$ 为模型的弧集合；$K'_N = \{1,1\}$ 定义了 S_N 中各元素的容量；W'_N 是弧权集合，各弧的权重为 1；$M'_{N0} = \{1,0\}$ 定义了模型的初始状态；$\Lambda'_N = \{\lambda_{N1}\}$ 定义了与时间变迁相关联的平均实施速率集合。

定义 14.10 非相似余度系统可靠性故障情况下的 GSPN 模型
$$GSPN'_D = (S'_D, T'_D, F'_D, K'_D, W'_D, M'_{D0}, \Lambda'_D)$$

其中，$S'_D = \{P_{D1}, P_{D2}, \cdots, P_{D7}\}$；$T'_D = \{T_{D1}, T_{D2}, \cdots, T_{D9}\}$；$F'_D$ 为模型的弧集合；$K'_D = \{1, 1, \cdots, 1\}$ 定义了 S_D 中各元素的容量；W'_D 是弧权集合，各弧的权重为 1；$M'_{D0} = \{1,1,1,0,\cdots,0\}$ 定义了模型的初始状态；$\Lambda'_D = \{\lambda_{D1}, \lambda_{D2}, \cdots, \lambda_{D6}\}$ 定义了与时间变迁相关联的平均实施速率集合。

定义 14.11 拟态防御系统可靠性故障情况下的 GSPN 模型
$$GSPN'_C = (S'_C, T'_C, F'_C, K'_C, W'_C, M'_{C0}, \Lambda'_C)$$

其中，$S'_C = \{P_{C1}, P_{C2}, \cdots, P_{C10}\}$；$T'_C = \{T_{C1}, T_{C2}, \cdots, T_{C16}\}$；$T'_C$ 为模型的弧集合；$K'_C = \{1, 1, \cdots, 1\}$ 定义了 S_C 中各元素的容量；W'_C 是弧权集合，各弧的权重为 1；$M'_{C0} = \{1,1,1,0,\cdots,0\}$ 定义了模型的初始状态；$\Lambda'_C = \{\lambda_{C1}, \lambda_{C2}, \cdots, \lambda_{C10}\}$ 定义了与时间变迁相关联的平均实施速率集合。

用于评价系统可靠性的指标是可靠度、首次故障前平均时间、可用概率和降级概率，其中可用概率和降级概率的定义同定义 14.4 和定义 14.8，对可靠度和首次故障前平均时间的定义如下。

定义 14.12 可靠度 $R(t)$：系统在 $(0,t]$ 时间区间内正常工作的概率。

定义 14.13 首次故障前平均时间(Mean Time To Fault，MTTF)：系统从初始到首次发生故障的平均时间。

14.3　抗攻击性分析

14.3.1　抗一般攻击分析

1. 非冗余系统

基于 $GSPN_N$ 的定义,非冗余系统(单余度静态系统)受一般攻击情况下的 GSPN 模型如图 14.2 所示,共有 3 个状态,2 个变迁。P_1 含有令牌表示系统漏洞后门休眠状态,即单一执行体有漏洞后门但未能被攻击者利用;P_2 含有令牌表示系统降级状态;P_3 含有令牌表示系统逃逸状态;T_1 表示从漏洞后门休眠状态变迁到 1 个执行体受攻击后降级状态;T_2 表示从漏洞后门休眠状态变迁到 1 个执行体受攻击后逃逸状态。

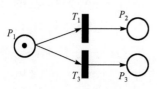

图 14.2　非冗余系统一般
攻击故障 GSPN 模型

非冗余系统是执行体余度数为 1 的静态系统,假设攻击类型是一般攻击,执行体中不包括入侵检测、防火墙等特异性感知和防御手段,执行体也不具有故障恢复能力。

由于 GSPN 模型可达集和连续时间马尔可夫链(CTMC)同构,因此可以采用同构法对目标系统进行抗攻击性分析。非冗余系统攻击故障的 CTMC 模型如图 14.3 所示,在受到攻击时,系统唯一的执行体可能降级或者逃逸,假设两种情况的概率相同。为统一前提条件,假设执行体攻击成功时间服从指数分布,对非冗余系统而言

图 14.3　非冗余系统一般
攻击故障 CTMC 模型

实际情况远比假设情况严峻(攻击者发现攻击成功后可以持续复制该成功攻击),即在该假设下可以得到非冗余系统的抗攻击性上限(即防御能力的最好情况)。

该 CTMC 模型的各稳定状态如表 14.1 所示。该 CTMC 模型的各参数含义如表 14.2 所示，λ_1 代表单个执行体由于一般攻击导致故障的平均时间，分为弱攻击场景、中等攻击场景和强攻击场景。

表 14.1　非冗余系统攻击故障 CTMC 模型稳定状态

状态序号	含　义
1	执行体均正常运行，系统处在漏洞后门休眠状态
2	1 个执行体受攻击后产生无输出故障，系统处在降级状态
3	1 个执行体受攻击后产生输出矢量错误故障，系统处在逃逸状态

表 14.2　非冗余系统一般攻击故障 CTMC 模型参数

参　数	值	含　义
$\lambda_1(h)$	0.1/6/360	单个执行体因一般攻击导致故障(输出矢量异常)的平均时间为 10 小时/10 分钟/10 秒

对于给定的 GSPN 模型，在初始状态标识 M_0 下按以下步骤可得到其可达集 $P(N, M_0)$：

步骤 1：确定初始标识分布 M_0，求关联矩阵 $\boldsymbol{D}$；

步骤 2：在标识分布 $M_k(k=0,1,2,\cdots)$ 下，确定使能变迁序列 X，由矩阵方程 $M_k+1=M_k+X\boldsymbol{D}$ 求出系统新的状态标识 M_{k+1}；

步骤 3：判断状态标识 M_{k+1} 下是否使能变迁，若没有，系统达到稳态；否则取 $k=k+1$，然后返回步骤 2。

应用 GSPN 模型可达集与马尔可夫链同构求解 GSPN 的稳定状态概率。设 GSPN 模型的可达集为 R，按特性可分为两个集合 M_T 和 M_V。其中，M_T 为显状态，显状态下不能使能瞬态变迁；M_V 为隐状态，隐状态下使能瞬态变迁。系统状态转化过程中，隐状态不会耗费时间，因此隐状态可以从可达集 R 中消去，将它们对系统的影响转移到显状态之间考虑。对所有的状态进行重新排列，所有隐状态在前，显状态在后，系统由 M_T 转移到 M_V 和 M_T 的转移概率分别记为 P^{TV} 和 P^{TT}。系统显状态之间的转移概率矩阵为：

$$U = P^{TT} + P^{TV}(I - P^{VV})^{-1}P^{VT} \tag{14.1}$$

由 U 可以构造连续时间马尔可夫链的转移速率矩阵，或称转移密度矩阵，定义

$$q_{ij} = \begin{cases} \lim\limits_{\Delta t \to 0} \dfrac{u_{ij}(\Delta t)}{\Delta t}, & i \neq j \\ \lim\limits_{\Delta t \to 0} \dfrac{u_{ij}(\Delta t) - 1}{\Delta t}, & i = j \end{cases} \tag{14.2}$$

则称 q_{ij} 为由显状态 M_i 到显状态 M_j 的转移速率，其中 i，$j \in [1, l]$，$l = M_T$。Q 矩阵是以 q_{ij} 为元素的矩阵。概率向量 $P(t) = (p_1(t), p_2(t), \cdots, p_l(t))$，其中 $p_i(t)$ 为系统处于显状态 M_i 的瞬时概率，则有如下微分方程成立：

$$\begin{cases} P'(t) = P(t)Q \\ P(0) = (p_1(0), p_2(0), \cdots, p_l(0)) \end{cases} \tag{14.3}$$

上述的计算步骤对非冗余系统、非相似余度系统和拟态防御系统相同。

基于非冗余系统的攻击故障 CTMC 模型，可得到其状态转移方程：

$$\begin{bmatrix} \dot{P}_1(t) \\ \dot{P}_2(t) \\ \dot{P}_3(t) \end{bmatrix} = \begin{bmatrix} -\lambda_1 & 0 & 0 \\ 0.5\lambda_1 & 0 & 0 \\ 0.5\lambda_1 & 0 & 0 \end{bmatrix} \begin{bmatrix} P_1(t) \\ P_2(t) \\ P_3(t) \end{bmatrix} \tag{14.4}$$

已知 M_{N0} 可计算得到非冗余系统 CTMC 模型各状态的稳态概率：

$$\begin{cases} P_{M_0} = 0 \\ P_{M_1} = 0.5 \\ P_{M_2} = 0.5 \end{cases} \tag{14.5}$$

在 GSPN 模型中，根据时间变迁的实施规则和瞬态变迁不存在时延的特点，表 14.3 给出了状态可达集，同时按照变迁过程的相关参数给出了每一个状态标识的稳态概率。其中，P_u 是弱攻击场景稳态概率，P_k 是中等攻击场景稳态概率，P_s 是强攻击场景稳态概率。

表 14.3　非冗余系统攻击故障 CTMC 模型状态可达集

标识	稳态概率 P_u、P_k、P_s	P_1	P_2	P_3	状态
M_0	0	1	0	0	实存
M_1	0.5	0	1	0	实存
M_2	0.5	0	0	1	实存

依据系统状态概率的定义，可以计算非冗余系统的稳态概率：

(1)稳态可用概率 $\text{AP} = P(M_0) = 0$，弱攻击/中等/强攻击场景。

(2)稳态逃逸概率 $\text{EP} = P(M_2) = 0.5$，弱攻击/中等/强攻击场景。

(3)稳态非特异性感知概率 NSAP=0，弱攻击/中等/强攻击场景。

(4)稳态降级概率 $\text{FP} = P(M_1) = 0.5$，弱攻击/中等/强攻击场景。

非冗余系统的状态概率随运行时间变化情况如图 14.4 所示，仿真结果表明，在随机攻击情况下，对非冗余系统的攻击经过一段时间总会成功，系统可用概率 $\text{AP}(t)$ 很快趋向 0，降级概率 $\text{FP}(t)$ 与逃逸概率 $\text{EP}(t)$ 相同且都会很快趋于 0.5，而非特异性感知概率 $\text{NSAP}(t)$ 始终为 0。在不具有入侵检测或防火墙等特异性感知和防御手段时，非冗余系统没有持续抗攻击能力。

非冗余系统的系统状态概率与 λ_1 的关系如图 14.5 所示。仿真结果表明，非冗余系统在被攻击时最终只会处于降级或逃逸两种状

(a) 中等攻击场景

(b) 弱攻击场景

(c) 强攻击场景

图 14.4　非冗余系统状态概率随运行时间变化图

态,稳态降级概率和稳态逃逸概率(其取值均为 0.5)与单个执行体故障的平均时间 λ_1 无关。

图 14.5　非冗余系统状态概率随参数 λ 变化图

　　对于非冗余系统而言,在不考虑特异性感知和防御手段时,经过较短时间的一般攻击就会导致系统降级或者攻击逃逸,而且也没有任何对一般攻击的非特异性感知能力。总之,非冗余系统不具有持续抗一般攻击能力,也不具有鲁棒性,这与直观感觉是一致的。

2. 非相似余度系统

基于 $GSPN_D$ 的定义，非相似余度系统(3 余度静态异构冗余系统)受一般攻击情况下的 GSPN 模型如图 14.6 所示，共有 24 个状态，33 个变迁。P_1，P_2，P_3 含有令牌表示该执行体处于漏洞后门休眠状态，即各执行体均有漏洞后门但未能被攻击者利用；P_4，P_5，P_6 含有令牌分别表示该执行体受攻击后发生故障；P_7，P_8，P_9 含有令牌表示 2 个相关执行体同时发生故障且输出矢量异常；P_{10}，P_{12}，P_{14} 含有令牌表示 2 个故障执行体输出矢量异常且一致；P_{11}，P_{13}，P_{15} 含有令牌表示 2 个故障执行体输出矢量异常且不一致；P_{16}，P_{17}，P_{18}，P_{19} 含有令牌表示 3 个执行体同时发生故障且输出矢量异常；P_{22} 含有令牌表示 3 个故障执行体输出矢量异常且一致；P_{23} 含有令牌表示 3 个故障执行体输出矢量异常且其中两个输出矢量一致；P_{24} 含有令牌表示 3 个故障执行体输出矢量异常且均不一致。

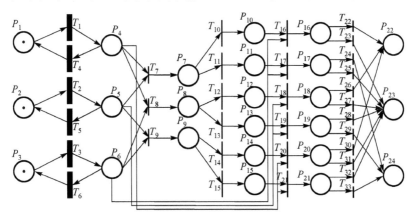

图 14.6　非相似余度系统一般攻击故障 GSPN 模型

T_1，T_2，T_3 表示由于攻击导致该执行体发生故障；T_4，T_5，T_6 表示由于攻击场景或防御场景变换使得该执行体恢复到漏洞后门休眠状态；T_7，T_8，T_9 表示两个执行体同时进入故障状态；T_{10}，T_{12}，T_{14} 表示两个故障执行体的异常输出矢量以选择概率 σ 进入协同一致状态；T_{11}，T_{13}，T_{15} 表示两个故障执行体的异常输出矢量以选择概率$(1-\sigma)$进入不一致状态；T_{16}，T_{17}，T_{18}，T_{19}表示三个执行体的同时故障；T_{22}，T_{26}，T_{30}表示第三个执行体的异常输出矢量以选择概率 σ 进入与前两个执行体相同异常输出矢量的一致状态；T_{23}，T_{27}，T_{31}表示第三个执行体的异常输出矢量以选择概率$(1-\sigma)$进入与前两个执行体相同异常输出矢量不一致状态；T_{24}，T_{28}，T_{32}表示第三个执行体的异常输出矢量以选择概率 2σ 进入与前两个执行体中任何一个的异常输出矢量一致状态；T_{25}，T_{29}，T_{33}表示第三个执行体的异常输出矢量以选择概率$(1-2\sigma)$进入与前两个执行体异常输出矢量均不一致状态。

所分析的非相似余度系统是 3 余度的静态异构冗余系统，假设攻击类型是一般攻击，执行体中不添加入侵检测、防火墙等特异性感知和防御手段，具有单个执行体的故障恢复能力。

非相似余度系统攻击故障的 CTMC 模型如图 14.7 所示。假设执行体攻击成功和恢复时间服从指数分布，对非相似余度系统而言实际情况远比假设情况严峻（由于是静态结构，则攻击者一旦发现攻击成功后就可以持续复制该成功攻击），因此在该假设下可以得到非相似余度系统的抗攻击性上限（最好情况）。该 CTMC 模型的稳定状态如表 14.4 所示。

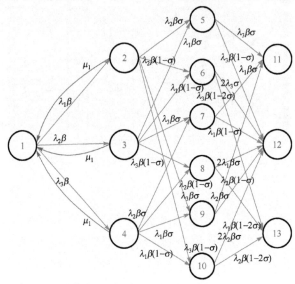

图 14.7　非相似余度系统一般攻击故障 CTMC 模型

表 14.4　非相似余度系统一般攻击故障 CTMC 模型稳定状态

状态序号	含义
1	各执行体均正常运行，处于漏洞后门休眠状态
2	执行体 1 受攻击后故障
3	执行体 2 受攻击后故障
4	执行体 3 受攻击后故障
5	执行体 1 和 2 故障且异常输出矢量一致
6	执行体 1 和 2 故障且异常输出矢量不一致
7	执行体 2 和 3 故障且异常输出矢量一致
8	执行体 2 和 3 故障同时且异常输出矢量不一致
9	执行体 1 和 3 故障且异常输出矢量一致
10	执行体 1 和 3 故障且异常输出矢量不一致
11	三个执行体均故障且三个异常输出矢量均一致
12	三个执行体均故障且其中两个异常输出矢量一致
13	三个执行体均故障且三个异常输出矢量均不一致

　　该 CTMC 模型的各参数含义如表 14.5 所示，$\lambda_1 \sim \lambda_3$ 代表执行体由于一般攻击导致故障的平均时间，假定分为弱、中等和强攻击三种场景，各执行体由于一般攻击导致故障的平均时间分别为 10 小时/10 分钟/10 秒。μ_1 代表由于一般攻击导致 1 个执行体输出矢量异常时，当攻击场景变化时，执行体恢复到漏洞休眠状态的平均时间为 0.001 秒。对于一般攻击，μ_1 越小时执行体恢复速率越快，系统抗攻击性也就越好。根据定义，一般攻击指攻击者能力一般的攻击，即 T 时刻的攻击 a_k 对 $T+X$ 时刻的攻击 a_{k+n} 无累积影响的攻击，因此在下一次一般攻击到达时，随着攻击场景或防御场景变换，执行体将由故障态直接进入到漏洞后门休眠状态。假设系统最大请求处理能力为 M 次/秒，则对一般攻击而言，μ_1 代表的执行体平均恢复时间应为 $1/M$ 秒，一个正常信息系统的最大处理能力可以轻易超过 10 万次/秒，即其 μ_1 应为 1.0×10^{-5} 秒，

我们现在假设 μ_1 为 1.0×10^{-3} 秒，实际系统执行体的 μ_1 可以远远小于该假设值。

表 14.5　非相似余度系统一般攻击故障 CTMC 模型参数

参数	值	含　义
$\lambda_1(h)$	0.1/6/360	执行体 1 被攻击导致其输出矢量异常的平均时间为 10 小时/10 分钟/10 秒
$\lambda_2(h)$	0.1/6/360	执行体 2 被攻击导致其输出矢量异常的平均时间为 10 小时/10 分钟/10 秒
$\lambda_3(h)$	0.1/6/360	执行体 3 被攻击导致其输出矢量异常的平均时间为 10 小时/10 分钟/10 秒
σ	1.0×10^{-4}	受攻击后两个故障执行体出现输出矢量一致的不确定度
$\mu_1(h)$	60	1 个执行体输出矢量异常时，当攻击场景或防御场景变化时，执行体恢复到漏洞休眠状态的平均时间为 0.001 秒

σ 代表受攻击后，两个故障执行体异常输出矢量出现一致的比例。文献[17]基于美国国家脆弱性数据库(National Vulnerability Database，NVD)分析了 11 种操作系统在 18 年中的漏洞，发现来自相同家族操作系统(如 Windows 2003 与 Windows 2008)之间的共模漏洞数量会比较多，而来自不同家族操作系统(如 BSD-Windows)之间的共模漏洞数量很低(并且在许多情况下为 0)。为此，对于异构度足够的两个执行体而言，对于一般攻击，其异常输出矢量一致的比例 σ 可以设置为一个合理的较小值 1.0×10^{-4}。在具体产品开发时，可以采用与开发飞行控制系统类似的工程管理方法，能够保证该参数的实际取值远远小于 1.0×10^{-4}。

基于非相似余度系统的 CTMC 模型，可得到其状态转移方程：

$$
\begin{bmatrix}
\dot{P}_1(t)\\
\dot{P}_2(t)\\
\dot{P}_3(t)\\
\dot{P}_4(t)\\
\dot{P}_5(t)\\
\dot{P}_6(t)\\
\dot{P}_7(t)\\
\dot{P}_8(t)\\
\dot{P}_9(t)\\
\dot{P}_{10}(t)\\
\dot{P}_{11}(t)\\
\dot{P}_{12}(t)\\
\dot{P}_{13}(t)
\end{bmatrix}
=
\begin{bmatrix}
-(\lambda_1+\lambda_2+\lambda_3)\beta & \mu_1 & \mu_1 & \mu_1 & 0 & 0 & 0 & 0 & 0 & 0 & 0 & 0 & 0\\
\lambda_1\beta & -\mu_1-\lambda_2\beta-\lambda_3\beta & 0 & 0 & 0 & 0 & 0 & 0 & 0 & 0 & 0 & 0 & 0\\
\lambda_2\beta & 0 & -\mu_1-\lambda_3\beta-\lambda_1\beta & 0 & 0 & 0 & 0 & 0 & 0 & 0 & 0 & 0 & 0\\
\lambda_3\beta & \lambda_2\beta\sigma & 0 & -\mu_1-\lambda_2\beta-\lambda_1\beta & 0 & 0 & 0 & 0 & 0 & 0 & 0 & 0 & 0\\
0 & \lambda_2\beta(1-\sigma) & \lambda_1\beta\sigma & 0 & -\lambda_3\beta & 0 & 0 & 0 & 0 & 0 & 0 & 0 & 0\\
0 & 0 & \lambda_1\beta(1-\sigma) & 0 & 0 & -\lambda_3\beta & 0 & 0 & 0 & 0 & 0 & 0 & 0\\
0 & 0 & \lambda_2\beta\sigma & \lambda_2\beta\sigma & 0 & 0 & -\lambda_1\beta & 0 & 0 & 0 & 0 & 0 & 0\\
0 & \lambda_3\beta\sigma & \lambda_2\beta(1-\sigma) & \lambda_2\beta(1-\sigma) & 0 & 0 & 0 & -\lambda_1\beta & 0 & 0 & 0 & 0 & 0\\
0 & \lambda_3\beta(1-\sigma) & 0 & \lambda_1\sigma & 0 & 0 & 0 & 0 & -\lambda_2\beta & 0 & 0 & 0 & 0\\
0 & 0 & 0 & \lambda_1\beta(1-\sigma) & 0 & 0 & 0 & 0 & 0 & -\lambda_2\beta & 0 & 0 & 0\\
0 & 0 & 0 & 0 & \lambda_3\beta\sigma & 0 & \lambda_1\sigma & 0 & \lambda_2\sigma & 0 & 0 & 0 & 0\\
0 & 0 & 0 & 0 & \lambda_3\beta(1-\sigma) & 2\lambda_3\beta\sigma & \lambda_1\beta(1-\sigma) & 2\lambda_3\beta\sigma & \lambda_2\beta(1-2\sigma) & 2\lambda_2\beta\sigma & 0 & 0 & 0\\
0 & 0 & 0 & 0 & 0 & \lambda_3\beta(1-2\sigma) & 0 & \lambda_1\beta(1-2\sigma) & 0 & \lambda_2\beta(1-2\sigma) & 0 & 0 & 0
\end{bmatrix}
\begin{bmatrix}
P_1(t)\\
P_2(t)\\
P_3(t)\\
P_4(t)\\
P_5(t)\\
P_6(t)\\
P_7(t)\\
P_8(t)\\
P_9(t)\\
P_{10}(t)\\
P_{11}(t)\\
P_{12}(t)\\
P_{13}(t)
\end{bmatrix}
$$

$$(14.6)$$

已知 M_{D0} 可计算得到各状态稳定概率：

$$
\begin{cases}
P_{M0} = 0 \\
P_{M1} = 0 \\
P_{M2} = 0 \\
P_{M3} = 0 \\
P_{M4} = 0 \\
P_{M5} = 0 \\
P_{M6} = 0 \\
P_{M7} = 0 \\
P_{M8} = 0 \\
P_{M9} = 0 \\
P_{M10} = 0 \\
P_{M11} = 3\sigma - 3\sigma^2 \\
P_{M12} = 1 - 3\sigma + 2\sigma^2
\end{cases} \tag{14.7}
$$

在 GSPN 模型中，根据时间变迁的实施规则和瞬态变迁不存在时延的特点，表 14.6 给出了状态可达集，同时按照变迁过程的相关参数给出了每一个状态标识的稳态概率。其中，P_u 是弱攻击场景稳态概率，P_k 是中等场景稳态概率，P_s 是强攻击场景稳态概率。

表 14.6　非相似余度系统一般攻击故障 CTMC 模型状态可达集

稳态概率			
标识	稳态概率 P_u	稳态概率 P_k	稳态概率 P_s
M_0	0.000000	0.000000	0.000000
M_1	0.000000	0.000000	0.000000
M_2	0.000000	0.000000	0.000000
M_3	0.000000	0.000000	0.000000
M_4	0.000000	0.000000	0.000000
M_5	0.000000	0.000000	0.000000
M_6	0.000000	0.000000	0.000000
M_7	0.000000	0.000000	0.000000

续表

标识	稳态概率 P_u	稳态概率 P_k	稳态概率 P_s
M_8	0.000000	0.000000	0.000000
M_9	0.000000	0.000000	0.000000
M_{10}	10^{-8}	10^{-8}	10^{-8}
M_{11}	2.999700×10^{-4}	2.999700×10^{-4}	2.999700×10^{-4}
M_{12}	9.996999×10^{-1}	9.996999×10^{-1}	9.996999×10^{-1}

实存状态														
	P_1	P_2	P_3	P_4	P_5	P_6	P_{10}	P_{11}	P_{12}	P_{13}	P_{14}	P_{15}	P_{22}	P_{23}	P_{24}
M_0	1	1	1	0	0	0	0	0	0	0	0	0	0	0	0
M_1	0	1	1	1	0	0	0	0	0	0	0	0	0	0	0
M_2	1	0	1	0	1	0	0	0	0	0	0	0	0	0	0
M_3	1	1	0	0	0	1	0	0	0	0	0	0	0	0	0
M_4	0	0	1	0	0	0	1	0	0	0	0	0	0	0	0
M_5	0	0	1	0	0	0	0	1	0	0	0	0	0	0	0
M_6	1	0	0	0	0	0	0	0	1	0	0	0	0	0	0
M_7	1	0	0	0	0	0	0	0	0	1	0	0	0	0	0
M_8	0	1	0	0	0	0	0	0	0	0	1	0	0	0	0
M_9	0	1	0	0	0	0	0	0	0	0	0	1	0	0	0
M_{10}	0	0	0	0	0	0	0	0	0	0	0	0	1	0	0
M_{11}	0	0	0	0	0	0	0	0	0	0	0	0	0	1	0
M_{12}	0	0	0	0	0	0	0	0	0	0	0	0	0	0	1

依据系统状态概率的定义，可以计算非相似余度系统的各稳态概率：

（1）稳态可用概率

$$\mathrm{AP} = P(M_0) + P(M_1) + P(M_2) + P(M_3) = \begin{cases} 0, & \text{弱攻击场景} \\ 0, & \text{中等攻击场景} \\ 0, & \text{强攻击场景} \end{cases}$$

（2）稳态逃逸概率

$$\mathrm{EP} = P(M_4) + P(M_6) + P(M_8) + P(M_{10}) + P(M_{11})$$

$$= \begin{cases} \mathbf{2.999700\times10^{-4}}, & \text{弱攻击场景} \\ \mathbf{2.999700\times10^{-4}}, & \text{中等攻击场景} \\ \mathbf{2.999700\times10^{-4}}, & \text{强攻击场景} \end{cases}$$

（3）稳态非特异性感知概率

$$\mathrm{NSAP} = 1 - P(M_0) - P(M_{10}) = \begin{cases} 9.999999 \times 10^{-4}, & \text{弱攻击场景} \\ 9.999999 \times 10^{-4}, & \text{中等攻击场景} \\ 9.999999 \times 10^{-4}, & \text{强攻击场景} \end{cases}$$

非相似余度系统的状态概率随运行时间变化情况如图 14.8 所示，仿真结果表明，在一般攻击情况下，非相似余度系统的多模裁决机制使之具有较高的非特异性感知概率和较低的逃逸概率，但其静态的架构特性会使得其可用概率会在一定时间后趋于 0（根据攻

图 14.8　非相似余度系统状态概率随运行时间变化图

击强度不同，该时间为数十小时至数万小时），即在不具有入侵检测或防火墙等特异性感知和防御手段时，攻击会在一定时间内使非相似余度系统不可用。

非相似余度系统的稳态系统概率只与参数 σ 有关，其变化关系如图 14.9 所示。仿真结果表明，受攻击后出现两个执行体异常输出矢量一致的不确定度 σ 对逃逸概率和非特异性感知概率的影响非常大，当执行体相异度越大时 σ 越小，则稳态逃逸概率越低，稳态非特异性感知概率越高。当执行体之间没有异常输出矢量相同的共模故障时，即相当于 σ 等于 0（攻击导致任何 2 个故障执行体的异常输出矢量均不同，或者攻击不会导致 2 个执行体同时故障），其逃逸概率为 0，非特异性感知概率为 1。

图 14.9　非相似余度系统稳态状态概率随参数 σ 变化图

非相似余度系统具有较高的稳态非特异性感知概率和较低的稳态逃逸概率，但其稳态可用概率为 0，非相似余度系统具有较灵敏、准确但不持久的抗攻击能力，也不具有鲁棒性。非相似余度系统的系统状态概率受参数 σ 影响较大，执行体相异度越大，稳态逃逸概率越低，稳态非特异性感知概率越高。因此，为提高非相似余度系统的抗攻击性，我们应该尽量选择相异度大的执行体。

3. 拟态防御系统

通过调整故障速率 λ、输出矢量相异度参数 σ 和恢复速率 μ，拟态防御系统可以使用多种基于输出裁决的负反馈调度策略。本节分别分析了采用随机调度策略、快速恢复调度策略、缺陷执行体调度策略、综合快速恢复和缺陷执行体调度策略时拟态防御系统的抗一般攻击性能。

1) 随机调度策略

基于 $\mathrm{GSPN_C}$ 的定义，拟态防御系统（3 余度动态异构冗余系统）受一般攻击情况下的 GSPN 模型如图 14.10 所示，共有 24 个状态，42 个变迁。P_1，P_2，P_3 含有令牌表示该执行体处于漏洞后门休眠状态，即各执行体均有漏洞后门但未能被攻击者利用；P_4，P_5，P_6 含有令牌分别表示该执行体受攻击后发生故障；P_7，P_8，P_9 含有令牌表示 2 个相关执行体同时发生故障且输出矢量异常；P_{10}，P_{12}，P_{14} 含有令牌表示 2 个故障执行体输出矢量异常且一致；P_{11}，P_{13}，P_{15} 含有令牌表示 2 个故障执行体输出矢量异常且不一致；P_{16}，P_{17}，P_{18}，P_{19}，P_{20} 含有令牌表示 3 个执行体同时发生故障且输出矢量异常；P_{22} 含有令牌表示 3 个故障执行体输出矢量异常且一致；P_{23} 含有令

图 14.10　拟态防御系统一般攻击故障 GSPN 模型

牌表示 3 个故障执行体输出矢量异常且其中两个输出矢量一致；P_{24} 含有令牌表示 3 个故障执行体输出矢量异常且均不一致。

T_1，T_2，T_3 表示由于攻击导致该执行体发生故障；T_4，T_5，T_6 表示由于攻击或防御场景变换使得该执行体以速率 μ_1 恢复到漏洞后门休眠状态；T_7，T_8，T_9 表示两个执行体同时进入故障状态；T_{10}，T_{12}，T_{14} 表示两个故障执行体的异常输出矢量以选择概率 σ 进入协同一致状态；T_{11}，T_{13}，T_{15} 表示两个故障执行体的异常输出矢量以选择概率 $(1-\sigma)$ 进入不一致状态；T_{16}，T_{17}，T_{18}，T_{19}，T_{20}，T_{21} 表示三个执行体的同时故障；T_{22}，T_{26}，T_{30} 表示第三个执行体的异常输出矢量以选择概率 σ 进入与前两个执行体相同异常输出矢量的一致状态；T_{23}，T_{27}，T_{31} 表示第三个执行体的异常输出矢量以选择概率 $(1-\sigma)$ 进入与前两个执行体相同异常输出矢量不一致状态；T_{24}，T_{28}，T_{32} 表示第三个执行体的异常输出矢量以选择概率 2σ 进入与前两个执行体中任何一个的异常输出矢量一致状态；T_{25}，T_{29}，T_{33} 表示第三个执行体的异常输出矢量以选择概率 $(1-2\sigma)$ 进入与前两个执行体异常输出矢量均不一致状态。T_{34} 表示通过系统周期性或随机性恢复机制，以速率 μ_2 使全部执行体恢复到漏洞后门休眠状态（3 个执行体的异常输出矢量全一致时）；T_{35} 表示通过负反馈和恢复机制，以速率 μ_2 使全部执行体恢复到漏洞后门休眠状态（2 个执行体的异常输出矢量一致时）；T_{36} 表示通过负反馈和恢复机制，以速率 μ_1 使全部执行体恢复到漏洞后门休眠状态（3 个执行体的异常输出矢量全都不一致时）；T_{38}，T_{40}，T_{42} 表示通过负反馈和恢复机制，以速率 μ_1 使相关的 2 个执行体恢复到漏洞后门休眠状态（3 个执行体的异常输出矢量全都不一致时）；T_{37}，T_{39}，T_{41} 表示通过负反馈和恢复机制，以速率 μ_2 使相关的 2 个执行体恢复到漏洞后门休眠状态（2 个执行体的异常输出矢量一致时）。

在故障执行体恢复时，有多种执行体的负反馈调度策略，下面分析采用随机调度策略（Stochastic Scheduling Policy, SSP），即随机选择备份执行体替换故障执行体，或者随机选择故障执行体通过重构等机制自恢复为漏洞后门休眠态时，拟态防御系统的抗攻击性。

所分析的拟态防御系统是 3 余度的动态异构冗余系统，假设攻击类型是一般攻击，执行体中不添加入侵检测、防火墙等特异性感知和防御手段，具有执行体的故障恢复能力。

拟态防御系统一般攻击故障的 CTMC 模型如图 14.11 所示。为统一前提条件，假设执行体攻击成功和恢复时间服从指数分布，对拟态防御系统而言实际情况与假设情况相符，因为拟态架构能够将基于漏洞后门的攻击首先转变为概率事件，然后将其概率控制在一个极小的期望阈值之下。该 CTMC 模型的各稳定状态如表 14.7 所示。

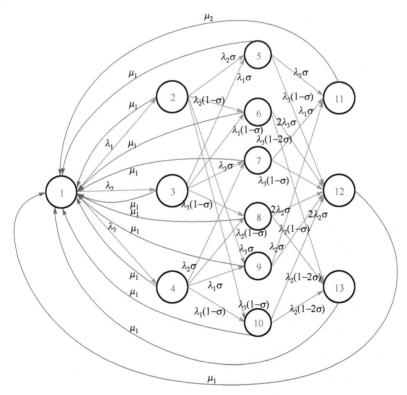

图 14.11　拟态防御系统一般攻击故障 CTMC 模型

表 14.7　拟态防御系统一般攻击故障 CTMC 模型稳定状态

状态序号	含义
1	各执行体均正常运行，处于漏洞后门休眠状态
2	执行体 1 受攻击后故障
3	执行体 2 受攻击后故障
4	执行体 3 受攻击后故障
5	执行体 1 和 2 故障且异常输出矢量一致
6	执行体 1 和 2 故障且异常输出矢量不一致
7	执行体 2 和 3 故障且异常输出矢量一致
8	执行体 2 和 3 故障同时且异常输出矢量不一致
9	执行体 1 和 3 故障且异常输出矢量一致
10	执行体 1 和 3 故障且异常输出矢量不一致
11	三个执行体均故障且三个异常输出矢量均一致
12	三个执行体均故障且其中两个异常输出矢量一致
13	三个执行体均故障且三个异常输出矢量均不一致

该 CTMC 模型的各参数含义如表 14.8 所示，$\lambda_1 \sim \lambda_3$ 代表各执行体由于一般攻击导致故障的平均时间，σ 代表受攻击后出现两个异常输出矢量一致的不确定度，$\mu_1 \sim \mu_4$ 代表执行体故障后在不同攻击和防御场景下恢复的平均时间。μ_1 代表由于一般攻击导致 1 个执行体输出矢量异常时，当攻击场景变化时，执行体恢复到漏洞休眠状态的平均时间为 0.001 秒(有感知非逃逸)。μ_3 代表 3 个执行体输出矢量异常且一致时(无感知逃逸)，执行体周期或随机恢复到漏洞休眠状态的平均时间为 30 分钟。μ_4 代表 3 个执行体输出矢量异常且不一致时(有感知降级)，执行体恢复到漏洞休眠状态的平均时间为 1 分钟。μ_2 代表当 2 个执行体的异常输出矢量相同且与第 3 个执行体异常输出矢量不同时，执行体恢复到漏洞休眠状态的平均时间为 2 分钟(有感知逃逸)。

表 14.8　拟态防御系统一般攻击故障 CTMC 模型参数

参数	值	含义
$\lambda_1(h)$	λ	执行体 1 被攻击导致其输出矢量异常的平均时间为 10 小时/10 分钟/10 秒
$\lambda_2(h)$	λ	执行体 2 被攻击导致其输出矢量异常的平均时间为 10 小时/10 分钟/10 秒

参数	值	含义
$\lambda_3(h)$	λ	执行体 3 被攻击导致其输出矢量异常的平均时间为 10 小时/10 分钟/10 秒
σ	1.0×10^{-4}	受攻击后两个共模故障执行体出现输出矢量一致的不确定度
$\mu_1(h)$	3.6×10^{6}	1 个执行体输出矢量异常时(有感知非逃逸),当攻击场景变化时,执行体恢复到漏洞休眠状态的平均时间为 0.001 秒
$\mu_2(h)$	30	2 个执行体输出矢量异常且一致时(有感知逃逸),执行体恢复到漏洞休眠状态的平均时间为 2 分钟
$\mu_3(h)$	2	3 个执行体输出矢量异常且一致时(无感知逃逸),执行体恢复到漏洞休眠状态的平均时间为 30 分钟
$\mu_4(h)$	6	3 个执行体输出矢量异常且不一致时(有感知降级),执行体恢复到漏洞休眠状态的平均时间为 1 分钟

注:λ=0.1, 6, 360。

基于拟态防御系统的 CTMC 模型,可得到其状态转移方程:

$$
\begin{bmatrix} \dot{P}_1(t) \\ \dot{P}_2(t) \\ \dot{P}_3(t) \\ \dot{P}_4(t) \\ \dot{P}_5(t) \\ \dot{P}_6(t) \\ \dot{P}_7(t) \\ \dot{P}_8(t) \\ \dot{P}_9(t) \\ \dot{P}_{10}(t) \\ \dot{P}_{11}(t) \\ \dot{P}_{12}(t) \\ \dot{P}_{13}(t) \end{bmatrix} =
\begin{bmatrix}
-\lambda_1-\lambda_2-\lambda_3 & \mu_1 & \mu_1 & \mu_1 & \mu_1 & \mu_1 & \mu_1 & \mu_1 & \mu_1 & 0 & 0 & 0 \\
\lambda_1\beta & -\mu_1-\lambda_2-\lambda_3 & 0 & 0 & 0 & 0 & 0 & 0 & 0 & 0 & 0 & 0 \\
\lambda_2\beta & 0 & -\mu_1-\lambda_3-\lambda_1 & 0 & 0 & 0 & 0 & 0 & 0 & 0 & 0 & 0 \\
\lambda_3\beta & \lambda_2\sigma & 0 & -\mu_1-\lambda_2-\lambda_1 & 0 & 0 & 0 & 0 & 0 & 0 & 0 & 0 \\
0 & \lambda_2(1-\sigma) & \lambda_1\sigma & 0 & -\lambda_3-\mu_1 & 0 & 0 & 0 & 0 & 0 & 0 & 0 \\
0 & 0 & \lambda_1(1-\sigma) & 0 & 0 & -\lambda_3-\mu_1 & 0 & 0 & 0 & 0 & 0 & 0 \\
0 & \lambda_3\sigma & \lambda_2\sigma & 0 & 0 & 0 & -\lambda_3-\mu_1 & 0 & 0 & 0 & 0 & 0 \\
0 & \lambda_3(1-\sigma) & \lambda_2(1-\sigma) & 0 & 0 & 0 & 0 & -\lambda_1-\mu_1 & 0 & 0 & 0 & 0 \\
0 & 0 & \lambda_1\sigma & 0 & 0 & 0 & 0 & 0 & -\lambda_2-\mu_1 & 0 & 0 & 0 \\
0 & 0 & \lambda_1(1-\sigma) & 0 & 0 & 0 & 0 & 0 & 0 & -\lambda_2-\mu_1 & 0 & 0 \\
0 & 0 & 0 & \lambda_3\sigma & 0 & \lambda_1\sigma & 0 & \lambda_2\sigma & 0 & -\mu_2 & 0 \\
0 & 0 & 0 & \lambda_3(1-\sigma) & 2\lambda_3\sigma & \lambda_1(1-\sigma) & 2\lambda_3\sigma & \lambda_2(1-\sigma) & 2\lambda_2\sigma & 0 & -\mu_1 \\
0 & 0 & 0 & 0 & \lambda_3(1-2\sigma) & 0 & \lambda_1(1-2\sigma) & 0 & \lambda_2(1-2\sigma) & 0 & 0 & (-\mu_4)
\end{bmatrix}
\begin{bmatrix} P_1(t) \\ P_2(t) \\ P_3(t) \\ P_4(t) \\ P_5(t) \\ P_6(t) \\ P_7(t) \\ P_8(t) \\ P_9(t) \\ P_{10}(t) \\ P_{11}(t) \\ P_{12}(t) \\ P_{13}(t) \end{bmatrix}
$$

$$(14.8)$$

已知 M_{C0} 可计算得到各状态的稳态概率:

$$
\begin{cases}
P_{M_0} = \dfrac{G_0}{G} \\[2mm]
P_{M_1} = \dfrac{G_1}{G} \\[2mm]
P_{M_2} = \dfrac{G_1}{G} \\[2mm]
P_{M_3} = \dfrac{G_1}{G} \\[2mm]
P_{M_4} = \dfrac{G_2}{G} \\[2mm]
P_{M_5} = \dfrac{G_3}{G}
\end{cases}
\tag{14.9}
$$

$$\begin{cases} P_{M_6} = \dfrac{G_2}{G} \\[2mm] P_{M_7} = \dfrac{G_3}{G} \\[2mm] P_{M_8} = \dfrac{G_2}{G} \\[2mm] P_{M_9} = \dfrac{G_3}{G} \\[2mm] P_{M_{10}} = \dfrac{G_4}{G} \\[2mm] P_{M_{11}} = \dfrac{G_5}{G} \\[2mm] P_{M_{12}} = \dfrac{G_6}{G} \end{cases}$$

其中，

$$G_0 = (2\lambda\mu_3\mu_2^{\ 2}\mu_4^{\ 2} + \mu_3\mu_4\mu_2^{\ 2}\lambda^2 + 2\mu_3\mu_4\mu_2^{\ 2}\lambda^2 + \mu_1\mu_3\mu_4\mu_2^{\ 2}\lambda + 2\mu_3\lambda^2\mu_2\mu_4^{\ 2}$$
$$+ \mu_1\mu_3\mu_2\mu_4\lambda + 2\mu_2\mu_3\mu_4\lambda^3 + \mu_1\mu_2\mu_3\mu_4\lambda^2)$$

$$G_1 = (\lambda\mu_3\mu_2^{\ 2}\mu_4^{\ 2} + \mu_3\mu_4\mu_2^{\ 2}\lambda^2 + \mu_3\lambda^2\mu_2\mu_4^{\ 2} + \mu_2\mu_3\mu_4\lambda^3)$$

$$G_2 = 2(\sigma\mu_3\lambda^2\mu_2\mu_4^{\ 2} + \sigma\mu_2\mu_3\mu_4\lambda^3)$$

$$G_3 = 2(\mu_2\mu_3\mu_4\lambda^3 + \mu_3\mu_4\mu_2^{\ 2}\lambda^2 - \sigma\mu_3\mu_4\mu_2^{\ 2}\lambda^2 - \sigma\mu_2\mu_3\mu_4\lambda^3)$$

$$G_4 = 6(\sigma^2\mu_4^{\ 2}\mu_2\lambda^3 + \sigma^2\mu_4\mu_2\lambda^4)$$

$$G_5 = 6(\sigma\mu_3\mu_4^{\ 2}\lambda^3 + 3\sigma\mu_3\mu_4\lambda^4 + 2\sigma\mu_2\mu_3\mu_4\lambda^3 - \sigma^2\mu_3\mu_4^{\ 2}\lambda^3$$
$$- 3\sigma^2\mu_3\mu_4\lambda^4 - 2\sigma^2\mu_2\mu_3\mu_4\lambda^3)$$

$$G_6 = 6(2\sigma^2\mu_3\mu_2^{\ 2}\lambda^3 + 2\sigma^2\mu_3\mu_2\lambda^4 - 3\sigma\mu_3\mu_2^{\ 2}\lambda^3 - 3\sigma\mu_3\mu_2\lambda^4$$
$$+ \mu_3\mu_2^{\ 2}\lambda^3 + \mu_3\mu_2\lambda^4)$$

$$G = G_0 + 3G_1 + 3G_2 + 3G_3 + G_4 + G_5 + G_6$$

在 GSPN 模型中，根据时间变迁的实施规则和瞬态变迁不存在时延的特点，表 14.9 给出了拟态防御系统的状态可达集，同时按照变迁过程的相关参数给出了每一个状态标识的稳态概率。其中，P_u

是弱攻击场景稳态概率，P_k 是中等场景稳态概率，P_s 是强攻击场景稳态概率。

表 14.9　拟态防御系统一般攻击故障 CTMC 模型状态可达集

稳态概率			
标识	稳态概率 P_u	稳态概率 P_k	稳态概率 P_s
M_0	9.999999×10^{-1}	9.999939×10^{-1}	9.961149×10^{-1}
M_1	2.777777×10^{-8}	1.666651×10^{-6}	9.959158×10^{-5}
M_2	2.777777×10^{-8}	1.666651×10^{-6}	9.959158×10^{-5}
M_3	2.777777×10^{-8}	1.666651×10^{-6}	9.959158×10^{-5}
M_4	1.845834×10^{-14}	5.555504×10^{-11}	1.838614×10^{-8}
M_5	9.242927×10^{-11}	3.029972×10^{-7}	1.707113×10^{-4}
M_6	1.845834×10^{-14}	5.555504×10^{-11}	1.838614×10^{-8}
M_7	9.242927×10^{-11}	3.029972×10^{-7}	1.707113×10^{-4}
M_8	1.845834×10^{-14}	5.555504×10^{-11}	1.838614×10^{-8}
M_9	9.242927×10^{-11}	3.029972×10^{-7}	1.707113×10^{-4}
M_{10}	4.681853×10^{-18}	5.002546×10^{-14}	9.928482×10^{-10}
M_{11}	3.629402×10^{-16}	6.968935×10^{-11}	1.890956×10^{-6}
M_{12}	4.620544×10^{-13}	9.088097×10^{-8}	3.072189×10^{-3}

实存状态														
	P_1	P_2	P_3	P_4	P_5	P_6	P_{10}	P_{11}	P_{12}	P_{13}	P_{14}	P_{15}	P_{22}	P_{23}	P_{24}
M_0	1	1	1	0	0	0	0	0	0	0	0	0	0	0	0
M_1	0	1	1	1	0	0	0	0	0	0	0	0	0	0	0
M_2	1	0	1	0	1	0	0	0	0	0	0	0	0	0	0
M_3	1	1	0	0	0	1	0	0	0	0	0	0	0	0	0
M_4	0	0	1	0	0	0	1	0	0	0	0	0	0	0	0
M_5	0	0	1	0	0	0	0	1	0	0	0	0	0	0	0
M_6	1	0	0	0	0	0	0	0	1	0	0	0	0	0	0
M_7	1	0	0	0	0	0	0	0	0	1	0	0	0	0	0
M_8	0	1	0	0	0	0	0	0	0	0	1	0	0	0	0
M_9	0	1	0	0	0	0	0	0	0	0	0	1	0	0	0
M_{10}	0	0	0	0	0	0	0	0	0	0	0	0	1	0	0
M_{11}	0	0	0	0	0	0	0	0	0	0	0	0	0	1	0
M_{12}	0	0	0	0	0	0	0	0	0	0	0	0	0	0	1

依据系统状态概率的定义，可以计算拟态防御系统稳态时的可用概率、逃逸概率和非特异性感知概率：

(1) 稳态可用概率

$$AP = P(M_0) + P(M_1) + P(M_2) + P(M_3) = \begin{cases} 9.999999 \times 10^{-1}, & \text{弱攻击场景} \\ 9.999989 \times 10^{-1}, & \text{中等攻击场景} \\ 9.964137 \times 10^{-1}, & \text{强攻击场景} \end{cases}$$

(2) 稳态逃逸概率

$$EP = P(M_4) + P(M_6) + P(M_8) + P(M_{10}) + P(M_{11})$$

$$= \begin{cases} 5.574345 \times 10^{-14}, & \text{弱攻击场景} \\ 2.364045 \times 10^{-10}, & \text{中等攻击场景} \\ 1.947108 \times 10^{-6}, & \text{强攻击场景} \end{cases}$$

(3) 稳态非特异性感知概率

$$NSAP = 1 - P(M_0) - P(M_{10}) = \begin{cases} 8.361113 \times 10^{-8}, & \text{弱攻击场景} \\ 6.000062 \times 10^{-6}, & \text{中等攻击场景} \\ 3.885044 \times 10^{-3}, & \text{强攻击场景} \end{cases}$$

可以看出，即使在强攻击情况下，拟态防御系统的稳态可用概率也非常接近于 1，稳态逃逸概率非常低，其稳态感知概率低并不代表系统感知能力差，而是对于一般攻击，由于感知到执行体故障后可以快速恢复，使得系统稳态处于感知状态的时间很短。

拟态防御系统状态概率与参数 σ、μ 和 λ 的变化关系如图 14.12～图 14.14 所示。仿真结果表明，与非相似余度系统相同，拟态防御系统受攻击后出现两个输出矢量一致的不确定度 σ 对稳态逃逸概率的影响非常大，当执行体之间的相异度越大，稳态逃逸概率越低。拟态防御系统的执行体恢复速率 μ 升高时，系统稳态逃逸概率和稳态非特异性感知概率会降低。执行体的故障速率 λ 升高时，系统稳态可用概率会降低，稳态逃逸概率和稳态非特异性感知概率会升高。

(a) 弱攻击场景　　　　　　　(b) 中等攻击场景

(c) 强攻击场景

图 14.12　拟态防御系统状态概率随 σ 变化图

(a) 弱攻击场景

(b) 中等攻击场景

(c) 强攻击场景

图 14.13　拟态防御系统状态概率随 μ 变化图

图 14.14　拟态防御系统状态概率随 λ 变化图

拟态防御系统具有很高的稳态可用概率和稳态非特异性感知概率，很低的稳态逃逸概率，具备灵敏、准确且持久的抗攻击能力。拟态防御系统的各状态概率受参数 σ、μ 和 λ 影响较大，当执行体之间的相异度 σ 越大，稳态可用概率和稳态非特异性感知概率越高，稳态逃逸概率越低；执行体故障恢复速率 μ 越快，稳态可用概率越高，稳态逃逸概率和稳态非特异性感知概率越低；执行体故障速率 λ 越低，稳态可用概率越高，稳态逃逸概率越低。因此，为提高采用随机调度策略的拟态防御系统抗攻击性，我们应该尽量选择相异度大、故障恢复速度快和具有较少漏洞/较多防御手段的执行体。

根据鲁棒性能的不同定义，可分为稳定鲁棒性和性能鲁棒性。前者是指一个控制系统当其模型参数发生大幅度变化或结构发生变化时保持渐近稳定的程度，后者是指不确定因素扰动下系统的品质指标能否保持在某个许可范围内的能力。如图 14.12～图 14.14 所示，当参数 σ、μ 和 λ 变化时，拟态防御系统的各状态概率仍然能够保持渐近稳定，并最终达到一种稳态，因此拟态拟态防御系统具有优秀的稳定鲁棒性。

同样，对于包括基于漏洞后门等的人为扰动，即"广义"的不确定扰动，"相对正确"公理将拟态防御系统中的构件不确定失效问题转换为功能等价、异构冗余、相对性判决场景下系统层面具有概率属性的鲁棒性问题。通过拟态防御系统稳态时的可用概率、逃逸概率和非特异性感知概率可知，当执行体相异度 σ、执行体故障恢复速率 μ、执行体故障速率 λ 保持在一个较为宽泛的合理区间时，拟态防御系统的抗攻击性指标就能够保持在一个很高质量的许可范围内，因此拟态防御系统具有优秀的性能鲁棒性。

2) 快速恢复调度策略

从上节的仿真结论得知，拟态防御系统的执行体恢复速率 μ 对可用概率、逃逸概率和非特异性感知概率都有影响。由于用于快速恢复的热备份执行体是拟态防御系统的核心资源，所以必须要高效利用，即应当在最严重的故障情况（各个执行体输出均不一致）采用快速恢复调度策略（Rapid Recover Scheduling Policy, RRSP）对执行体进行快速恢复，例如从基于虚拟机的执行体慢速调度（分钟级）改为基于容器的执行体快速调度（毫秒/秒级）。

采用快速恢复调度策略 CTMC 模型的各参数如表 14.10 所示，除 μ_4 以外的参数与采用随机调度策略时拟态防御系统相同，即在各个执行体输出均不一致时，将 3 个执行体都恢复到漏洞休眠状态的平均时间从 1 分钟变为 10 秒（快速恢复）。

表 14.10　引入快速恢复调度策略的拟态防御系统 CTMC 模型参数

参数	值	含　义
$\lambda_1(h)$	λ	执行体 1 被攻击导致其输出矢量异常的平均时间为 10 小时/10 分钟/10 秒
$\lambda_2(h)$	λ	执行体 2 被攻击导致其输出矢量异常的平均时间为 10 小时/10 分钟/10 秒
$\lambda_3(h)$	λ	执行体 3 被攻击导致其输出矢量异常的平均时间为 10 小时/10 分钟/10 秒
σ	1.0×10^{-4}	受攻击后两个共模故障执行体出现输出矢量一致的不确定度
$\mu_1(h)$	3.4×10^6	1 个执行体输出矢量异常时(有感知非逃逸)，当攻击场景变化时，执行体恢复到漏洞休眠状态的平均时间为 0.001 秒
$\mu_2(h)$	30	2 个执行体输出矢量异常且一致时(有感知逃逸)，执行体恢复到漏洞休眠状态的平均时间为 2 分钟
$\mu_3(h)$	2	3 个执行体输出矢量异常且一致时(无感知逃逸)，执行体恢复到漏洞休眠状态的平均时间为 30 分钟
$\mu_4(h)$	360	3 个执行体输出矢量异常且不一致时(有感知降级)，执行体恢复到漏洞休眠状态的平均时间为 10 秒

注：$\lambda = 0.1, 6, 360$。

表 14.11 给出了采用快速恢复调度策略的拟态防御系统状态稳态概率，同时按照变迁过程的相关参数给出了每一个状态标识的稳态概率。其中，P_u 是弱攻击场景稳态概率，P_k 是中等场景稳态概率，P_s 是强攻击场景稳态概率。

表 14.11　引入快速恢复调度策略的拟态防御系统 CTMC 模型状态的稳态概率

标识	稳态概率 P_u	稳态概率 P_k	稳态概率 P_s
M_0	9.999999×10^{-1}	9.999948×10^{-1}	9.990996×10^{-1}
M_1	2.777777×10^{-8}	1.666652×10^{-6}	9.988999×10^{-5}
M_2	2.777777×10^{-8}	1.666652×10^{-6}	9.988999×10^{-5}
M_3	2.777777×10^{-8}	1.666652×10^{-6}	9.988999×10^{-5}
M_4	1.845739×10^{-14}	5.555508×10^{-11}	1.844123×10^{-8}
M_5	1.542627×10^{-11}	5.463888×10^{-8}	9.988000×10^{-5}
M_6	1.845739×10^{-14}	5.555508×10^{-11}	1.844123×10^{-8}
M_7	1.542627×10^{-11}	5.463888×10^{-8}	9.988000×10^{-5}
M_8	1.845739×10^{-14}	5.555508×10^{-11}	1.844123×10^{-8}
M_9	1.542627×10^{-11}	5.463888×10^{-8}	9.988000×10^{-5}
M_{10}	4.136379×10^{-18}	4.999123×10^{-14}	9.958232×10^{-10}
M_{11}	2.096094×10^{-16}	3.988639×10^{-11}	1.382954×10^{-6}
M_{12}	1.285317×10^{-14}	2.731398×10^{-9}	2.995801×10^{-4}

依据系统状态概率的定义，可以计算拟态防御系统稳态时的可用概率、逃逸概率和非特异性感知概率：

(1) 稳态可用概率

$$AP = P(M_0) + P(M_1) + P(M_2) + P(M_3) = \begin{cases} 9.999999 \times 10^{-1}, & \text{弱攻击场景} \\ 9.999989 \times 10^{-1}, & \text{中等攻击场景} \\ 9.993993 \times 10^{-1}, & \text{强攻击场景} \end{cases}$$

(2) 稳态逃逸概率

$$EP = P(M_4) + P(M_6) + P(M_8) + P(M_{10}) + P(M_{11})$$

$$= \begin{cases} 5.559030 \times 10^{-14}, & \text{弱攻击场景} \\ 2.066016 \times 10^{-10}, & \text{中等攻击场景} \\ 1.439273 \times 10^{-6}, & \text{强攻击场景} \end{cases}$$

(3) 稳态非特异性感知概率

$$NSAP = 1 - P(M_0) - P(M_{10}) = \begin{cases} 8.337967 \times 10^{-8}, & \text{弱攻击场景} \\ 5.166812 \times 10^{-6}, & \text{中等攻击场景} \\ 9.003283 \times 10^{-3}, & \text{强攻击场景} \end{cases}$$

采用快速恢复调度策略后，系统的稳态不可用概率降低了 1 个数量级。在实际部署拟态防御系统时，采用快速恢复调度策略可以显著降低系统的稳态不可用概率，从而使系统的可用性更高。

3) 缺陷执行体调度策略

拟态防御系统受攻击后出现两个输出矢量一致的不确定度 σ 对稳态逃逸概率和稳态非特异性感知概率的影响非常大，当执行体之间的相异度越大，稳态逃逸概率就越低。因此，我们考虑通过故意引入一个具有较多缺陷的执行体使其与其他执行体之间的相异度增大，以降低系统的稳态逃逸概率，这称之为缺陷执行体调度策略（Flaw Channel Scheduling Policy，FCSP）。

采用缺陷执行体调度策略 CTMC 模型的各参数如表 14.12 所示，除 σ 以外的参数与采用随机调度策略时拟态防御系统相同，即受攻击后出现两个异常输出矢量一致的不确定度 σ 从 1.0×10^{-4} 变为 1.0×10^{-5}（缺陷执行体与其他执行体之间的相异度更大）。

表 14.12 引入缺陷执行体调度策略的拟态防御系统 CTMC 模型参数

参数	值	含　义
$\lambda_1(h)$	360	执行体 1 被攻击导致其输出矢量异常的平均时间为 10 秒
$\lambda_2(h)$	λ	执行体 2 被攻击导致其输出矢量异常的平均时间为 10 小时/10 分钟/10 秒
$\lambda_3(h)$	λ	执行体 3 被攻击导致其输出矢量异常的平均时间为 10 小时/10 分钟/10 秒
σ	1.0×10^{-5}	受攻击后两个共模故障执行体出现输出矢量一致的不确定度
$\mu_1(h)$	3.6×10^6	1 个执行体输出矢量异常时（有感知非逃逸），当攻击场景变化时，执行体恢复到漏洞休眠状态的平均时间为 0.001 秒
$\mu_2(h)$	30	2 个执行体输出矢量异常且一致时（有感知逃逸），执行体恢复到漏洞休眠状态的平均时间为 2 分钟
$\mu_3(h)$	2	3 个执行体输出矢量异常且一致时（无感知逃逸），执行体恢复到漏洞休眠状态的平均时间为 30 分钟
$\mu_4(h)$	360	3 个执行体输出矢量异常且不一致时（有感知降级），执行体恢复到漏洞休眠状态的平均时间为 1 分钟

注：$\lambda = 0.1, 6, 360$。

表 14.13 给出了采用缺陷执行体调度策略的拟态防御系统状态稳态概率，同时按照变迁过程的相关参数给出了每一个状态标识的稳态概率。其中，P_u 是弱攻击场景稳态概率，P_k 是中等场景稳态概率，P_s 是强攻击场景稳态概率。

表 14.13 引入缺陷执行体调度策略的拟态防御系统 CTMC 状态的稳态概率

标识	稳态概率 P_u	稳态概率 P_k	稳态概率 P_s
M_0	9.998992×10^{-1}	9.998563×10^{-1}	9.961158×10^{-1}
M_1	9.998992×10^{-5}	9.998530×10^{-5}	9.959166×10^{-5}
M_2	2.777220×10^{-8}	1.666258×10^{-6}	9.959166×10^{-5}
M_3	2.777220×10^{-8}	1.666258×10^{-6}	9.959166×10^{-5}

续表

标识	稳态概率 P_u	稳态概率 P_k	稳态概率 P_s
M_4	6.643782×10^{-12}	3.332682×10^{-10}	1.838615×10^{-9}
M_5	3.327252×10^{-7}	1.817807×10^{-5}	1.707269×10^{-4}
M_6	1.630235×10^{-16}	5.127190×10^{-13}	1.838615×10^{-9}
M_7	1.322474×10^{-11}	4.760689×10^{-8}	1.707269×10^{-4}
M_8	6.643782×10^{-11}	3.332682×10^{-10}	1.838615×10^{-9}
M_9	3.327252×10^{-7}	1.817807×10^{-5}	1.707269×10^{-4}
M_{10}	3.965647×10^{-15}	2.570533×10^{-14}	9.928482×10^{-10}
M_{11}	9.405052×10^{-14}	2.963091×10^{-10}	1.890956×10^{-6}
M_{12}	1.188409×10^{-9}	3.921177×10^{-6}	3.072189×10^{-3}

依据系统状态概率的定义，可以计算拟态防御系统稳态时的可用概率、逃逸概率和非特异性感知概率：

(1) 稳态可用概率

$$
AP = P(M_0) + P(M_1) + P(M_2) + P(M_3) = \begin{cases} 9.999993 \times 10^{-1}, & 弱攻击场景 \\ 9.999596 \times 10^{-1}, & 中等攻击场景 \\ 9.964146 \times 10^{-1}, & 强攻击场景 \end{cases}
$$

(2) 稳态逃逸概率

$$
EP = P(M_4) + P(M_6) + P(M_8) + P(M_{10}) + P(M_{11})
$$

$$
= \begin{cases} 1.338574 \times 10^{-11}, & 弱攻击场景 \\ 9.633839 \times 10^{-10}, & 中等攻击场景 \\ 1.946386 \times 10^{-7}, & 强攻击场景 \end{cases}
$$

(3) 稳态非特异性感知概率

$$
NSAP = 1 - P(M_0) - P(M_{10}) = \begin{cases} 1.007121 \times 10^{-4}, & 弱攻击场景 \\ 1.436437 \times 10^{-4}, & 中等攻击场景 \\ 3.884172 \times 10^{-3}, & 强攻击场景 \end{cases}
$$

对于拟态防御系统，采用缺陷执行体调度策略比采用随机调度策略的稳态逃逸概率下降了 1~3 个数量级。在实际部署拟态防御系统时，采用缺陷执行体调度策略可以显著降低稳态逃逸概率，从而使得系统的抗攻击性更高。

4) 综合快速恢复和缺陷执行体调度策略

为全面改善系统状态概率，我们考虑综合快速恢复和缺陷执行体调度策略（Rapid Recover and Flaw Channel Scheduling Policy, RRFCSP）。该 CTMC 模型的各参数如表 14.14 所示，同时降低了 σ 和 μ_4，其他参数与随机调度策略拟态防御系统相同。

表 14.14　引入综合快速恢复和缺陷执行体调度策略的拟态防御系统 CTMC 模型参数

参数	值	含　义
$\lambda_1(h)$	360	执行体 1 被攻击导致其输出矢量异常的平均时间为 10 秒
$\lambda_2(h)$	λ	执行体 2 被攻击导致其输出矢量异常的平均时间为 10 小时/10 分钟/10 秒
$\lambda_3(h)$	λ	执行体 3 被攻击导致其输出矢量异常的平均时间为 10 小时/10 分钟/10 秒
σ	1.0×10^{-5}	受攻击后两个共模故障执行体出现输出矢量一致的不确定度
$\mu_1(h)$	3.6×10^6	1 个执行体输出矢量异常时（有感知非逃逸），当攻击场景变化时，执行体恢复到漏洞休眠状态的平均时间为 0.001 秒
$\mu_2(h)$	30	2 个执行体输出矢量异常且一致时（有感知逃逸），执行体恢复到漏洞休眠状态的平均时间为 2 分钟
$\mu_3(h)$	2	3 个执行体输出矢量异常且一致时（无感知逃逸），执行体恢复到漏洞休眠状态的平均时间为 30 分钟
$\mu_4(h)$	360	3 个执行体输出矢量异常且不一致时（有感知降级），执行体恢复到漏洞休眠状态的平均时间为 10 秒

注：$\lambda = 0.1, 6, 360$。

表 14.15 给出了采用综合快速恢复和缺陷执行体调度策略的拟态防御系统状态稳态概率，同时按照变迁过程的相关参数给出了每一个状态标识的稳态概率。其中，P_u 是弱攻击场景稳态概率，P_k 是中等场景稳态概率，P_s 是强攻击场景稳态概率。

依据系统状态概率的定义，可以计算拟态防御系统稳态时的可用概率、逃逸概率和非特异性感知概率：

表 14.15   引入综合快速恢复和缺陷执行体调度策略的拟态防御系统 CTMC 模型状态的稳态概率

标识	稳态概率 P_u	稳态概率 P_k	稳态概率 P_s
M_0	9.998998×10^{-1}	9.998899×10^{-1}	9.991009×10^{-1}
M_1	9.998998×10^{-5}	9.998866×10^{-5}	9.989011×10^{-5}
M_2	2.777222×10^{-8}	1.666314×10^{-6}	9.989011×10^{-5}
M_3	2.777222×10^{-8}	1.666314×10^{-6}	9.989011×10^{-5}
M_4	6.643783×10^{-12}	3.332794×10^{-10}	1.844125×10^{-9}
M_5	5.553123×10^{-8}	3.278123×10^{-6}	9.988911×10^{-5}
M_6	1.629566×10^{-16}	5.127365×10^{-13}	1.844125×10^{-9}
M_7	7.714439×10^{-12}	2.777162×10^{-8}	9.988911×10^{-5}
M_8	6.643783×10^{-12}	3.332794×10^{-10}	1.844125×10^{-9}
M_9	5.553123×10^{-8}	3.278123×10^{-6}	9.988911×10^{-5}
M_{10}	3.979703×10^{-15}	2.571908×10^{-14}	9.956616×10^{-12}
M_{11}	5.577243×10^{-14}	1.723537×10^{-10}	1.383080×10^{-6}
M_{12}	3.856437×10^{-11}	1.370396×10^{-7}	2.996613×10^{-4}

(1)稳态可用概率

$$\text{AP} = P(M_0) + P(M_1) + P(M_2) + P(M_3) = \begin{cases} 9.999998 \times 10^{-1}, & \text{弱攻击场景} \\ 9.999932 \times 10^{-1}, & \text{中等攻击场景} \\ 9.994005 \times 10^{-1}, & \text{强攻击场景} \end{cases}$$

(2)稳态逃逸概率

$$\text{EP} = P(M_4) + P(M_6) + P(M_8) + P(M_{10}) + P(M_{11})$$

$$= \begin{cases} 1.334748 \times 10^{-11}, & \text{弱攻击场景} \\ 8.394510 \times 10^{-10}, & \text{中等攻击场景} \\ 1.438503 \times 10^{-7}, & \text{强攻击场景} \end{cases}$$

(3)稳态非特异性感知概率

$$\text{NSAP} = 1 - P(M_0) - P(M_{10}) = \begin{cases} 1.001566 \times 10^{-4}, & \text{弱攻击场景} \\ 1.100432 \times 10^{-4}, & \text{中等攻击场景} \\ 8.991428 \times 10^{-4}, & \text{强攻击场景} \end{cases}$$

在采用随机调度策略、快速恢复调度策略、缺陷执行体调度策略、综合快速恢复及缺陷执行体调度策略等控制律时，拟态防御系统均具有优秀的稳定鲁棒性和品质鲁棒性。在实际部署拟态防御系统时，当采用综合快速恢复和缺陷执行体调度策略后，可以显著提高稳态可用概率和稳态非特异性感知概率，并降低稳态逃逸概率，从而使系统的抗攻击性更高。

14.3.2　抗特殊攻击分析

所述特殊攻击是指一种具有超强能力的攻击，即 T 时刻的攻击 a_k 对 $T+X$ 时刻的攻击 a_{k+n} 有协同累积影响的攻击，包括可以导致目标执行体逐个停机的攻击，以及在多模裁决环节无法通过多模输出矢量感知的待机式协同攻击等。特殊攻击使得执行体持续处于故障状态的时间和故障执行体数量大幅增加（即攻击效果可以在时空维度进行协同累积），并且执行体异常输出矢量的相异度大幅降低（对于停机攻击，异常输出矢量的相异等效长度为 1 位；对于待机式协同攻击，异常输出矢量的相异等效长度为 0 位，即该攻击成功后不会导致执行体输出矢量变化），上述两个原因综合导致系统的稳态可用概率大幅下降，稳态逃逸概率大幅上升。我们需要了解的背景是，特殊攻击是建立在对在线和离线执行体实时情况完全清楚，掌握了针对大部分执行体的"杀手锏"漏洞或"超级"漏洞，并拥有相关攻击链有效利用方法的基础之上，符合"非配合条件下多元动态目标的协同一致"攻击难度，属于极其复杂和困难的任务且面临太多的不确定性因素。

本节在假设攻击者具有上述能力的前提下，对非冗余、非相似和拟态防御系统防御特殊攻击（停机攻击、待机式协同攻击）的性能进行分析。

1. 非冗余系统

非冗余系统由于 2 种特殊攻击导致故障的 CTMC 模型如

图 14.15 所示，在受到攻击时，唯一的执行体可能降级或者逃逸。P_1 含有令牌表示系统处于故障休眠状态，P_2 含有令牌表示系统处于故障状态。T_1 表示系统由于特殊攻击导致故障。

图 14.15　非冗余系统特殊攻击故障 CTMC 模型

该 CTMC 模型的各稳定状态如表 14.16 所示，非冗余系统特殊攻击故障 CTMC 模型参数如表 14.17 所示。

表 14.16　非冗余系统特殊攻击故障 CTMC 模型稳定状态

状态序号	含　　义
1	各执行体均正常运行，处在漏洞后门休眠状态
2	1 个执行体受停机攻击后发生停机故障，或者受待机式协同攻击后发生逃逸故障

表 14.17　非冗余系统特殊攻击故障 CTMC 模型参数

参　　数	值	含　　义
$\lambda_1(h)$	6/360	1 个执行体受特殊攻击后故障的平均时间为 10 分钟/10 秒

表 14.18 给出了状态可达集，同时按照变迁过程的相关参数给出了每一个状态标识的稳态概率。其中，P_k 是中等场景稳态概率，P_s 是强攻击场景稳态概率。

表 14.18　非冗余系统特殊攻击故障 CTMC 模型状态可达集

标识	稳态概率 P_k	稳态概率 P_s	P_1	P_2	状态
M_0	0	0	1	0	实存
M_1	1	1	0	1	实存

依据系统状态概率的定义，可以计算拟态防御系统稳态时的可用概率、逃逸概率和非特异性感知概率：

(1) 稳态可用概率 $AP = P(M_0) = 0$，中等/强攻击场景。

(2) 稳态逃逸概率 $EP = P(M_1) = 1$，中等/强攻击场景。

(3) 稳态非特异性感知概率 $NSAP = 0$，中等/强攻击场景。

对于非冗余系统而言，其停机攻击时的稳态降级概率以及待机式协同攻击时的稳态逃逸概率均为 1，稳态非特异性感知概率为 0。因此，非冗余系统基本上无持续抗特殊攻击能力。

2．非相似余度系统

非相似余度系统特殊攻击故障的 GSPN 模型如图 14.16 所示，共有 7 个状态，9 个变迁。P_1，P_2，P_3 含有令牌表示该执行体处于故障休眠状态；P_4，P_5，P_6 含有令牌分别表示该执行体发生特殊攻击故障；P_7 含有令牌表示 2 个及以上执行体同时发生特殊攻击故障。T_1，T_2，T_3 表示该执行体发生特殊攻击故障；T_7，T_8，T_9 表示该执行体恢复到故障休眠状态；T_4，T_5，T_6 表示两个及以上执行体同时进入特殊攻击故障状态。该模型中，对于停机攻击有抑制弧，对于待机式协同攻击没有抑制弧。

CTMC 模型如图 14.17 所示。

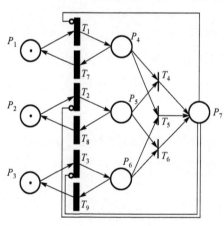

图 14.16　非相似余度系统特殊攻击
故障 GSPN 模型

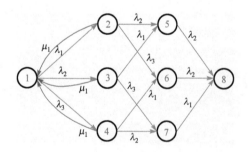

图 14.17　非相似系统特殊攻击
故障 CTMC 模型

1）停机攻击

该 CTMC 模型的各稳定状态如表 14.19 所示。该 CTMC 模型的各参数含义如表 14.20 所示。

表 14.19　非相似余度系统停机攻击故障 CTMC 模型稳定状态

状态序号	含　义
1	各执行体均正常运行，处于漏洞后门休眠状态
2	1 个执行体受攻击后停机
3	2 个执行体受攻击后停机
4	3 个执行体受攻击后停机
5	执行体 1 和 2 受攻击后停机
6	执行体 1 和 3 受攻击后停机
7	执行体 2 和 3 受攻击后停机
8	3 个执行体受攻击后停机

表 14.20　非相似余度系统停机攻击故障 CTMC 模型参数

参数	值	含　义
λ_1	6/360	执行体 1 被攻击导致其停机的平均时间为 10 分钟/10 秒
λ_2	6/360	执行体 2 被攻击导致其停机的平均时间为 10 分钟/10 秒
λ_3	6/360	执行体 3 被攻击导致其停机的平均时间为 10 分钟/10 秒
μ_1	60	1 个执行体自恢复或重构恢复的平均时间为 1 分钟

基于非相似余度系统特殊攻击故障 GSPN 模型，可得到其状态转移方程：

$$
\begin{bmatrix} \dot{P}_1(t) \\ \dot{P}_2(t) \\ \dot{P}_3(t) \\ \dot{P}_4(t) \\ \dot{P}_5(t) \\ \dot{P}_6(t) \\ \dot{P}_7(t) \\ \dot{P}_8(t) \end{bmatrix} = \begin{bmatrix} -\lambda_1-\lambda_2-\lambda_3 & \mu_1 & \mu_1 & \mu_1 & 0 & 0 & 0 & 0 \\ \lambda_1 & -\mu_1-\lambda_2-\lambda_3 & 0 & 0 & 0 & 0 & 0 & 0 \\ \lambda_2 & 0 & -\mu_1-\lambda_1-\lambda_3 & 0 & 0 & 0 & 0 & 0 \\ \lambda_3 & 0 & 0 & -\mu_1-\lambda_1-\lambda_2 & 0 & 0 & 0 & 0 \\ 0 & \lambda_2 & \lambda_1 & 0 & -\lambda_3 & 0 & 0 & 0 \\ 0 & \lambda_3 & 0 & \lambda_1 & 0 & -\lambda_1 & 0 & 0 \\ 0 & 0 & \lambda_3 & \lambda_2 & 0 & 0 & -\lambda_2 & 0 \\ 0 & 0 & 0 & 0 & \lambda_3 & \lambda_1 & \lambda_2 & 0 \end{bmatrix} \begin{bmatrix} P_1(t) \\ P_2(t) \\ P_3(t) \\ P_4(t) \\ P_5(t) \\ P_6(t) \\ P_7(t) \\ P_8(t) \end{bmatrix}
$$

$$(14.10)$$

表 14.21 给出了状态可达集，同时按照变迁过程的相关参数给出了每一个状态标识的稳态概率。其中，P_k 是中等场景稳态概率，P_s 是强攻击场景稳态概率。

表 14.21　非相似余度系统停机攻击故障 CTMC 模型状态可达集

稳态概率		
标识	稳态概率 P_k	稳态概率 P_s
M_0	0	0
M_1	0	0
M_2	0	0
M_3	0	0
M_4	0	0
M_5	0	0
M_6	0	0
M_7	1	1

实存状态							
	P_1	P_2	P_3	P_4	P_5	P_6	P_7
M_0	1	1	1	0	0	0	0
M_1	0	0	0	1	0	0	0
M_2	0	0	0	0	1	0	0
M_3	0	0	0	0	0	1	0
M_4	0	0	0	1	1	0	0
M_5	0	0	0	1	0	1	0
M_6	0	0	0	0	1	1	0
M_7	0	0	0	1	1	1	1

　　依据系统状态概率的定义,可以计算拟态防御系统稳态时的可用概率、逃逸概率和非特异性感知概率:

　　(1)稳态可用概率 $AP = P(M_0) + P(M_1) + P(M_2) + P(M_3) = 0$

　　(2)稳态逃逸概率 $EP = 0$

　　(3)稳态非特异性感知概率 $NSAP = 1$

　　对于非相似余度系统而言,其停机攻击的稳态非特异性感知概率为 1,稳态可用和逃逸概率为 0,无持续抗停机攻击能力。

　　2)待机式协同攻击

　　该 CTMC 模型的各稳定状态如表 14.22 所示。该 CTMC 模型的各参数含义如表 14.23 所示。

表 14.22 非相似余度系统待机式协同攻击故障 CTMC 模型稳定状态

状态序号	含 义
1	各执行体均正常运行，处于漏洞后门休眠状态
2	执行体 1 受攻击后发生待机式协同故障且输出矢量未异常
3	执行体 2 受攻击后发生待机式协同故障且输出矢量未异常
4	执行体 3 受攻击后发生待机式协同故障且输出矢量未异常
5	执行体 1 和 2 受攻击后同时发生待机式协同故障且输出矢量未异常
6	执行体 1 和 3 受攻击后同时发生待机式协同故障且输出矢量未异常
7	执行体 2 和 3 受攻击后同时发生待机式协同故障且输出矢量未异常
8	3 个执行体受攻击后同时发生待机式协同故障且输出矢量未异常

表 14.23 非相似余度系统待机式协同攻击故障 CTMC 模型参数

参数	值	含 义
λ_1	6/360	执行体 1 被攻击导致其产生待机式协同故障的平均时间为 10 分钟/10 秒
λ_2	6/360	执行体 2 被攻击导致其待机式协同故障的平均时间为 10 分钟/10 秒
λ_3	6/360	执行体 3 被攻击导致其待机式协同故障的平均时间为 10 分钟/10 秒
μ_1	2	执行体周期恢复的平均时间为 30 分钟

基于非相似余度系统特殊攻击故障 CTMC 模型，可得到其状态转移方程：

$$
\begin{bmatrix} \dot{P_1}(t) \\ \dot{P_2}(t) \\ \dot{P_3}(t) \\ \dot{P_4}(t) \\ \dot{P_5}(t) \\ \dot{P_6}(t) \\ \dot{P_7}(t) \\ \dot{P_8}(t) \end{bmatrix} = \begin{bmatrix} -\lambda_1-\lambda_2-\lambda_3 & \mu_1 & \mu_1 & \mu_1 & 0 & 0 & 0 & 0 \\ \lambda_1 & -\mu_1-\lambda_2-\lambda_3 & 0 & 0 & 0 & 0 & 0 & 0 \\ \lambda_2 & 0 & -\mu_1-\lambda_1-\lambda_3 & 0 & 0 & 0 & 0 & 0 \\ \lambda_3 & 0 & 0 & -\mu_1-\lambda_1-\lambda_2 & 0 & 0 & 0 & 0 \\ 0 & \lambda_2 & \lambda_1 & 0 & -\lambda_3 & 0 & 0 & 0 \\ 0 & \lambda_3 & 0 & \lambda_1 & 0 & -\lambda_1 & 0 & 0 \\ 0 & 0 & \lambda_3 & \lambda_2 & 0 & 0 & -\lambda_2 & 0 \\ 0 & 0 & 0 & 0 & \lambda_3 & \lambda_1 & \lambda_2 & 0 \end{bmatrix} \begin{bmatrix} P_1(t) \\ P_2(t) \\ P_3(t) \\ P_4(t) \\ P_5(t) \\ P_6(t) \\ P_7(t) \\ P_8(t) \end{bmatrix}
$$

$$(14.11)$$

表 14.24 给出了状态可达集，同时按照变迁过程的相关参数给出了每一个状态标识的稳态概率。其中，P_k 是中等场景稳态概率，P_s 是强攻击场景稳态概率。

表 14.24　非相似余度系统待机式协同攻击故障 CTMC 模型状态可达集

稳态概率		
标识	稳态概率 P_k	稳态概率 P_s
M_0	0	0
M_1	0	0
M_2	0	0
M_3	0	0
M_4	0	0
M_5	0	0
M_6	0	0
M_7	1	1

实存状态							
	P_1	P_2	P_3	P_4	P_5	P_6	P_7
M_0	1	1	1	0	0	0	0
M_1	0	0	0	1	0	0	0
M_2	0	0	0	0	1	0	0
M_3	0	0	0	0	0	1	0
M_4	0	0	0	1	1	0	0
M_5	0	0	0	1	0	1	0
M_6	0	0	0	0	1	1	0
M_7	0	0	0	1	1	1	1

　　依据系统状态概率的定义，可以计算非相似余度系统稳态时的可用概率、逃逸概率和非特异性感知概率：

（1）稳态可用概率 $\text{AP} = P(M_0) + P(M_1) + P(M_2) + P(M_3) = 0$。

（2）稳态逃逸概率 $\text{EP} = 1$。

（3）稳态非特异性感知概率 $\text{NSAP} = 0$。

　　对于非相似余度系统而言，其抗待机式协同的稳态可用概率和稳态非特异性感知概率均为 0，稳态逃逸概率为 1，无抗待机式协同攻击能力。

3. 拟态防御系统

　　拟态防御系统特殊攻击情况下的系统故障的 GSPN 模型如图 14.18 所示，共有 10 个状态，16 个变迁。P_1，P_2，P_3 含有令牌表示该执行体处于故障休眠状态；P_4，P_5，P_6 含有令牌分别表示该执行体发生特殊攻击故障；P_7，P_8，P_9 含有令牌表示 2 个相关执行体同时发生特殊攻击故障；P_{10} 含有令牌表示 3 个执行体同时发生特殊攻击故障。T_1，T_2，T_3 表示该执行体发生特殊攻击故障；T_4，T_5，T_6 表示 2 个执行体同时进入特殊攻击故障状态；T_7，T_8，T_9 表示 3 个执行体同时进入特殊攻击故障状态；T_{10} 表示 3 个执行体恢复到故障休眠状态；T_{11}，T_{12}，T_{13} 表示 2 个执行体恢复到故障休眠状态；T_{14}，T_{15}，T_{16} 表示 1 个执行体恢复到故障休眠状态。

图 14.18　拟态系统特殊攻击故障 GSPN 模型

拟态防御系统 2 种特殊攻击故障的 CTMC 模型如图 14.19 所示。

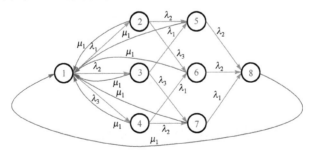

图 14.19　拟态防御系统特殊攻击故障 CTMC 模型

1) 停机攻击

拟态架构通过同等资源量的动态组合或重构变换，增加了可利用的防御场景，提高了系统在停机攻击时的恢复能力。该 CTMC 模型的各稳定状态如表 14.25 所示。该 CTMC 模型的各参数含义如表 14.26 所示。

表 14.25　拟态防御系统停机攻击故障 CTMC 模型稳定状态

状态序号	含　　义
1	各执行体均正常运行，处于漏洞后门休眠状态
2	1 个执行体受攻击后停机
3	2 个执行体受攻击后停机
4	3 个执行体受攻击后停机
5	执行体 1 和 2 受攻击后停机
6	执行体 1 和 3 受攻击后停机
7	执行体 2 和 3 受攻击后停机
8	3 个执行体受攻击后停机

表 14.26　拟态防御系统停机攻击故障 CTMC 模型参数

参数	值	含　　义
λ_1	6/360	执行体 1 被攻击导致其停机的平均时间为 10 分钟/10 秒
λ_2	6/360	执行体 2 被攻击导致其停机的平均时间为 10 分钟/10 秒
λ_3	6/360	执行体 3 被攻击导致其停机的平均时间为 10 分钟/10 秒
μ_1	60	执行体自恢复或重构恢复的平均时间为 1 分钟

基于拟态防御系统的 CTMC 模型，可得到其状态转移方程：

$$
\begin{bmatrix}
\dot{P}_1(t) \\
\dot{P}_2(t) \\
\dot{P}_3(t) \\
\dot{P}_4(t) \\
\dot{P}_5(t) \\
\dot{P}_6(t) \\
\dot{P}_7(t) \\
\dot{P}_8(t)
\end{bmatrix}
=
\begin{bmatrix}
-\lambda_1-\lambda_2-\lambda_3 & \mu_1 & \mu_1 & \mu_1 & 0 & 0 & 0 & 0 \\
\lambda_1 & -\mu_1-\lambda_2-\lambda_3 & 0 & 0 & 0 & 0 & 0 & 0 \\
\lambda_2 & 0 & -\mu_1-\lambda_1-\lambda_3 & 0 & 0 & 0 & 0 & 0 \\
\lambda_3 & 0 & 0 & -\mu_1-\lambda_1-\lambda_2 & 0 & 0 & 0 & 0 \\
0 & \lambda_2 & \lambda_1 & 0 & -\mu_1-\lambda_3 & 0 & 0 & 0 \\
0 & \lambda_3 & 0 & \lambda_1 & 0 & -\mu_1-\lambda_1 & 0 & 0 \\
0 & 0 & \lambda_3 & \lambda_2 & 0 & 0 & -\mu_1-\lambda_2 & 0 \\
0 & 0 & 0 & 0 & \lambda_3 & \lambda_1 & \lambda_2 & -\mu_1
\end{bmatrix}
\begin{bmatrix}
P_1(t) \\
P_2(t) \\
P_3(t) \\
P_4(t) \\
P_5(t) \\
P_6(t) \\
P_7(t) \\
P_8(t)
\end{bmatrix}
$$

$$(14.12)$$

表 14.27 给出了状态稳态概率，同时按照变迁过程的相关参数给出了每一个状态标识的稳态概率。

表 14.27 拟态防御系统停机攻击故障 CTMC 模型状态稳态概率

标识	M_0	M_1	M_2	M_3	M_4	M_5	M_6	M_7
稳态概率 P_k	7.692307×10^{-1}	6.410256×10^{-2}	6.410256×10^{-2}	6.410256×10^{-2}	1.165501×10^{-2}	1.165501×10^{-2}	1.165501×10^{-2}	3.496503×10^{-3}
稳态概率 P_s	5.263158×10^{-2}	2.429150×10^{-2}	2.429150×10^{-2}	2.429150×10^{-2}	4.164257×10^{-2}	4.164257×10^{-2}	4.164257×10^{-2}	7.495662×10^{-1}

依据系统状态概率的定义,可以计算拟态防御系统稳态时的可用概率、逃逸概率和非特异性感知概率:

(1)稳态可用概率

$$AP = P(M_0) + P(M_1) + P(M_2) + P(M_3)$$

$$= \begin{cases} 9.615383 \times 10^{-1}, & 中等攻击场景 \\ 1.255061 \times 10^{-1}, & 强攻击场景 \end{cases}$$

(2)稳态逃逸概率 $EP = 0$。

(3)稳态非特异性感知概率 $NSAP = 1$。

拟态防御系统防御停机攻击时的稳态非特异性感知概率为 1,稳态逃逸概率为 0,其稳态可用概率与执行体恢复速度成正比,与攻击强度和攻击者能力成反比。当恢复速度快于停机速率时,拟态防御系统对停机攻击有较好的防御性能。

2)待机式协同攻击

拟态防御系统待机式协同攻击故障 CTMC 模型稳定状态,参数和可达集见表 14.28～14.30 所示。

表 14.28 拟态防御系统待机式协同攻击故障 CTMC 模型稳定状态

状态序号	含 义
1	各执行体均正常运行,处于漏洞后门休眠状态
2	执行体 1 受攻击后发生待机式协同故障且输出矢量未异常
3	执行体 2 受攻击后发生待机式协同故障且输出矢量未异常
4	执行体 3 受攻击后发生待机式协同故障且输出矢量未异常
5	执行体 1 和 2 受攻击后同时发生待机式协同故障且输出矢量未异常
6	执行体 1 和 3 受攻击后同时发生待机式协同故障且输出矢量未异常

状态序号	含　义
7	执行体 2 和 3 受攻击后同时发生待机式协同故障且输出矢量未异常
8	3 个执行体受攻击后同时发生待机式协同故障且输出矢量未异常

表 14.29　拟态防御系统待机式协同攻击故障 CTMC 模型参数

参数	值	含　义
λ_1	6/360	执行体 1 被攻击导致其产生待机式协同故障的平均时间为 10 分钟/10 秒
λ_2	6/360	执行体 2 被攻击导致其待机式协同故障的平均时间为 10 分钟/10 秒
λ_3	6/360	执行体 3 被攻击导致其待机式协同故障的平均时间为 10 分钟/10 秒
μ_1	2	执行体周期恢复的平均时间为 30 分钟

拟态系统的 CTMC 模型，可得到其状态转移方程：

$$
\begin{bmatrix} \dot{P}_1(t) \\ \dot{P}_2(t) \\ \dot{P}_3(t) \\ \dot{P}_4(t) \\ \dot{P}_5(t) \\ \dot{P}_6(t) \\ \dot{P}_7(t) \\ \dot{P}_8(t) \end{bmatrix} = \begin{bmatrix} -\lambda_1-\lambda_2-\lambda_3 & \mu_1 & \mu_1 & \mu_1 & 0 & 0 & 0 & 0 \\ \lambda_1 & -\mu_1-\lambda_2-\lambda_3 & 0 & 0 & 0 & 0 & 0 & 0 \\ \lambda_2 & 0 & -\mu_1-\lambda_1-\lambda_3 & 0 & 0 & 0 & 0 & 0 \\ \lambda_3 & 0 & 0 & -\mu_1-\lambda_1-\lambda_2 & 0 & 0 & 0 & 0 \\ 0 & \lambda_2 & \lambda_1 & 0 & -\mu_1-\lambda_3 & 0 & 0 & 0 \\ 0 & \lambda_3 & 0 & \lambda_1 & 0 & -\mu_1-\lambda_1 & 0 & 0 \\ 0 & 0 & \lambda_3 & \lambda_2 & 0 & 0 & -\mu_1-\lambda_2 & 0 \\ 0 & 0 & 0 & 0 & \lambda_3 & \lambda_1 & \lambda_2 & -\mu_1 \end{bmatrix} \begin{bmatrix} P_1(t) \\ P_2(t) \\ P_3(t) \\ P_4(t) \\ P_5(t) \\ P_6(t) \\ P_7(t) \\ P_8(t) \end{bmatrix}
$$

$$(14.13)$$

表 14.30　拟态防御系统待机式协同攻击故障 CTMC 模型状态可达集

标识	M_0	M_1	M_2	M_3	M_4	M_5	M_6	M_7
稳态概率 P_k	9.999999×10^{-2}	4.285714×10^{-2}	4.285714×10^{-2}	4.285714×10^{-2}	6.428571×10^{-2}	6.428571×10^{-2}	6.428571×10^{-2}	5.785714×10^{-1}
稳态概率 P_s	1.848429×10^{-3}	9.216543×10^{-4}	9.216543×10^{-4}	9.216543×10^{-4}	1.833125×10^{-3}	1.833125×10^{-3}	1.833125×10^{-3}	9.898872×10^{-1}

依据系统状态概率的定义，可以计算拟态防御系统稳态时的可用概率、逃逸概率和非特异性感知概率：

(1)稳态可用概率

$$
\mathrm{AP} = P(M_0) + P(M_1) + P(M_2) + P(M_3)
$$

$$
= \begin{cases} 2.285886 \times 10^{-1}, & \text{中等攻击场景} \\ 4.619800 \times 10^{-2}, & \text{强攻击场景} \end{cases}
$$

（2）稳态逃逸概率

$$EP = P(M_4) + P(M_5) + P(M_6) + P(M_7)$$
$$= \begin{cases} 7.714114 \times 10^{-1}, & 中等攻击场景 \\ 9.953802 \times 10^{-2}, & 强攻击场景 \end{cases}$$

（3）稳态非特异性感知概率 $NSAP = 0$。

在攻击者资源和能力不受约束的前提下，拟态防御系统对待机式协同攻击具有较低的防御能力。例如，在强攻击情况下，其稳态非特异性感知概率为 0，稳态逃逸概率大于 0.99，稳态可用概率约为 0.05。显然，相对于拟态防御系统和攻击者而言，既不存在"绝对可信"的防御能力，也不可能具有"不受约束"的攻击资源。

14.3.3　抗攻击性分析小结

非冗余系统、非相似余度系统和拟态防御系统的抗一般攻击性对比如表 14.31 所示。以强攻击场景为例，可以看出，对于拟态防御系统的抗攻击性，在稳态可用概率方面，比非冗余系统和非相似余度系统有无穷大增益；在稳态逃逸概率方面，比非冗余系统至少有 5～6 个数量级的增益，比非相似余度系统至少有 2～3 个数量级的增益；在稳态非特异性感知概率方面，比非冗余系统有无穷大增益，与非相似余度系统有相似增益。

表 14.31　三系统抗一般攻击稳态概率

			弱攻击场景			
稳态概率	非冗余系统	非相似余度系统	拟态防御系统			
			随机调度	快速恢复	缺陷执行体	快速恢复和缺陷执行体
稳态漏洞后门休眠状态概率 $P(M_0)$	0	0	9.999999×10^{-1}	9.999999×10^{-1}	9.998992×10^{-1}	9.998998×10^{-1}
稳态非特异性感知概率 NSAP	0	9.999999×10^{-1}	8.361113×10^{-8}	8.337967×10^{-8}	1.007121×10^{-4}	1.001566×10^{-4}

续表

稳态概率	非冗余系统	非相似余度系统	拟态防御系统			
			随机调度	快速恢复	缺陷执行体	快速恢复和缺陷执行体
稳态可用概率AP	0	0	9.999999×10^{-1}	9.999999×10^{-1}	9.999993×10^{-1}	9.999998×10^{-1}
稳态逃逸概率EP	5.00000×10^{-1}	2.999700×10^{-4}	5.574345×10^{-14}	5.559030×10^{-14}	1.338574×10^{-11}	1.334748×10^{-11}

中等攻击场景

稳态概率	非冗余系统	非相似余度系统	拟态防御系统			
			随机调度	快速恢复	缺陷执行体	快速恢复和缺陷执行体
稳态漏洞后门休眠状态概率 $P(M_0)$	0	0	9.999939×10^{-1}	9.999948×10^{-1}	9.998563×10^{-1}	9.998899×10^{-1}
稳态非特异性感知概率NSAP	0	9.999999×10^{-1}	6.000062×10^{-6}	5.166812×10^{-6}	1.436437×10^{-4}	1.100432×10^{-4}
稳态可用概率AP	0	0	9.999989×10^{-1}	9.999998×10^{-1}	9.999596×10^{-1}	9.999932×10^{-1}
稳态逃逸概率EP	5.00000×10^{-1}	2.999700×10^{-4}	2.364045×10^{-10}	2.066016×10^{-10}	9.633839×10^{-10}	8.394510×10^{-10}

强攻击场景

稳态概率	非冗余系统	非相似余度系统	拟态防御系统			
			随机调度	快速恢复	缺陷执行体	快速恢复和缺陷执行体
稳态漏洞后门休眠状态概率 $P(M_0)$	0	0	9.961149×10^{-1}	9.990996×10^{-1}	9.961158×10^{-1}	9.991009×10^{-1}
稳态非特异性感知概率NSAP	0	9.999999×10^{-1}	3.885044×10^{-3}	9.003283×10^{-4}	3.884172×10^{-3}	8.991428×10^{-4}
稳态可用概率AP	0	0	9.964137×10^{-1}	9.993993×10^{-1}	9.964146×10^{-1}	9.994005×10^{-1}
稳态逃逸概率EP	5.00000×10^{-1}	2.999700×10^{-4}	1.947108×10^{-6}	1.439273×10^{-6}	1.946386×10^{-7}	1.438503×10^{-7}

对于一般攻击，非冗余系统基本上没有持续抗攻击能力；非相似余度系统具有较高的稳态非特异性感知概率和较低的稳态逃逸概

率，但其稳态可用概率为 0，即非相似余度系统具有较灵敏、准确但不持久的抗攻击能力；拟态防御系统具有极高的稳态可用概率，极低的稳态逃逸概率和极高的非特异性感知概率，即拟态防御系统具备灵敏、准确且持久的抗攻击能力。

如表 14.32 所示，对于特殊攻击，非冗余系统没有抗停机攻击和待机式协同攻击的能力。非相似余度系统对停机攻击全部能够感知且无法逃逸，但稳态可用概率为 0，即非相似余度系统不具有持久的抗停机攻击能力和待机式协同攻击的能力。拟态防御系统对停机攻击全部能够感知且无法逃逸，但其稳态可用概率与攻击者能力和执行体恢复速度相关，当执行体停机速率小于恢复速度时稳态可用概率较高；拟态防御系统理论上虽然没有抗待机式协同攻击的能力，但是，由于拟态防御系统拥有基于拟态裁决与外部参数控制的策略调度和多维动态重构负反馈控制机制，使之具有"测不准"的属性，攻击者可能无法承受实现待机式协同攻击所要付出的代价。因而，拟态防御系统具有非冗余和非相似余度系统不可比拟的抗协同攻击能力。

表 14.32　三系统抗特殊攻击稳态概率

停机攻击					
稳态概率	非冗余系统		非相似余度系统		拟态防御系统	
	中等攻击	强攻击	中等攻击	强攻击	中等攻击	强攻击
稳态漏洞后门休眠状态概率 $P(M_0)$	0	0	0	0	7.692307×10^{-1}	5.263158×10^{-2}
稳态非特异性感知概率 NSAP	0	0	1	1	1	1
稳态可用概率 AP	0	0	0	0	9.615383×10^{-1}	1.255061×10^{-1}
稳态逃逸概率 EP	1	1	0	0	0	0

待机式协同攻击					
稳态概率	非冗余系统		非相似余度系统		拟态防御系统	
	中等攻击	强攻击	中等攻击	强攻击	中等攻击	强攻击
稳态漏洞后门休眠状态概率 $P(M_0)$	0	0	0	0	9.999999×10^{-2}	1.848429×10^{-3}

续表

稳态概率	非冗余系统		非相似余度系统		拟态防御系统	
	中等攻击	强攻击	中等攻击	强攻击	中等攻击	强攻击
稳态非特异性感知概率 NSAP	0	0	0	0	0	0
稳态可用概率 AP	0	0	0	0	2.285886×10^{-1}	4.619800×10^{-2}
稳态逃逸概率 EP	1	1	1	1	7.714114×10^{-1}	9.953802×10^{-1}

拟态防御系统采用综合快速恢复和缺陷执行体调度策略时,可以显著提高其稳态可用概率和稳态非特异性感知概率,并降低稳态逃逸概率。系统稳态状态概率对参数 σ、μ 和 λ 敏感,在制定拟态调度策略时,应尽量选择非同族、实现算法和构造相异度大、质量较高和故障恢复速度快的执行体。

鉴于拟态防御系统能够有效防御针对目标对象漏洞后门、病毒木马等各种非协同式攻击,可以预计未来的攻击重点会被迫转向攻击难度极高的待机式协同攻击或者采用代价很大的社会工程学方式攻击拟态防御系统的控制环节。

总之,在抗攻击性方面,拟态防御系统具有优秀的稳定鲁棒性和品质鲁棒性,其稳态可用概率比非冗余系统和非相似余度系统有无穷大增益;其稳态逃逸概率比非冗余系统至少有 5~6 个数量级的增益,比非相似余度系统至少有 2~3 个数量级的增益;其稳态非特异性感知概率比非冗余系统有无穷大增益,与非相似余度系统有相似增益。说明"高可靠、高可用和高可信"的拟态防御系统,具有指数级或超非线性的抗攻击性增益。

14.4 可靠性分析

14.4.1 非冗余系统可靠性分析

基于 $GSPN'_N$ 的定义,非冗余系统(单余度静态构造系统)可靠性故障情况下的 GSPN 模型如图 14.20 所示,共有 2 个状态:P_1 含有令牌表示系统处于故障休眠状态，即执行体均正常运行，没有可靠性故障；P_2 含有令牌表示降级状态。T_1 表示从故障休眠状态变迁到故障状态。

非冗余系统可靠性故障的 CTMC 模型如图 14.21 所示，假定执行体发生可靠性故障的时间服从指数分布。该 CTMC 模型的各稳定状态如表 14.33 所示。

图 14.20　非冗余系统可靠性故障 GSPN 模型　图 14.21　非冗余系统可靠性故障 CTMC 模型

表 14.33　非冗余系统可靠性故障 CTMC 模型稳定状态

状态序号	含　义
1	1 个执行体正常运行，系统处在故障休眠状态
2	1 个执行体发生可靠性故障，系统处在故障态

该 CTMC 模型的各参数含义如表 14.34 所示。表 14.35 给出了状态可达集，同时按照变迁过程的相关参数给出了每一个状态标识的稳态概率。表 14.36 给出了非冗余系统降级概率。

表 14.34　非冗余系统可靠性故障 CTMC 模型参数

参数	值	含　义
$\lambda_1(h)$	1×10^{-3}	1 个执行体产生随机故障的平均时间为 1000 小时

表 14.35　非冗余系统可靠性故障 CTMC 模型状态可达集

标识	稳态概率 P_f	P_1	P_2	状态
M_0	0.000000	1	0	实存
M_1	1.000000	0	1	实存

表 14.36　非冗余系统降级概率

系统名称	执行体	非冗余系统
降级概率	1×10^{-3}	1×10^{-3}

非冗余系统的稳态可用概率 $AP = P(M_0) = 0$，可靠性 $R(t) = e^{-\lambda_1(t)}$，非冗余系统的首次故障前平均时间 $MTTF = \lambda_1^{-1}$，即 1×10^3 小时。

非冗余系统的稳态可用概率为 0，MTTF 为 1×10^3 小时，系统降级概率为 1×10^{-3}。非冗余系统具有和执行体一样的可靠性。

14.4.2 非相似余度系统可靠性分析

基于 $GSPN'_D$ 的定义，非相似余度系统（3 余度静态异构冗余系统）可靠性故障情况下的 GSPN 模型如图 14.22 所示，共有 7 个状态，9 个变迁。P_1，P_2，P_3 含有令牌表示该执行体处于故障休眠状态；P_4，P_5，P_6 含有令牌分别表示该执行体发生可靠性随机故障；P_7 含有令牌表示 2 个及以上执行体同时发生可靠性随机故障。T_1，T_2，T_3 表示该执行体发生可靠性随机故障；T_7，T_8，T_9 表示该执行体恢复到故障休眠状态；T_4，T_5，T_6 表示两个及以上执行体同时进入可靠性随机故障状态。

所分析的非相似余度系统是 3 余度的静态异构冗余系统，假设执行体中不添加故障监测手段，具有单个执行体的故障恢复能力。

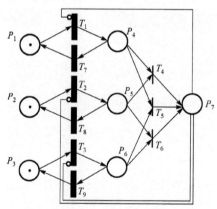

图 14.22   非相似余度系统可靠性故障 GSPN 模型

非相似余度系统可靠性故障的 CTMC 模型如图 14.23 所示，在发生可靠性故障时，系统和执行体可能降级。假设执行体发生可靠性故障时间服从指数分布。该 CTMC 模型的各稳定状态如表 14.37 所示。该 CTMC 模型的各参数如表 14.38 所示，$\lambda_1 \sim \lambda_3$ 代表执行体发生可靠性故障的平均时间。

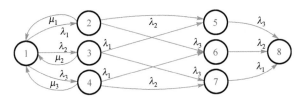

图 14.23　非相似余度系统可靠性故障 CTMC 模型

表 14.37　非相似余度系统可靠性故障 CTMC 模型稳定状态

状态序号	含　义
1	各执行体均正常运行，处在故障休眠状态
2	执行体 1 故障
3	执行体 2 故障
4	执行体 3 故障
5	执行体 1 和执行体 2 故障
6	执行体 1 和执行体 3 故障
7	执行体 2 和执行体 3 故障
8	3 个执行体的执行体同时故障

表 14.38　非相似余度系统可靠性故障 CTMC 模型参数

参数	值	含　义
$\lambda_1(h)$	1×10^{-3}	执行体 1 产生随机故障的平均时间为 1000 小时
$\lambda_2(h)$	1×10^{-3}	执行体 2 产生随机故障的平均时间为 1000 小时
$\lambda_3(h)$	1×10^{-3}	执行体 3 产生随机故障的平均时间为 1000 小时
$\mu_1(h)$	60	执行体 1 故障后自恢复或重启恢复的平均时间 1 分钟
$\mu_2(h)$	60	执行体 2 故障后自恢复或重启恢复的平均时间 1 分钟
$\mu_3(h)$	60	执行体 3 故障后自恢复或重启恢复的平均时间 1 分钟

表 14.39 给出了状态可达集，同时按照变迁过程的相关参数给出了每一个状态标识的稳态概率。表 14.40 给出了非相似余度系统降级概率。

表 14.39　非相似余度系统可靠性故障 CTMC 模型状态可达集

标识	稳态概率 P_f	P_1	P_2	P_3	P_4	P_5	P_6	P_7	状态
M_0	0.000000	1	1	1	0	0	0	0	实存
M_1	0.000000	0	0	0	1	0	0	0	实存
M_2	0.000000	0	0	0	0	1	0	0	实存
M_3	0.000000	0	0	0	0	0	1	0	实存
M_4	0.000000	0	0	0	1	1	0	0	实存
M_5	0.000000	0	0	0	1	0	1	0	实存
M_6	0.000000	0	0	0	0	1	1	0	实存
M_7	1.000000	0	0	0	1	1	1	1	实存

稳态可用概率 $\mathrm{AP} = P(M_0) + P(M_1) + P(M_2) + P(M_3) = 0$。

基于非相似余度系统可靠性故障 CTMC 模型，可以计算其可靠度
$R(t) = 1 - P_{M_4}(t) - P_{M_5}(t) - P_{M_6}(t) - P_{M_7}(t)$

$$
= \frac{(\mu_1 + 5\lambda_1 + (\mu_1^2 + 10\mu_1\lambda_1 + \lambda_1^2)^{\frac{1}{2}})}{2(\mu_1^2 + 10\mu_1\lambda_1 + \lambda_1^2)^{\frac{1}{2}}} \mathrm{e}^{-\frac{t(\mu_1 + 5\lambda_1 - (\mu_1^2 + 10\mu_1\lambda_1 + \lambda_1^2)^{\frac{1}{2}})}{2}} \tag{14.14}
$$

$$
- \frac{(\mu_1 + 5\lambda_1 - (\mu_1^2 + 10\mu_1\lambda_1 + \lambda_1^2)^{\frac{1}{2}})}{2(\mu_1^2 + 10\mu_1\lambda_1 + \lambda_1^2)^{\frac{1}{2}}} \mathrm{e}^{-\frac{t(\mu_1 + 5\lambda_1 + (\mu_1^2 + 10\mu_1\lambda_1 + \lambda_1^2)^{\frac{1}{2}})}{2}}
$$

可以计算其首次故障前平均时间：

$\mathrm{MTTF} = \int_0^\infty R(t)\mathrm{d}t$

$$
= \frac{1}{2(\mu_1^2 + 10\mu_1\lambda_1 + \lambda_1^2)^{\frac{1}{2}}} \left(\frac{\mu_1 + 5\lambda_1 + (\mu_1^2 + 10\mu_1\lambda_1 + \lambda_1^2)^{\frac{1}{2}}}{\mu_1 + 5\lambda_1 - (\mu_1^2 + 10\mu_1\lambda_1 + \lambda_1^2)^{\frac{1}{2}}} \right.
$$
$$
\left. - \frac{\mu_1 + 5\lambda_1 - (\mu_1^2 + 10\mu_1\lambda_1 + \lambda_1^2)^{\frac{1}{2}}}{\mu_1 + 5\lambda_1 + (\mu_1^2 + 10\mu_1\lambda_1 + \lambda_1^2)^{\frac{1}{2}}} \right) \tag{14.15}
$$
$$
= 1.000083 \times 10^7 (\mathrm{h})
$$

表 14.40　非相似余度系统降级概率

系统名称	执行体	非相似余度系统(要求两个执行体正常工作)
降级概率	1.0×10^{-3}	3.0×10^{-6}

3 余度非相似余度系统的稳态可用概率为 0,MTTF 为 1.000083×10^{7} 小时, 系统降级概率为 3.0×10^{-6}。非相似余度系统的降级概率比非冗余系统低了 3 个数量级,MTTF 高了 4 个数量级,说明非相似余度系统具有较高的可靠性。

14.4.3　拟态防御系统可靠性分析

基于 GSPN'_{C} 的定义,拟态防御系统(3 余度动态异构冗余系统) 可靠性故障情况下的 GSPN 模型如图 14.24 所示,共有 10 个状态, 16 个变迁。P_1,P_2,P_3 含有令牌表示该执行体处于故障休眠状态;P_4,P_5,P_6 含有令牌分别表示该执行体发生可靠性随机故障;P_7,P_8,P_9 含有令牌表示 2 个相关执行体同时发生可靠性随机故障;P_{10} 含有令牌表示 3 个执行体同时发生可靠性随机故障。T_1,T_2,T_3 表示该执行体发生可靠性随机故障;T_4,T_5,T_6 表示 2 个执行体同时

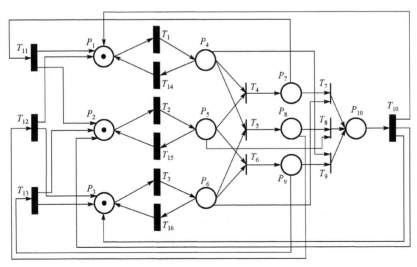

图 14.24　拟态防御系统可靠性故障 GSPN 模型

进入可靠性随机故障状态；T_7，T_8，T_9 表示 3 个执行体同时进入可靠性随机故障状态；T_{10} 表示 3 个执行体恢复到故障休眠状态；T_{11}，T_{12}，T_{13} 表示 2 个执行体恢复到故障休眠状态；T_{14}，T_{15}，T_{16} 表示 1 个执行体恢复到故障休眠状态。

所分析的拟态防御系统是 3 余度的动态异构冗余系统，假设执行体中不添加故障监测手段，具有执行体的故障恢复能力。

拟态防御系统可靠性故障的 CTMC 模型如图 14.25 所示。假设执行体攻击成功和恢复时间服从指数分布。该 CTMC 模型的各稳定状态如表 14.41 所示，该 CTMC 模型的各参数含义如表 14.42 所示。表 14.43 给出了拟态防御系统可靠性故障 CTMC 模型状态可达集。表 14.44 给出了拟态防御系统降级概率。

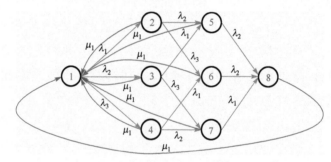

图 14.25　拟态防御系统可靠性故障 CTMC 模型

表 14.41　拟态防御系统可靠性故障 CTMC 模型稳定状态

状态序号	含义
1	各执行体均正常运行，处在故障休眠状态
2	执行体 1 故障
3	执行体 2 故障
4	执行体 3 故障

表 14.42　拟态防御系统可靠性故障 CTMC 模型参数

参数	值	含义
$\lambda_1(h)$	10^{-3}	1 个执行体发生随机故障的平均时间为 1000 小时
$\lambda_2(h)$	10^{-3}	2 个执行体发生同时故障的平均时间为 1000 小时

参数	值	含　义
$\lambda_3(h)$	10^{-3}	3 个执行体发生同时故障的平均时间为 1000 小时
$\mu_1(h)$	60	执行体恢复到漏洞休眠状态的平均时间为 1 分钟

表 14.43　拟态防御系统可靠性故障 CTMC 模型状态可达集

标识	稳态概率 P_f	P_1	P_2	P_3	P_4	P_5	P_6	P_7	P_8	状态
M_0	9.999500×10^{-1}	1	0	0	0	0	0	0	0	实存
M_1	1.666528×10^{-5}	0	1	0	0	0	0	0	0	实存
M_2	1.666528×10^{-5}	0	0	1	0	0	0	0	0	实存
M_3	1.666528×10^{-5}	0	0	0	1	0	0	0	0	实存
M_4	5.555000×10^{-10}	0	0	0	0	1	0	0	0	实存
M_5	5.555000×10^{-10}	0	0	0	0	0	1	0	0	实存
M_6	5.555000×10^{-10}	0	0	0	0	0	0	1	0	实存
M_7	2.777363×10^{-14}	0	0	0	0	0	0	0	1	实存

表 14.44　拟态防御系统降级概率

系统名称	执行体	拟态防御系统(要求 2 个执行体正常工作)
降级概率	1.0×10^{-3}	3.0×10^{-6}

稳态可用概率$\mathrm{AP} = P(M_0) + P(M_1) + P(M_2) + P(M_3) = 9.999999\times10^{-1}$。

基于拟态防御系统可靠性故障的 CTMC 模型,可以计算其可靠度

$$R(t) = 1 - P_{M_4}(t) - P_{M_5}(t) - P_{M_6}(t) - P_{M_7}(t)$$

$$= \frac{(6\lambda_1 \mathrm{e}^{-t(\mu_1+2\lambda_1)})}{\mu_1+2\lambda_1} - \frac{6\lambda_1^2}{(\mu_1+2\lambda_1)(\mu_1+3\lambda_1)} - \frac{(6\lambda_1 \mathrm{e}^{-t(\mu_1+3\lambda_1)})}{\mu_1+3\lambda_1} + 1 \tag{14.16}$$

可以计算其首次故障前平均时间

$$\mathrm{MTTF} = \int_0^\infty R(t)\mathrm{d}t \to \infty \tag{14.17}$$

3 余度拟态防御系统的稳态可用概率为 9.999999×10^{-1},MTTF 趋于无穷,系统降级概率为 3.0×10^{-6}。针对可靠性随机故障,3 余度拟态防御系统的稳态可用概率接近于 1,MTTF 趋于无穷,远远好于非冗余和非相似架构;其降级概率比非冗余系统低了 3 个数量级,

与非相似架构类似。上述指标表明，拟态防御系统的可靠性上限仅受限于硬件的寿命极限，因此具有极高的可靠性。

14.4.4　可靠性分析小结

如表 14.45 所示，在可靠性方面，3 余度拟态防御系统具有优秀的可靠性，其稳态可用概率接近于 1，而非冗余和非相似余度系统为 0；其 MTTF 远高于另外两个系统；其降级概率与非相似余度系统相似，比非冗余系统高 3 个数量级。说明"高可靠、高可用和高可信"的拟态防御系统，具有指数级或超非线性的可靠性增益。

表 14.45　非冗余、非相似余度和拟态防御系统的可靠性

概率	非冗余系统	非相似余度系统	拟态防御系统
稳态可用概率 AP	0	0	9.999999×10^{-1}
首次故障前平均时间 MTTF	1.0×10^3	1.000083×10^7	∞
降级概率 FP	1.0×10^{-3}	3.0×10^{-6}	3.0×10^{-6}

14.5　小结和下一步工作展望

本章首先基于广义随机 Petri 网建立了非冗余、非相似余度和拟态防御系统的抗攻击性和可靠性模型，然后利用 GSPN 模型可达集与连续时间马尔可夫链同构的特性对各系统状态的稳态概率进行了量化分析和仿真。在评价指标方面，提出基于稳态可用概率、稳态逃逸概率和稳态非特异性感知概率这三种参量综合刻画目标架构的抗攻击性，用稳态可用概率、可靠度、首次故障前平均时间和降级概率刻画目标架构的可靠性。通过仿真分析可知，拟态防御系统具有优秀的稳定鲁棒性和品质鲁棒性。本章给出的模型和方法能够用来分析信息系统架构的鲁棒性、可靠性、可用性和抗攻击性，相关分析结论有助于指导高可靠、高可用和高可信的鲁棒性信息系统的设计。

下一步工作如下：首先，在抗攻击性和可靠性分析中，为提高分析的精细化水平以更好地指导工程实践，计划引入着色广义随机 Petri 网、确定随机 Petri 网等工具，对攻击类型和效果等进行细化分析；其次，对添加入侵检测、防火墙等特异性威胁检测和防御手段后的融合系统进行抗攻击性分析；最后，增加对软硬件之间相互影响因素的考虑，引入错误检测率、误警率和漏警率等参量，对抗攻击性和可靠性进行综合分析。

参 考 文 献

[1] Yeh Y C. Triple-triple redundant 777 primary flight computer//IEEE Aerospace Applications Conference Proceedings,1996,1:293-307.

[2] 秦旭东, 陈宗基. 基于 Petri 网的非相似余度飞控计算机可靠性分析. 控制与决策, 2005, 20(10): 1173-1176.

[3] Westmark V R. A definition for information system survivability//Proceedings of the 37th Annual Hawaii International Conference on System Sciences, 2004: 10.

[4] 邬江兴. 拟态计算与拟态安全防御的原意和愿景. 电信科学, 2014, 30(7): 1-7.

[5] 林闯, 王元卓, 杨扬, 等. 基于随机 Petri 网的网络可信赖性分析方法研究. 电子学报, 2006, 34(2): 322-332.

[6] Bennetts R G. Analysis of reliability block diagrams by Boolean techniques. IEEE Transactions on Reliability, 1982, 31(2): 159-166.

[7] Bäckström O, Butkova Y, Hermanns H, et al. Effective static and dynamic fault tree analysis//International Conference on Computer Safety, Reliability, and Security. Berlin: Springer, 2016: 266-280.

[8] Stamatis D H. Failure Mode and Effect Analysis: FMEA from Theory to Execution. Milwaukee: ASQ Quality Press, 2003.

[9] McCool J I. Probability and statistics with reliability. Queuing and Computer Science Applications, 2011, 17(4): 698-724.

[10] Bondavalli A, Chiaradonna S, Giandomenico F, et al. Dependability modeling and

evaluation of multiple-phased systems using DEEM. IEEE Transactions on Reliability, 2004, 53(4): 509-522.

[11] German R. Markov regenerative stochastic Petri nets with general execution policies: Supplementary variable analysis and a prototype tool. Performance Evaluation, 2000, 39(1): 165-188.

[12] Lin C, Wei Y. Stochastic process algebra and stochastic petri nets. Journal of Software, 2002, 13(2): 203-213.

[13] Lin C, Marinescu D C. Stochastic high-level Petri nets and applications. IEEE Transactions on Computers, 1988, 37(7): 815-825.

[14] Petri C A. Communication with automata. Rome Air Development Center, Rome, NY, 1966.

[15] Caselli S, Conte G, Marenzoni P. Parallel state space exploration for GSPN models. Application and Theory of Petri Nets, 1995: 181-200.

[16] Bishop M, Bailey D. A Critical Analysis of Vulnerability Taxonomies. Sacramento: University of California at Davis, 1996.

[17] Garcia M, Bessani A, Gashi I, et al. Analysis of OS diversity for intrusion tolerance. Software Pactice and Experience, 2012: 1-36.